2015 年度宁波市自然科学学术著作出版资助项目

喷 滴 灌 效 益 100 例

奕永庆　沈海标　劳冀韵　著

U0268935

黄河水利出版社

·郑 州·

内 容 提 要

本书为经济型喷滴灌技术系列丛书之三，主要内容为应用效益和推广技术记事。全书共分六章：第一章为农民、专家、领导对经济型喷滴灌的评价，第二章为经济型喷滴灌技术简介，第三章为喷滴灌效益调查100例，第四章为浙江省推广喷滴灌技术记事，第五章为新闻报道，第六章为喷滴灌材料和设备选型，附录为经济型喷滴灌推广大事记。书中内容均系客观实践记录，理论联系实际，图文并茂，通俗易懂，具有很强的可读性，可供农村干部、大学生村官、农业大户和广大农民朋友阅读，也可供水利、农业、林业、畜牧、水产、园林、绿化等专业的设计工程师，高等院校、职业技术院校同类专业的教师和学生参阅。

图书在版编目（CIP）数据

喷滴灌效益100例／奕永庆，沈海标，劳冀韵著. —郑州：黄河水利出版社，2015.12
ISBN 978－7－5509－1317－2

Ⅰ.①喷…　Ⅱ.①奕…②沈…③劳…　Ⅲ.①喷灌②滴灌　Ⅳ.①S275

中国版本图书馆CIP数据核字（2015）第304079号

组稿编辑：贾会珍　电话：0371-66028027　E-mail：110885539@qq.com

出 版 社：黄河水利出版社
　　　　　地址：河南省郑州市顺河路黄委会综合楼14层　　邮编：450003
发行单位：黄河水利出版社
　　　　　发行部电话：0371－66026940、66020550、66028024、66022620（传真）
　　　　　E-mail：hhslcbs@126.com
承印单位：河南匠心印刷有限公司
开本：787 mm×1 092 mm　1/16
印张：14.25
字数：300千字　　　　　　　　　　　　　印数：5 001—7 000
版次：2015年12月第1版　　　　　　　　印次：2015年12月第1次印刷
　　　　　　　　　　　　　　　　　　　　　　　2017年7月第2次印刷

定价：50.00元

序 一

细阅了奕永庆等的新作《喷滴灌效益100例》，我为之十分欣喜，这是对百例农民访谈的喷滴灌效益介绍，也是对浙江推广这项技术工作的回顾，感慨良多。

一是优化设计可以降低造价。喷滴灌是先进的灌溉技术，之所以推广步履艰难，主要是造价较高，而经济型喷滴灌创新思路、优化设计、精准设计、杜绝浪费，实现了技术先进性与经济合理性的有机结合，所以成本明显降低。

二是创新应用能够提高效益。随着实践的深化，把喷滴灌功能从灌水扩大到施肥喷药、除霜除雪、淋洗沙尘等，还扩大至畜牧场降温和防疫。其效益也从节水扩大至提高作物质量和产量、削减农业面源污染等，而节省劳动力、肥药和饲料成本，则是农民欢迎喷滴灌的最直接原因。

三是新技术只有转化成生产力才有生命力。喷滴灌是现代农业的基础设施，这项技术的推广需要领导重视，但领导的认识也有一个过程，需要搞技术研究的同志重视和推广，积极示范，搞出实际效益并及时总结宣传，农民朋友、农村干部也会自觉宣传，领导自然就会重视，新技术才能转化成生产力。浙江是水资源相对丰富的省份，但省政府历任领导对这项技术数次考察，把喷滴灌技术定位为"转变农业增长方式的切入点"，为推广这项技术发出两次文件，计划"十三五"期间在全省推广喷滴灌300万亩，浙江省的做法值得其他地区借鉴。

这里我要对主要作者奕永庆同志作简单介绍。奕永庆1966年初中毕业，"文化大革命"中刻苦自学，恢复高考后考取浙江水电专科学校，毕业后长期从事农村水利工作，20世纪90年代研究推广水稻薄露灌溉，21世纪以来开发推广经济型喷滴灌，两项技术均由浙江省政府在余姚召开现场会在全省推广，产生了较大的节水效益和社会效益。他的工作受到当地农民、各级政府领导和水利系统专家的肯定，被评为国务院政府特殊津贴专家，先后获得国际节水技术奖、浙江省新农村建设带头人金牛奖，今年被评为全国劳动模范，在节水灌溉领域做出了突出贡献，实现了人生价值，我为他取得的成绩感到由衷的骄傲。

衷心祝愿喷滴灌技术在我国更快推广，为水资源高效利用和农业现代化做出更大的贡献。

中国工程院院士
武汉大学教授　茆智

2015 年 10 月 7 日

序 二

奕永庆等同志编写的《喷滴灌效益 100 例》一书，系统总结了"经济型喷滴灌"技术的推广应用和非常可观的经济社会效益，很有意义。

浙江省虽然水资源总量丰沛，但很有必要大力发展喷滴灌技术。发展喷滴灌已不仅仅在于农业"节水"，实践表明，喷滴灌还具有施肥施药、调节气温、除尘增湿等多种功能，显示出促进优质增产、节水减排、省工节本等综合效益，深受广大农民群众和农业生产企业的欢迎。喷滴灌是发展现代农业不可或缺的重要实用设施和技术，推广应用喷滴灌技术，有利于农业节水减排，有利于农业增效、农民增收，也是贯彻"五水共治"重大决策部署的一项具体行动。

长期以来，余姚市水利局的奕永庆同志热爱水利，将推广应用喷滴灌作为毕生追求的事业，致力于"把喷滴灌从专家实验室和书本中解放出来，变为农民的增收效益和社会的节水效益"。他创新开发的"经济型喷滴灌"技术，造价降低 50% 以上，更加廉价、实用，更加适应浙江农民群众及农业生产企业的需求。至 2014 年底，余姚市建成喷滴灌面积 13 万亩，占宜建面积的 42%；畜禽场安装喷灌设施 40.6 万平方米，占规模化畜禽场的 96%；共节约建设成本 1.1 亿元，累计助农增收 7.4 亿元，节水 8 122 万立方米，面积和效益居南方县市首位。

因为工作关系，我经历了"经济型喷滴灌"在全省推广应用的几个重要节点。2008 年初，我收到奕永庆同志"经济型喷滴灌"的材料，觉得不错，就推荐给分管农业的茅临生副省长。茅副省长高度重视，作了重要批示，去余姚专题调研。2009 年省政府在余姚市召开了现场会，决定 5 年内在全省推广喷滴灌面积 100 万亩，并把这项技术确定为"转变农业发展方式的重要切入点"。此后，全省各市、县政府和水利、农业部门积极行动，至 2013 年底建成了 110 万亩喷滴灌工程，超过了以往 30 多年的总和；累计助农增收 35.7 亿元。2014 年 5 月，黄旭明副省长在余姚市报送材料上批示，要求省水利厅和农业厅研究新一轮推广的目标和办法。8 月，李强省长在省水利厅提交的《关于浙江发展节水灌溉的思考与建议》一文上作了长篇批示，要求高度重视，协调配合，整合资源，全力推动，打造具有浙江特色的节水农业、节水林业。2015 年初，省政府办公厅发出《关于加快推进高效节水灌溉工程建设的意见》，计划到 2020 年，争取完成 400 万亩高效节水灌溉工程建设任务，其中坡耕地雨水集蓄旱粮喷灌、农业园区智能化标准型微灌、林园地经济型喷灌、水稻区管道灌溉工程各 100 万亩。

现代农业需要喷滴灌，农民和农业企业需要"经济型喷滴灌"。一项实用技术的推广应用，需要各级政府和有关部门的重视与支持，更需要有关技术人员的宣传、示范，特别是需要一些实际效益的案例，让大家信服并应用。奕永庆同志善于创新、善于推广、善于总结，他不但为余姚市推广应用"经济型喷滴灌"做出了突出贡献，而且助力全省推广应用这一实用技术。广大农民群众、农业企业都亲切地称他"奕老师"，河海大学和浙江水电学院聘他为客座教授。他的成就得到了党委、政府和有关部门的肯定，今年，他喜获中共中央、国务院颁发的"全国劳动模范"称号。

奕永庆同志在编写《经济型喷滴灌》《经济型喷滴灌技术 100 问》基础上，又编写了这本《喷滴灌效益 100 例》，真实记录了"经济型喷滴灌"多方面的效益，令人信服，启发性大，实用性强。期望更多基层水利、农业技术人员热心于喷滴灌技术的推广，让更多的农民及农业生产企业用上这项实用技术。

浙江省水利厅厅长 陈龙

2015 年 10 月 30 日

前　言

20世纪30年代，艾思奇撰写了一本宣传马克思主义哲学的通俗著作《大众哲学》，引领一代又一代人走上了正确的人生道路。一代伟人毛泽东说："让哲学从哲学家的课堂和书本中解放出来，变为群众手里尖锐的武器。"受此启发，笔者致力于"把喷滴灌从专家的实验室和书本中解放出来，变为农民的增收效益和社会的节水效益"。早在2008年笔者就计划撰写"大众喷滴灌"系列丛书"三步曲"：

第一步，《经济型喷微灌》，侧重于工程设计，读者主要为水利工程师，已于2009年11月由中国水利水电出版社出版。

第二步，《经济型喷滴灌技术100问》，定位于"科普"，用更通俗的文字诠释这项技术，读者主要为农艺师、农业大户，已于2011年由浙江科学技术出版社出版。

第三步，即《喷滴灌效益100例》，重点在推广，读者主要为农业领导、农村干部、朝气蓬勃的大学生村官，以及农业园区、家庭农场的新生代农业企业家。

本书主要内容如下：

第一章，为典型大户、水利专家、各级领导对经济型喷滴灌的评价，真切感人。

第二章，简述经济型喷滴灌。这项技术本质上是优化设计方法在喷滴灌设计上的应用，每个环节精打细算，避免浪费，像工业上控制产品成本那样控制喷滴灌工程成本，使每亩造价降低800多元。

第三章，是余姚市喷滴灌效益调查。以第一人称、访谈形式分别记述了平原、山区、畜禽场共76个项目的100例效益调查，是农业大户、普通农民和农村干部的真情实录，这一章是本书的核心。

第四章，是浙江省喷滴灌推广的记事。客观记录了位于丰水地区的浙江省政府领导重视这项高效节水灌溉技术推广的片段：把经济型喷滴灌作为"转变浙江农业增长方式的重要切入点"；2008年以来三任分管农业的副省长相继6次批示；先后5次专程考察；省政府在余姚召开现场会；现任省长2次批示；省政府两次发出推广文件，在前5年推广百万亩的基础上，计划今后5年全省推广喷滴灌300万亩。令人感慨、催人振奋！

第五章，选缉了 6 家报社 30 位记者撰写的 42 篇新闻报道。记录了余姚推广应用这项技术的历程，客观再现过去 15 年中喷滴灌为余姚农民带来的效益与喜悦！

第六章，为材料和设备选型介绍。均是从生产企业中调查并经过实践应用从中筛选的，附有咨询电话和参考价格，为读者提供实用的信息。

"十五年磨一剑"，喷滴灌技术已远远超出了"节水"的范畴，它具有施肥、施药，除霜、除雪，降盐、降尘，增氧、增湿等多种功能；显示出优质、增产、省工、省肥、节水、减排等综合效益。喷滴灌是典型的、可靠的"高效"技术，是包括养殖业在内的现代农业不可或缺的新设施。凡是农业都需要建喷滴灌，只要有水都可以搞喷滴灌！

由于作者的理论深度、实践广度和文字表达能力均不足，书中谬误难免，谨请各位朋友见谅并指正！

作 者

2015 年 9 月

目 录

第一章　对经济型喷滴灌的评价

第一节　农民评价

"没有喷灌阿拉早已推过啦！"

——茶园大户·王荣芬

（2004 年 6 月）

三七市镇德氏家茶园建于 2000 年，当时面积仅 40 亩❶，其中部分是苗圃，需要灌水次数特别多，于 2001 年安装半固定式喷灌，2004 年笔者去调查喷灌效益时，女主人说了上面这句话，其中"推过"两字是宁波、绍兴一带的方言，笔者理解其意思，大致是："茶树死掉了""倒霉了"或者"亏本了"，但至今还找不出一个贴切的词解释，真印证了《红楼梦》中的一句话："可心会而难以口传"。

"猪场喷灌没有补助也要装！"

——养猪大户·吴劲松

（2009 年 12 月）

黄家埠镇康宏畜牧场有猪舍 1.4 万 m^2，以前每年都发生高温导致猪死亡的现象，2007 年出于降温的目的，在猪舍内安装了微喷灌，结果不但降低了死亡率，而且降低了夏季饲养的料肉比，每头猪可节约饲料成本 50 元；微喷灌还被用于喷药消毒，又节省了用药成本，这个牧畜场的年减灾、节本、增收效益达 50 多万元，每平方米达 30 多元，而微喷灌当时的安装成本仅 7 元 $/m^2$，所以养猪大户发出了由衷的感叹！

"想种出高质量的葡萄一定要用滴灌！"

——葡萄大户·干焕宜

（2010 年 3 月）

干焕宜是余姚葡萄的创始人，有丰富的种植经验，被称为当地的"葡萄状元"，从2003 年开始采用滴灌，对滴灌的效益体会特别深刻，凡是有人向他请教种葡萄的经验，他总要强调一句，想种出高质量的葡萄一定要用滴灌。

---

❶ 1 亩 =1/15 hm^2，下同。

"这是我们的宝贝!"

——野鸭养殖大户·沈彩仙

（2010 年 3 月）

野鸭场消毒需 3 天 1 次，比其他畜禽场要求高；野鸭怕热不怕冷，热天不能正常生长，还常出现死亡。野鸭还特别怕汽油喷雾机的"突突"声。黄家埠海天野鸭场 2007 年第一次在其 7 000 多 m^2 鸭舍内安装了微喷灌，之后上述三个问题都迎刃而解，于是微喷灌成为其养殖场不可缺少的"保险装置"。该场 2009 年、2012 年两次共扩建 2 万 m^2 鸭舍，同时安装了微喷灌，每当有客人去参观时场主总忍不住这样说。

"我的竹山一年要喷 50 次!"

——竹笋大户·魏银海

（2010 年 4 月）

魏银海承包的 40 亩毛竹山呈馒头形状，蓄不住水，也不能用传统方法灌水，是名副其实的"靠天山"。2004 年安装喷灌，每年都多次使用，2010 年笔者去调查，当听说年均喷 50 次时吃了一惊，这是笔者调查到的露天喷灌使用次数最多的灌区，他以年用电 5 000 多 kWh 为证。他的竹山一年出三笋：冬笋、春笋、鞭笋，每亩年收入在 5 000 元左右，他说"如果没有喷灌，收入减少一半还不够"。

"喷灌比下雨好，搞现代农业一定要用喷灌!"

——蔬菜大户·秦伟杰

（2010 年 9 月）

泗门镇康绿蔬菜合作社从 2007 年以来安装 900 多亩大田喷灌、80 亩大棚微喷灌，总经理秦伟杰说：一是因为喷灌随时叫得应，需要时就能喷水；二是因为喷灌的水多少可以控制，不会太多，而雨下得太大土壤会板结，所以他向前来参观的客人介绍时常说这句话。每年 9 — 10 月一定要抗旱灌水，如采用大水漫灌，不但人工费不得了，而且效果差，所以他说现代农业一定要用喷灌（包括微喷灌），他还说"如没有喷灌我根本不可能搞这么大的规模"。

"每亩增产 500 斤❶保守的!"

——草莓大户·蒋伟立

（2011 年 12 月）

蒋伟立是余姚种草莓的"元老"，有 15 年的种植经验，用滴灌已近 10 年，草莓膜下滴灌并结合施肥，相比原来用人工一勺一勺"点灌"施肥，不但节省劳力成本，而

---

❶ 1 斤 =0.5 kg，下同。

且水肥同灌、施肥均匀，促进了草莓优质高产，产量提高 15%，仅增收效益每亩就超过 5 000 元。

> "喷灌的稻秧质量好！"
>
> ——水稻育秧大户·张顺泉
>
> （2012 年 5 月）

张顺泉的育秧大棚在 2011 年 3 月安装微喷灌，当年育三茬秧，体会特别深刻。水稻育秧大棚内用微喷灌，除了节省劳力和节水，主要还有两点好处：一是根部氧气充足，不会烂根，没有黑根，幼苗全部是白根，茎叶健壮、质量好；二是棚内喷水同时降低了气温，避免出现"高温烧苗"，降低了育秧的风险。笔者去现场时，张顺泉夫妻俩异口同声地介绍，喷灌秧苗质量好，当地农民争相订购，说着张顺泉还特地翻起"秧板"，向我们展示密密麻麻的白色根系，犹如洗衣服常用的"板刷"。

> "每亩节省劳力成本 5 000 多元！"
>
> ——铁皮石斛大户·龚松年
>
> （2013 年 3 月）

龚松年是一位近 70 岁的原村支书，2010 年在海拔 400 多 m 的四明山上搭建大棚 1 万 m^2，同时安装微喷灌，人工栽培石斛。石斛是典型的喜阴、喜湿植物，他的大棚全年约需喷水 70 次，如采用人工浇灌需用工 1 000 余个，采用微喷灌后只要自己"带带进"，全年节省劳力成本 8 万元，折算成每亩为 5 300 多元。

> "我们两家是双赢的！"
>
> ——蔬菜大户·魏其炎
>
> （2014 年 4 月）

魏其炎 2012 年在 200 多亩菜地新装了固定喷灌，同时在泵站附近建了一个 300 m^3 的沼液池。池的北面 200 多 m 外是个奶牛场，也建有沼液池。他用塑料管道把这两个沼液池连通，由奶牛场负责人用水泵把沼液送到田头沼液池，他用喷灌把沼液施到菜地。奶牛场的沼液找到了出路，避免了"养殖污染"，而种植场有了免费的有机肥，年节约化肥成本 1 000 ~ 1 200 元/亩，整块地节约 20 多万元，节水、治污、节本、增收，一举多得，这是典型的"变废为宝""循环农业"！

第二节　专家评价

经济型喷滴灌技术以提高农业用水效率和效益为核心，提出了因地制宜发展先进、实用灌溉技术的理论与方法，探索出了一条将农业节水技术推广运用与农民增产增收意愿相统一、节水高效技术能迅速走向田间的新路，对于我国水资源可持续利用、农业可持续发展以及农村发展和农民增收具有重要意义。

　　　　　　——水利部农水司原副司长、教授李远华对经济型喷滴灌技术的评价

　　　　　　　　　　　　　　　　　　　　　　　　　（2003 年 12 月 28 日）

把生态农业、节水农业、绿色农业、效益农业、现代农业有机结合在一起，这方面的成功探索和实践在国内不多见。

　　　　　　——水利部农水司原司长、教授级高级工程师冯广志对经济型喷滴灌的评价

　　　　　　　　　　　　　　　　　　　　　　　　　（2004 年 1 月 2 日）

浙江喷灌发展停止了 15 年，关键是降低造价，余姚为我们提供了一个典型。

——浙江省水利厅农村水利局原局长、教授级高级工程师蒋屏在茅临生副省长主持
　　的座谈会上的讲话

　　　　　　　　　　　　　　　　　　　　　　　　　（2008 年 8 月 7 日）

该研究成果总体上达到了国际先进水平，其中经济型喷滴灌技术和水稻节水灌溉技术已处于国际领先水平。

——由王浩、茆智院士参加的专家组对《余姚市节水型社会建设技术支撑体系研究》
　　课题鉴定意见

　　　　　　　　　　　　　　　　　　　　　　　　　（2009 年 1 月 7 日）

作者的可贵之处还在于开拓了新的应用领域，不仅把喷灌应用到竹山、杨梅、板栗、红枫、果桑、樱桃，而且把微喷灌用于畜禽养殖场降温和防疫，这是国内外首创，多年的实际应用表明，其经济效益、生态效益十分显著。

　　　　　　——中国工程院院士、武汉大学教授茆智为《经济型喷微灌》作的序

　　　　　　　　　　　　　　　　　　　　　　　　　（2009 年 9 月 20 日）

经济型喷滴灌技术，使工程材料消耗、能源材料及造价大幅度降低，突破了喷滴灌技术推广的瓶颈，适于在平原、山区大面积推广应用。项目前期研究成果经省水利厅组织王浩、茆智院士等专家对该项技术的鉴定，已作出具有国际领先水平的结论（浙水科鉴〔2008〕第 012 号）。在本项目执行期，又进一步丰富和充实了该项技术的内涵，拓展了应用领域，提升了推广价值。借鉴该成果，2011 年浙江省委省政府作出了全省开展

"百万亩喷微灌工程"的决定。

——浙江省专家组对"经济型喷滴灌技术示范与推广应用"项目验收评审意见

（2012年1月7日）

喷滴灌是国内外公认的既节水又高产的现代先进灌溉技术，但鉴于其投资高、管理技术要求较严等，在我国发展缓慢。本项目针对降低造价、便于管理、提高受灌作物产量以及开发多种用途等目标，在设施、系统以及管理方面，从规划设计、设备改造、施工与运行等多方面进行技术改进与理论探索，有所创新，特别是在不影响喷滴灌性能的条件下，降低造价50%以上，对于喷滴灌的推广应用，有极重要的现实价值，对于降低喷滴灌成本与能耗，亦有理论意义。

鉴于喷滴灌投资高，一般认为：我国南方干旱较轻，水资源较丰，应用喷滴灌经济效益不高，亦不重视，推广应用极少。本项目的开发、示范与推广应用，从实践上表明，在我国南方应用经济型喷滴灌技术，仍可取得显著的经济效益、生态效益、社会效益，在我国南方推广应用经济型喷滴灌技术大有可为，这在观念上与技术上，均是创新。

在国内外率先将微滴灌十分成功地应用于畜禽场。在干、热天气时，起降温、增加空气湿度和消毒等作用，又避免了用空调等带来的不利影响，不仅促进兔、鸡、猪的生长，提高产量、质量，减少兔、鸡、猪的死亡率，而且提高兔的受孕率、繁殖率和鸡的产蛋率，为喷滴灌的综合利用，探索了一个新方向。

总之，本项目在开发、示范与推广应用喷滴灌技术方面总体上达到国际先进水平，其中对微喷灌在畜禽场的应用方面居国际领先地位。

——中国工程院院士、武汉大学教授茆智对经济型喷滴灌成果评审意见

（2012年2月1日）

喷滴灌是节约水资源、促进作物优质高产、降低生产成本的科学灌溉技术，我国引进这项技术已有50多年，但至今发展比例仅7%，其中造价高是最主要的制约因素。余姚市创新地把技术经济学与价值分析方法应用于喷滴灌设计，达到了优化目标，使工程造价大幅度降低，这是喷滴灌技术的重大突破，为大面积推广高效节水灌溉技术提供了技术支撑，项目立题正确。

项目系统地阐述了在南方发展喷滴灌技术的必要性，即以喷滴灌所具有的"及时性、适应性、节水性、节制性、节本性"分别应对我国南北方都存在的"降雨不均、地面不平、水量不够、灌水太多、劳力成本太高"等问题，丰富了节水灌溉理论。

项目组创新思路，跨专业研究作物需水特性，根据灌溉对象设计喷滴灌设施，又根据设施特性指导作物灌溉，实现了水利技术与栽培技术的有机结合，充分发挥了喷滴灌设施的效益。

项目组获得发明专利3项、实用新型专利1项，出版专著2本，发表论文多篇，其

中1篇在第19届国际灌溉排水大会上宣读，取得了丰硕的知识产权和理论创新成果。

综上所述，经济型喷滴灌已处于国际领先水平。

经济型喷滴灌技术已引起浙江省各级领导和水利、科技、农业部门的高度重视，并列入效益农业发展计划，符合现代化农业发展和节水型社会建设要求，在浙江乃至全国都具有很好的推广前景。

——中国工程院院士、中国水利科学研究院水资源所所长王浩对经济型喷滴灌成果
　　评审意见

（2012年2月23日）

我国引进喷滴灌技术已有50多年历史，但发展缓慢，造价高是最主要的制约因素。该项成果把技术经济学与价值分析方法应用于喷滴灌设计，大幅度降低了工程造价，为大面积推广高效节水灌溉技术提供了技术支撑，项目选题正确。

该成果提出了经济型喷滴灌设计理论和设计方法，如"灌溉单元小型化"等"十化"，"允许管道水力损失"新概念及参数计算公式，促进了喷滴灌技术的进步。

创新性地把喷灌应用于杨梅、茶叶、樱桃、果桑等作物除霜防冻、冲洗沙尘；把微喷灌应用于畜禽养殖场降温和防疫；还把喷灌应用到鱼塘增氧，扩大了喷滴灌应用领域，使喷滴灌成为包括种植和养殖业的现代农业新设施。

综上所述，该项成果在理论和方法以及应用模式上均富有创新，示范推广面积大、效益显著，总体居于国际先进水平。

——中国工程院院士、中国农业大学中国农业水问题研究中心主任、教授康绍忠对
　　经济型喷滴灌研究和推广成果评审意见

（2012年2月26日）

我国由于受季风气候影响，降水年内分配不均，干旱季节与年份变化大，实行有效、经济灌溉意义重大，是保障农作物收成和安全的必要措施。余姚市农村水利管理处从2000年开始，开展经济型喷滴灌技术的研发，历时10多年在该科技工作中从事了全面系统性的长期性研究与应用开发，取得了一系列喷滴灌科技成果转化的成果，进展明显。其经济型喷滴灌技术包括多项技术革新，如实现喷滴灌的管道水力学技术设计（包括"允许水头损失"新概念）、耐久性水带材料、滴灌薄壁化、节约钢材的塑料喷头（喷头塑料化）、微喷水带化等多个经济型喷滴灌技术的开发，以及结合有效施肥的喷滴灌新方法与适合山区地形的喷滴灌新技术，发展了施肥简约化，特别是开拓了微灌水源的雨水资源化，在国际雨水利用领域颇具新意。

余姚市农村水利管理处奕永庆等提出了"经济型喷滴灌技术研究与推广"成果，对我国经济型喷滴灌技术发展在应用和理论方面的研究均做出了重要贡献，体现了创造学与技术经济即优化设计的集成，对推动我国喷滴灌技术又好又快地发展以及保障国家农

业生产与粮食安全具有重大作用。与国内外同类科技研发相比，该成果在降低喷滴灌成本、经济高效、应用简约化以及雨水资源化等多个技术开发与示范工程方面居于国际领先行列。

　　——中国科学院院士、北京师范大学水科学研究院原院长刘昌明对经济型喷滴灌研究和推广成果评审意见

（2012年3月2日）

第三节　领导评价

　　看了此文，令人心情激动，创业富民、创新强省，发展现代农业，既要有敢想敢干的创新精神、运用先进技术的意识，又要有从实际出发、从农民实际出发推进工作的扎实作风。余姚市经济型喷滴灌应用的经验应予总结推广。

　　——茅临生副省长对余姚经济型喷滴灌工作批示
（2008年5月6日）

　　余姚走出了一条把国外先进的喷滴灌技术与浙江农业相结合的成功道路，这与当年把马列主义与中国实际结合相类似。

　　经济型喷滴灌是转变浙江省农业增长方式的重要切入点，是农业增效农民增收的好技术。

　　——茅临生副省长在余姚考察经济型喷滴灌时的讲话
（2008年8月7日）

　　水利是农业的命脉，特色农业需要改变灌溉方式，采用喷滴灌是必然方向，浙江发展已经到了这个阶段。

　　——浙江省水利厅陈川厅长在茅临生副省长主持的座谈会上的讲话
（2008年8月7日）

　　经济型喷滴灌技术有了重要突破，奕永庆同志起了重要作用，长期坚持生存下来了，当年红军能到陕北的都是精兵强将。毛泽东思想是马克思主义中国化，经济型喷滴灌是国外喷滴灌技术的中国化、余姚化。一是靠有人热情试验研究；二是有个良好的环境，个人的作用就发挥出来了。

　　希望余姚能支持在全省推广，创新推广工作机制，使"余姚之花"开满浙江、开遍全国，走出一条具有浙江特色的农业现代化发展之路。

　　——茅临生副省长再次考察余姚经济型喷滴灌时的讲话
（2008年12月4日）

　　喷滴灌主要是加快全面推广，做好服务现代农业的文章。105个农业产业基地，20

个农业示范区，从大棚到大田各种新技术要整合，都可以搞喷滴灌。要转变观念、创新思路、整体推进、搞现代农田水利示范镇建设。

——宁波市副市长陈炳水在全市水利工作会议上的讲话

（2009 年 11 月 11 日）

余姚在多年实践中已走出一条成功路子，并已开始在全省推广。奕永庆同志在丰富的实践经验基础上编写了《经济型喷滴灌 100 问》，是站在农民角度想问题、能引导和辅导农民使用经济型喷滴灌的好教材，必将起到加快推广喷滴灌的作用。

——浙江省省委常委、宣传部部长茅临生为《经济型喷滴灌技术 100 问》出版作的批示

（2010 年 8 月 31 日）

要大力推广经济型喷滴灌，进一步提升现代农业发展水平。

——余姚市市委书记陈伟俊在全市水利工作会议上的讲话

（2011 年 9 月 29 日）

感谢奕高工！功不可没！

——浙江省副省长王建满在《余姚日报》对经济型喷滴灌推广成果报道的批示

（2013 年 1 月 18 日）

如果是质量和价格差不多，似应优先推广应用。请水利厅、农业厅有关负责同志阅酌。

——浙江省副省长黄旭明在《浙江信息》对经济型喷滴灌研究和推广成果评审意见上的批示

（2013 年 8 月 22 日）

节水是最终解决水资源紧缺的根本办法，意义无比重大。奕永庆同志这些办法易学、实用，见效显著。请水利厅和农业厅研究推广的目标和方法。

——浙江省副省长黄旭明对余姚市经济型喷滴灌工作的批示

（2014 年 5 月 17 日）

农业节水工作意义重大，要大力推进。

——浙江省省长李强对余姚市经济型喷滴灌总结的批示

（2015 年 1 月 9 日）

第二章　技术简介

经济型喷滴灌，有两层含义：一是设计创新、降低成本，造价经济；二是应用创新、扩大功能、经济效益好。二者之比就是产出投入比高，即经济性更好。

第一节　理论基础

理论指导实践，经济型喷滴灌是理论与实践结合的产物，得益于 20 世纪 90 年代成熟的三项技术。

一、创造学

创造学原理有很丰富的内容，但融入笔者思维、对设计影响最大的是其中一个观点："简单的往往是先进的"。其一，唯有简单才能降低造价；其二，从控制论原理看，唯有简单才能减少故障，提高可靠性。即使原理复杂，但使用一定要简单，例如"傻瓜相机，你只需按一下"。

创新是否伟大不取决于是否复杂，而取决于它对推动人类进步的贡献，"铅笔和飞机同样伟大"，有人没坐过飞机，但从幼儿到离退休，没有人没用过铅笔，铅笔对人类的贡献丝毫不亚于飞机。拉链很简单，但它却是 20 世纪 100 项伟大发明之一，如今一个年轻人的衣服、裤子、手提包上可找出十几条拉链，可见其对改变人类生活方式贡献之大。

当代创新巨匠乔布斯也是这个观点："我的秘诀就是聚焦和简单，简单比复杂更难，你的想法必须努力变得清晰、简洁，让它变得简单。因为你一旦做到了简单，你就能移动整座大山。"

二、技术经济学

技术经济学，就是学技术的人学经济，搞设计的人学算经济账，在设计的同时作成本分析，成本超过预期就改变设计思路，使设计和成本两者兼顾，而不是"设计"和"造价"脱节。

技术经济学的核心是在保证工程或产品功能的前提下，使材料设备成本、运行成本、劳力成本最省。

技术经济学的目标是在技术先进前提下的经济合理，在经济合理基础上的技术先进，使技术的先进性和经济的合理性完美结合。

三、优化设计学

优化设计是对传统"安全设计"思想的扬弃，主要解决两类问题：一类是从大量可行方案中选出最优方案；另一类是为已确定的设计方案选定可行的最优参数。传统的设计思想是"越安全越好"或"安全点总不会错"，如按照这个老观念设计飞机，那就根本飞不起来，或者勉强起飞但飞不快。优化设计是一种全新理念："够安全就好""过度安全就是浪费"。

优化设计就是防止浪费。

第二节　技术创新

经济型喷滴灌，是创造学理念、技术经济学原理、优化设计方法在喷滴灌工程设计中的应用。它是对系统的每一种材料、每一种设备作技术经济和价值分析，避免浪费，以达到优化设计，使工程的造价降低50%的一种设计理论和设计模式，现总结为以下"十化"。

一、单元小型化

单元小型化即一座泵站或一套水泵机组所灌溉的面积合理地小，尽量地小，有两种单元：第一种是75亩左右，不超过100亩，单元内采用轮灌，轮灌面积为5亩左右，即轮灌次数为10～20次，配口径50 mm水泵、4.5 kW电机（平原）。第二种为150亩左右，尽量不超过200亩，轮灌面积10亩左右，配口径65 mm水泵、11 kW电机。单元小型化是"经济型"的基础。

（一）控制主管道成本

管道的成本占整个喷滴灌系统的50%以上，其中主管道成本占2/3，而干管的直径由轮灌面积决定，单元小型化把轮灌面积控制在10亩以内，使主管道的直径控制在110 mm，这就抓住了节约成本的主要矛盾（见表2-1）。

表2-1　轮灌面积与干管成本的关系

轮灌面积（亩）	5	10	20	30	40	50
干管流量（m³/h）	18	36	72	108	144	180
干管直径（mm）	75	90	125	160	180	200
干管单价（元/m）	14	20	40	60	80	100
干管造价（元/亩）	150	250	500	750	1000	1250

注： 1. 干管材料为PE100级，工作压力0.6 MPa，长度以7.5 m/亩计；

2. 干管造价中包括管道成本相应的安装费、间接费50%。

从表 2-1 可以看出，轮灌面积每扩大 10 亩，干管成本就增加 250 元 / 亩，即干管成本由轮灌面积决定，干管可节约的空间最大，因此笔者提出了"轮灌面积决定论"，其本质是灌溉单元小型化。

（二）避免电力线路成本

轮灌单元小型化、不超过 10 亩，使用水泵电机不超过 11 kW，在平原灌区可以利用现有的农用电力线路，避免了架电线、配变压器的投资，每亩可降低造价 300 ～ 500 元。

（三）控制"管理半径"

作者下村时调查得到，农民管理员从泵站到最远一个控制阀或喷头的行走距离要求在 400 ～ 500 m 之内，这是他们双脚行走的心理承受距离，笔者创新地定了个名词为"管理半径"，150 亩左右的单元正好符合农民的要求。

当然，单元小型化有个基本条件，即水源。作者的实践证明，无论是南方河网灌区、山地灌区，还是北方渠灌区、井灌区，以 100 ～ 200 亩为灌溉单元，在极大多数情况下是有水源的。

2011 年水利普查时发现，平原灌区原来口径为 300 mm 的泵站，灌溉面积 400 ～ 500 亩，现都已改成口径为 150 ～ 200 mm 泵站，灌溉面积 100 ～ 150 亩，已经自觉"小型化"了，也证明水源条件是客观具备的。

也许有人会担心："大灌区怎么办？"灌区和单元是两个概念，即使灌区是成千上万亩的，只要有水源，每座泵站的单元面积照样可以小，正如我国是 13 亿多人的大国，但我们家庭单元人口就只有 3 ～ 4 人。

二、管径精准化

管径精准化即管道直径力求精确，管径太大浪费材料，太小又影响过水流量，为了"恰到好处"，笔者有如下两项创新。

（一）提出"管道允许水头损失"新概念

受材料力学上"材料许用应力"的启发，提出"管道允许水头损失"这个新概念 $[h_{g允}]$，并得出干管参数的计算公式：

$$h_{g允}=H-h_p-Z-h_{g支} \qquad\qquad （2-1）$$

式中：H 为喷滴灌系统总扬程，m；h_p 为喷头正常工作压力，m；Z 为喷头到水面的高差，m；$h_{g支}$ 为预留支管允许水头损失，m。

（二）推导出精准管径计算公式

把常规设计中计算管道沿程损失的式（2-2）变形为式（2-3）。

$$h_{g允} = \frac{fLQ^m}{d^b} \qquad (2\text{-}2)$$

$$d = \sqrt[b]{\frac{fLQ^m}{h_{g允}}} \qquad (2\text{-}3)$$

式中：d 为管径，mm；b 为塑料管径指数，取 4.77；f 为塑料管摩阻系数，取 0.948×10^5；L 为管道长度，m；Q 为管中流量，m³/h；m 为塑料管流量指数，取 1.77。

式（2-3）可直接表示为式（2-4）

$$d = \sqrt[4.77]{\frac{0.948 \times 10^5 LQ^{1.77}}{h_{g允}}} \qquad (2\text{-}4)$$

式（2-4）中包含管道长度 L、管中流量 Q、允许水头损失 $h_{g允}$ 3 个重要参数，由此得出的管径达到"精确"的程度，从定性的"经济管径"到定量的"精准管径"，避免了管道材料和水泵电机等设备的浪费。

对于管径的计算，初学者必须这样计算，只有经过自己计算才能真正理解。待有了一定的设计积累以后则可以查表 2-2 直至"心算"。从表 2-2 可以看出，管中流速在 1 ~ 1.5 m/s 时经济，每百米主管允许水头损失控制在 2 m 以内是合理的。

表 2-2　塑料管水头损失

外径 (mm)	流速（m/s）										用途
	1.0		1.5		2.0		2.5		3.0		
	m³/h	100i	m³/h	100i	m³/h	100i	m³/h	100i	m³/h	100i	
20	0.72	10.9	1.1	22	14	36.8	1.8	55			毛管
25	1.1	8.3	1.5	17.2	2.3	28	2.8	42			
32	2.0	5.8	3.0	11.7	4.0	19.7	5.2	29.7	6.2	40.6	支管
40	3.3	4.3	5.0	8.9	6.8	16	8.3	22	10	31.6	
50	5.2	3.3	7.8	6.7	10	11.1	12	16.7	16	23.3	
63	8.6	2.4	13	5.0	17	8.2	21	12.2	26	16.9	
75	13	1.9	19	3.9	26	6.4	32	9.5	38	13.2	干管
90	19	1.5	28	3.1	37	5.1	46	7.6	56	10.5	
110	28	1.2	41	2.4	56	4.0	69	5.9	83	8.5	
干管长	800 ~ 1 500 m		500 ~ 800 m		< 500 m						自压喷滴灌

注：1. 塑料管的直径均指外径，不同壁厚外径不变而内径变化，便于与管道附件连接；

2. m³/h，即每小时流量，100i 为百米管长水力损失。

（三）管道耐压不必高于 0.6 MPa

管道的壁厚与可承受的压力等级成正比，其价格也与金属材料一样是按重量计算的，压力等级高、管壁厚，价格也高，同样外径的塑管，1.2 MPa 的价格是 0.6 MPa 的 1.9 倍。

喷灌系统的管道压力 0.6 MPa 就够了（6 kg/cm²），微喷灌和滴灌 0.4 MPa 足够，因为管道制造设计中本身已有 1.6 倍的安全余量，如在使用设计中再提高等级，不但浪费，而且还有害。为了方便与管道附件配套，管道的外径是不变的，管壁厚了，内径就小了，即过水断面小了。笔者计算过，1.2 MPa 的管材比 0.6 MPa 的管材过水面积减少 17%。

三、管材 PE 化

管道材料似乎选择的空间很大，常见的塑料管就有聚乙烯（PE）管、聚氯乙烯（PVC）管、聚丙烯（PP–R）管；镀锌钢管又有热镀和冷镀两种，现简略说明如下。

（一）聚乙烯（PE）管最理想

PE 管规范的产品呈黑色，外壁镶有天蓝色带，是近十几年刚被社会所认识的，其突出的优点是具有"韧性"和"柔性"，不易破损，汽车从上面开过还能恢复原状，能适应复杂地形，节省弯头、接头等附件，且价格较低，埋于地下理论寿命 50 年，是目前最理想的喷滴灌管道材料。

（二）聚氯乙烯（PVC–U）管美中不足

PVC 管在过去 20 年直至目前仍是最常见的管材，有白色、灰色，其优点是价格低，管道附件规格齐全，可以用胶水联结，安装方便。但它最大的缺点是具有"硬性"和"脆性"，故说美中不足，在压力的管道系统中已逐渐被 PE 管所代替。

（三）聚丙烯（PP–R）管不宜用

PP–R 管一般为白色，镶有红色线条，管壁很厚，其特点之一是具有"耐热性"，使用温度可达 120℃，仅用于热水管道；特点之二是具有"冷脆性"，且在三种塑料管材中价格最高，所以如把 PP–R 用到喷滴灌系统中那是用错了地方。

一家 3 种管材都生产的塑料管材企业老总说："目前凡是上水管道（自来水管道、喷滴灌管道）都用 PE 管，下水管道（排水管）都用 PVC 管，聚丙烯（PP–R）管只在热水管中用。"这是很客观的表述。

（四）钢管只在裸露地面使用

钢管的优点是强度高，其缺点是具有"锈蚀性"，影响水质且寿命短，而且价格高，口径 110 mm 及以内同口径管材，钢管价格高 2 倍以上（见表 2-3）。所以，只有无法埋入地下的局部管道才用镀锌钢管。镀锌钢管分为热镀和冷镀，相比较而言，热镀管抗锈蚀性能好，是由于镀层锌分子排列密实并且"渗入"铁分子较深，故应优先选用热镀管，尽管价格略高。

表2-3 PE管与其他常见管材的价格比较

| 外径 | PE管 | | | PVC-U管 | | | PP-R管 | | | 普通钢管 |
(mm)	壁厚 (mm)	重量 (kg/m)	参考价 (元/m)	壁厚 (mm)	重量 (kg/m)	参考价 (元/m)	壁厚 (mm)	重量 (kg/m)	参考价 (元/m)	(元/m)
25	2.0	0.16	3.0	2.0	0.23	3.1	1.8	0.13	3.9	9.1
32	2.0	0.20	4.0	2.0	0.29	3.9	1.9	0.18	5.4	13.5
40	2.0	0.25	5.0	2.0	0.36	4.9	2.4	0.28	8.4	18.5
50	2.4	0.32	6.4	2.0	0.45	6.1	3.0	0.44	13.2	22.2
63	3.0	0.57	11.4	2.0	0.59	8.0	3.8	0.7	21.0	28.2
75	3.1	0.82	16.4	2.2	0.77	10.4	4.5	0.99	29.7	38.3
90	4.3	1.2	24.0	2.7	1.14	15.4	5.4	1.42	42.6	47.6
110	5.3	1.8	36.7	3.2	1.65	22.3	6.6	2.12	63.6	62.0

注：1. $DN \leqslant 40$ mm级为60级，40 mm $< DN \leqslant 63$ mm为80级，$DN \geqslant 75$ mm为100级材料；

  2. 经济型喷滴灌选用的都是小口径管道，所以本表仅列入25～110 mm的8种管径；

  3. PE管国家标准谱系中100级PE管材不生产小口径管，所以选用80级PE管作为代表，公称压力均为0.6 MPa，参考价按20元/m计。

四、干管河网化

南方河网多，排水沟多，北方渠道多，都可以作为水源就近取水，如果沿着河道、沟道、渠道再布置输水干管，那是很可惜的。"经济型"的设计理念是以河道、沟道、渠道代替管道，在河边、沟边、渠边设置"进水栓"，由移动水泵机组供水，这样可以节省干管的成本。

五、泵站移动化

首先，建造一座小泵房（10～20 m²）需要资金1.5万～3万元，分摊到每亩造价是150～300元，同时还占用耕地20～30 m²，其次是大田喷灌泵站运行时间短，年使用仅100～200 h，机电设备长期闲置，往往成为小偷的作案目标。我国已有成熟的喷灌专用泵移动机组（见表2-4），6马力的用手抬，12马力的装在胶轮车上用手拉，需要时接上进水栓就可灌水，用完后放入仓库或者家里，既方便，又安全。

表2-4 常用喷灌泵性能参数

| 型号 | 流量 (m³/h) | 扬程 (m) | 配套功率 | | 效率 (%) | 适用 |
			(kW)	(马力)		
50BPZ-28	12.5	28	2.2	3	48	微喷水带
50BPZ-35	15	35	3	4	59	微喷、滴灌
50BPZ-45	20	45	5.5	6	60	75亩左右喷灌
65BPZ-55	36	55	11	12	64	150亩左右喷灌
*65SZB-55	40	55	11	12	68.5	150亩左右喷灌
80SZB-75	40	75	15	18	62	< 30 m山区喷灌

注：表中带*号为常用型号。

也许有人担心"劳力成本提高了",实际上露地喷灌一般每年只用 2～4 次,种三茬蔬菜也不过 6 次左右,实践证明移动机组是受农民欢迎的。如把所有设备都固定在田间,特别是为了"形象"建豪华泵站,每亩投资 3 000～5 000 元,那样的工程根本推广不了,如搞不起喷灌,那才是真正的劳力成本高。"移动机组"设备利用率高,才是"经济",即使是发达国家,田间固定的设备也不多,也是以移动为主。其实,发达国家是最讲"投资效益"的。

六、喷头塑料化

喷头材料有塑料和金属两大类。喷头质量的重要指标是使用寿命。30 年前影响喷头寿命的主要是摇臂断裂和弹簧疲劳失效。在笔者使用喷头的近 15 年中,均没有发生摇臂断裂的现象,说明工程塑料性能和金属铸造工艺成熟了,剩下只有弹簧这个"单因子",而喷头主件材料无论是塑料还是金属,用的都是同一种不锈钢弹簧,疲劳寿命相同,所以两种喷头的寿命也相同。

塑料喷头的价格仅为金属喷头的 1/4～1/6,且金属喷头往往是小偷的觊觎之物,有时"寿命"只有 1～2 天,故应尽量选用塑料喷头。只有在射程、流量不能满足要求时,才选用金属喷头。

七、微喷水带化

常规的微喷灌,喷头安装有两种形式:一种是"悬挂式",只有在大棚内或有架子的地方才能用;另一种是"地插式",影响田间操作,加上亩造价是喷灌的 2 倍以上,一般每亩需 3 000 元左右,推广应用的局限性很大,只能在大棚内和小面积上应用。

微喷水带就是在薄壁（0.2～0.4 mm）PE 管上打上许多小孔,孔径在 1 mm 左右,当水注满水带时,成为水管,丝状水柱从小孔喷出,对两边作物进行灌溉。水放尽后呈扁状,所以称为水带。

喷水带把微喷灌从小区域扩展到大田,见图 2-1,具有以下优点:

（1）投资省。喷水带有多种规格（见表 2-5）,价格 0.35～1.5 元/m,每亩用带仅 150～600 m,投资 200～400 元,水带寿命 2～3 年,最长的已用到 8 年。

图 2-1 水带微喷灌

表 2-5　微喷水带性能

规格型号		内径（mm）	壁厚（mm）	压力（m 水柱）	喷洒宽度（m）	单带长（m）
微滴带	N45 异二孔	28.6	0.19		1.5 ~ 2	< 50
微喷带	N60 斜五孔	38.2	0.20	3 ~ 5	2.5 ~ 3	< 70
	N70 斜五孔	44.6	0.20		3	< 80
加厚微喷带	N65 斜五孔	41.4	0.35	5 ~ 8	4 ~ 5	< 120
	N80 斜七孔	50.9	0.40	8 ~ 10	8	< 160

（2）不易堵塞。发生小孔堵塞时可以冲水排除。

（3）使用方便。灌水季节结束时收藏入库，既延长使用寿命，又不影响农业机械作用，是今后蔬菜喷灌发展的方向。

八、滴灌薄壁化

滴灌管（带）的价格与管壁厚度成正比，如同是口径 16 mm 的滴管（带），其价格大相径庭，相差 6 倍之遥（见表 2-6）。

表 2-6　滴灌管（带）壁厚与价格的关系

壁厚（mm）	0.2	0.4	0.6	1.0	1.2
2011 年参考价（元 /m）	0.25 ~ 0.45	0.6	0.8	1.2	1.5

注：表中产品规格和参考价由浙江省金华市雨润喷灌设备公司提供，咨询电话：0579-82465541。

从管材的寿命而言自然是壁厚的长，"一分价钱一分货"嘛。问题是决定滴灌管寿命的并不是管材的破损，而是滴头的堵塞，堵塞问题是滴灌管的"致命伤"，不论管壁厚薄，只要其滴头结构是同样的，堵塞的概率也是相同的，并且早在管壁破损以前就堵塞，壁厚的功能远远没有发挥，所以提倡用薄壁管，其价格可以便宜 50% 左右，而使用寿命并不短。

常用滴灌带性能参数见表 2-7。

表 2-7　内镶式滴灌带规格性能

管径（mm）	壁厚（mm）	滴头间距（m）	压力（m 水柱）	流量（L/（h·m））	铺设长度（m）
φ15		0.25	2	2 ~ 6	≤ 100
φ16	0.2	0.3 ~ 0.5	10	2.7	≤ 70
φ16	0.2/0.4	0.3	5 ~ 1.5	2.1 ~ 3.3	≤ 70
φ15.9	0.2	0.3 ~ 0.6	25 ~ 1.0	3.7	≤ 200
φ15.9	0.4	0.3 ~ 0.6	25 ~ 1.0	3.7	≤ 200

九、肥药简约化

肥药简约化就是施肥（药）的设备简单、集约、节约。利用喷滴灌设备施肥、施药带来了一次革命性的变化，引入了一个全新的理念——水肥药一体化。

对于加肥（药）设备不能迷信几千元、几万元甚至几十万元一套的进口设备，下面介绍两种简单的方法。

（一）负压吸入法

负压吸入法即利用水泵进水管的负压吸入肥（药）液，在进水管上打 1 个 φ10 ～ 15 mm 的小孔，焊上相应口径的接头，接上球阀、软管，在软管进口处配上过滤网罩，放入搅拌好的肥（药）桶，肥（药）桶和软管设备最好配 2 套，以便轮流搅拌、连续供药，凡是水泵加压系统都可以用这种方式。在出水管上也同样打孔接软管，轮流为肥（药）桶加水，图 2-2 是这种装置的示意图。

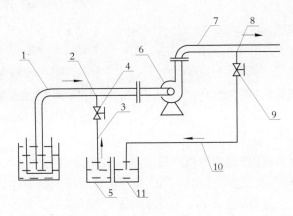

1—进水管；2—吸液接口；3—吸液管；4—吸液球阀；5—溶液桶；6—水泵；

7—出水管；8—加水出口；9—加水球阀；10—加水管；11—溶液桶

图 2-2 水泵负压式加药示意图

这种方法很巧妙，至今还看不出有什么缺点。在浙江省台州市的机电市场上，在售的一些微喷灌专用的"汽油机一体化水泵"，其进水管上都已配套打好孔，并配有加肥（药）的塑料软管，作为水泵附件，使用非常方便。口径 50 mm、配 3 kW 电机，整套水泵的价格不超过 500 元，有了这样的简约设备，就可以不必购置专用的施肥（药）器了。

（二）文丘里管施肥器

将文丘里注入器与肥（药）桶配套组成一套简单的施肥（药）装置，如图 2-3 所示。其构造简单，造价低廉，一套"专用设备"才 50 ～ 80 元钱，使用方便。其原理是文丘里管内有个水射喷嘴，口径很小，射出的水流速度很高，根据流体力学的特性，高速流体附近会产生低压区，正是利用这个低压把肥（药）液吸入。如果文丘里注入器直接装在干管道上，利用控制阀两边的压力差使文丘里管内的水流动，则阀产生的水头损失较大，故应该将其与主管道并联安装（见图 2-4），用小水泵加压。

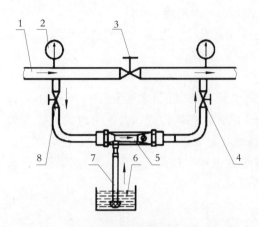
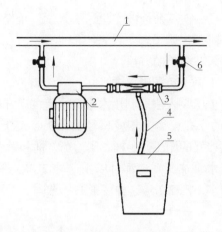

1—主管；2—压力表；3—调节阀；4—支管阀；

5—施肥器；6—肥液桶；7—吸肥管；8—支管阀

图 2-3　文丘里施肥（药）装置

1—供水管；2—水泵；3—文丘里施肥器；

4—吸肥管；5—肥液桶；6—施肥阀

图 2-4　带水泵的文丘里施肥（药）器装置

十、微灌雨水化

利用大棚收集雨水，用作棚内微喷灌或滴灌的水源。相对于河水，雨水是一种优质水。笔者从 2001 年开始建雨池集蓄大棚雨水用作微喷灌或滴灌的水源（见图 2-5、图 2-6），当时还拟了句口号"给蔬菜喝天落水，让大家吃放心菜"。

大户从实践中总结了以下好处：

（1）雨水杂质少，滴头堵塞的情况大大减少；

（2）雨水溶氧高，促使作物生长快、产量高；

（3）雨水细菌少，作物病害轻，棚内施农药少，实现了绿色食品。

图 2-5　大棚雨水收集池（2002 年）

图 2-6　畜牧场雨水柜（2012 年）

第三节　应用创新

经济型喷滴灌不但应用于平原蔬菜、葡萄、草莓、西瓜，还创新应用于水稻大棚育秧，以及山区竹笋、杨梅、红枫、樱桃、猕猴桃、铁皮石斛等30多种作物；不但用于灌水抗旱，还创新用于施肥施药、除霜除雪、淋洗沙尘；不但用于种植业，还创新用于猪、兔、羊、鸡、鸭、鹅等畜禽养殖场消毒、降温；还用于鱼塘（见图2-7）、石蛙等水产养殖场增氧、施肥，以及蚯蚓养殖场增湿。

图2-7　鱼塘喷灌增氧（2010年）

喷滴灌已从单纯的节水灌溉设备拓展为现代农业、现代畜牧业不可或缺的基础设施。

喷滴灌在节水的同时还产生了优质、增产、节本、治污等综合效益，现把典型农户效益简述于后。

一、节本增收

（一）平原作物

（1）蔬菜喷灌：增产、优质增收1 600元/亩，节约肥料、劳力成本900元/亩，二者合计年均效益2 500元/亩。

（2）葡萄滴灌：优质增收2 400元/亩，节约肥料、劳力成本500元/亩，二者合计年均效益2 900元/亩。

（3）草莓滴灌：增产250 kg/亩，增收5 000元/亩，节约劳力成本1 200元/亩，两方面合计年均亩效益6 200元。

（4）水稻大棚育秧微喷灌：优质增收2 400元/亩，节约浇水劳力成本2 000元/亩，两方面亩均效益共4 400元。

（5）菜秧大棚微喷灌：亩产值12.5万元，保守净利润2.5万元/亩，其中节约劳力成本4 500元/亩。

（二）山地作物

（1）菜园喷灌：优质增产净增收入，绿茶1 800元/亩、白茶3 000元/亩、黄金芽茶9 000元/亩。

（2）竹山喷灌：仅冬笋增产180 kg/亩，价格34元/kg，亩增收入6 120元。

（3）杨梅喷灌：增产20%，亩均增收1 200元。

（4）石斛大棚微喷灌：亩产值 4 万元，其中节约浇水劳力成本 5 200 元 / 亩。

（5）茶苗大棚微喷灌：成活率提高，每亩净增收入 7.5 万元，同时节省浇水劳力成本 3 500 元 / 亩。

（三）畜禽养殖场

（1）猪场微喷：夏天减少死亡率，节约饲料、劳力、农药成本综合效益 20 元 /m^2，而安装成本仅 7.4 元 /m^2。

（2）兔场微喷：总投资 45 万元，因提高繁殖率、兔毛品质，增强疫病防控能力，节省劳力等综合效益，每年增收节支 38 万元。

（3）羊场喷灌：羊舍微喷节约消毒劳力成本 2 元 /m^2，饲料草地喷灌增加产量，提高饲料产值 1 320 元 / 亩。

（4）鹅场微喷：夏天鹅体重增加 0.5 kg/ 只，售价提高 1 元 /kg，每只鹅增加收入 13.5 元。

（5）蚯蚓场微喷灌：年增产增收 6 000 元 / 亩，其中节约劳力成本 1 050 元 / 亩，即 1.6 元 /m^2，而水带微喷灌安装成本不过 500 元 / 亩。

二、节水治污

养殖业是农村的重点污染源，现在规模化的养殖场一般都建了沼气池，但其产生的沼液还没有正常的"销路"，溢到河里就成为污染源。

同时沼液是优质的有机肥料，送到田里则是宝贝。余姚利用喷灌系统，把沼液送到田间，变废为宝，既消除了污染，又为种植户节约了肥料成本，还提高了农产品质量，一举多得。沼液喷施是治理畜牧业污染最经济、最有效的措施。

下面例举用喷灌施沼液的三种类型：

第一，鹅场"自产自销型"。即鹅场产生的沼液用喷洒到本场的饲料草地作肥料，成为循环农业的"雏形"，主人介绍，沼液与化肥混用可以节省成本 300 ~ 400 元 / 亩，而且提高了饲料草的产量和质量、叶面宽、叶面厚且草质嫩。

第二，蔬菜合作社就近"管道输送型"。合作社 2012 年新建喷灌设施，面积 280 亩，同时建成一个 300 m^3 的沼液池，从 250 m 外奶牛场铺设一条管道，把该场的沼液直接泵送到沼液池，用喷灌送到田间，主人高兴地说："我们两家是共赢的。"奶牛场解决了沼液出路，蔬菜场解决了有机肥来源，他一年种三季菜，可节约肥料成本 1 000 ~ 1 200 元 / 亩，还节省劳力成本 600 元 / 亩，此举使合作社全年节约生产成本 47.6 万元。

第三，镇政府"配送型"。即在种植大户田头建造肥料池，由镇农办组织 3 辆运肥车，负责从养殖场把沼液送到田头肥料池，也用喷灌喷施到田间，种植大户介绍说，他 200 亩喷灌菜地，每亩一次可节省成本 2 万元。政府主导、市场运作（每车沼液运送费 30 元，政府、养殖户、种植户各出 10 元）的"配送型"是今后要推广的主要模式。

第三章 效益调查100例

第一节 平原作物

蔬菜喷灌（实例1～16）

实例1 "雨水滴灌的番茄特别鲜"

朗霞街道蔬菜大户 肖全华

（2003年3月）

我在2000年建了30亩大棚并安装了滴灌，棚内一年种两季，上半年种刀豆，下半年种番茄。灌溉原来用的是附近河道的水，河里垃圾多，还有企业的污水流入，既黑又臭，滴头经常堵塞。

水利局奕永庆老师对我说，棚内淋不到雨，再用这种严重污染的水灌溉，水中的有毒物质都在土壤和作物中积累，棚内就种不出"绿色产品"，只有用清洁水灌溉才能打响绿色品牌。他说雨水是优质水，大棚的雨水流走太可惜了，要我利用大棚的有利条件集蓄雨水作为滴灌水源，并支持我在大棚附近建了200 m³的雨水池，就用雨水滴灌，使用后效果很好。一是水中杂质少，滴头堵塞的情况少了；二是雨水细菌少，作物发病也少，节省了农药成本；第三点更可喜，顾

图3-1 雨水滴灌的大棚番茄（2003年）

客吃了我的番茄后说不但甜，而且特别鲜，大概是雨水氧气足，促进了根系生长，作物果实的品质提高了。

一季番茄亩产量5 000多kg，附近的商贩知道我用的是"天落水"，质量好，都上门来收购，我"只愁种不出，不愁卖不出"，其实也不愁种不出，价格也好，2元多1kg，比别人种的番茄高1～2角。

实例2 "我从喷灌中看到了科技的威力"

临山镇兰海村农户　戚苗根

（2004年3月）

农户介绍：戚苗根有4.8亩承包地，其中大棚葡萄1亩多，柿子近1亩，其他为蔬菜，每年种3～4茬。附近无河道，即没有水源，天不下雨就减产，在笔者建议下2003年建了一个雨水池，容积32 m³。同年在柿子树安装喷灌，葡萄装膜下滴灌，蔬菜装水带微喷灌。

戚：经过实际使用，效益很高。20多株柿子树的柿子卖了2 000多元，是往年的3倍；种7分地高脚白菜割了4 000多斤，又多收6 000多元；葱产量提高，葡萄产量也提高，卖相好，卖上好价钱，比往年收入多2/3，这样全年增加收入万把元，每亩增加2 000多元，而成本是一样的，完全是净收入。喷灌技术是好，我非常相信科学种田，我从喷灌中看到了科技的威力，看到了你对社会的贡献！

实例3 "不仅有效果，而且是特效"

临山镇兰海村农户　戚苗根

（2014年2月1日（农历正月初二））

作者：去年干旱比较厉害，喷滴灌效果好吧？

戚：去年农历五月廿三（6月30日）到七月十三（8月19日）整整50天不下雨，正好是葡萄膨大期，滴灌不仅有效果，而且是特效，完全靠滴灌抗旱，如果说往年效果是70分、80分，那么去年是100分。

作者：葡萄滴了几次水？

戚：哪里还有次数？那时每晚滴1次，不能多，因为我只有一池水，水比老酒还珍贵，要精打细算。

作者：噢，那个水池可以蓄多少水，我忘了？

戚：长宽4 m×4 m，水深2 m，盛满共有32 m³，屋面雨水全部接进，水质比河水好多了。

作者：每次灌多少时间？

戚：葡萄用的是喷水带，200 m带子同时开，每次灌1个小时，水池水位下降20 cm，好在地下水会补充，过一天水位又会上升18 cm。

作者：你灌一次每亩用3 m³，折算成降雨量约5 mm，灌与不灌有什么区别？

戚：我抗旱也迟了3天，亩产量仅损失100～150 kg，滴水以后葡萄果实是硬棒棒的，水分足、颗粒饱满，亩产量1 750 kg肯定是有的，价格一般4～5元/kg，亩收成大约1.6万元。邻居没装滴灌，没法抗旱，基本上就没卖，隔壁一家好一点，2亩地卖了1 000多元。

作者：柿子效果怎么样？

戚：柿子抗旱能力强，当时未成熟，抗了4次旱，个个又大又重，邻居看了都很羡慕。

作者：冬季蔬菜需要喷水吗？

戚：9月到眼前（目前）种的是芥菜，蔬菜需水量比葡萄大，大棚内如水分不足就长得慢，3～4天喷1次，地发白就喷，已喷了10多次，今天刚刚开始卖，每斤10元，效益蛮好。我对种地很有乐趣，人家怕太阳，我却希望太阳猛，能把削掉的草晒死。老天长久不下雨，看到喷灌把水送到作物根部，或半夜听到滴滴嗒嗒的雨声，这种感觉不做农民是体会不到的。

实例4　蔬菜微喷灌亩增产值2000元

阳明街道农办农艺师　刘清元
（2010年3月10日）

我们街道2008年11月在潘巷村20亩蔬菜大棚内安装了滴灌，实际上是膜下水带微喷灌，投资250元/亩，反季节种植番茄、茄子、辣椒。2009年6月在畈周村安装了300亩露地蔬菜水带微喷灌，亩投资350元。共有45个承包农户，常年种植小白菜、空心菜、生菜、油麦菜。

2009年12月，我们专门召开了座谈会，听听农户对蔬菜喷灌的评价，普遍反映效果很好，记录如下。

第一，当然是省水。

第二，省工、省力、劳动效率高。大棚滴灌省工70%～80%，原来每个棚（1/3亩）浇1次水或施1次肥，2个人需要1天，就是要2个工，现在只需半个工。1亩地每次可省4.5个工，全年一般灌水8次，即大棚滴灌每亩地可节省36个劳力，以每个工每日60元计，节省劳力成本2160元。露地就少一点，节工率50%，用工也没有大棚多。

第三，肥料利用率提高。传统施肥方法存在两个缺点，一是灌水过量，肥料渗漏到深层土壤，而蔬菜是浅根作物，所以浪费了；二是现在用的都是速溶肥料，随水流入河道就浪费了，而滴灌和微喷灌水量可控制，不会太多，浪费的肥料就少。

第四，改善土壤物理性状。传统的灌溉方法总会出现土壤表面板结，空气进不去，作物根系氧气进不去，有害气体散发不出，影响作物生长。微喷滴、滴灌则使土壤保持团粒结构，土壤有良好的透气性，能促进作物生长。

第五，调控棚内湿度、温度。我们的棚内还有3层膜，如用大水漫灌，湿气很难散发，用膜下滴灌棚内湿度低，减少了病害发生。不用开膜排湿，所以有利于保持棚内温度。

第六，增产增收。我们这里露地种菜，一般一年种5茬，个别的还种6茬。采用喷灌后可增产20%，以原产值8000元/亩保守估计，增收1600元/亩。

大棚一年种6茬，部分还套种1茬。滴灌后可增产30%，以基数产值10000元/亩计，则增收3000元/亩。

正因为效益好，去年冬天我们又在旗山、丰乐、群力、芝山等村安装了500亩滴灌，全部是大棚，共46户，平均每户10亩左右。

实例5 喷滴灌效益总结

阳明街道农办农艺师 刘清元

（2014年8月6日）

阳明街道农经办2009年度在蔬菜生产上推广经济型喷滴灌项目工程540余亩，其中大棚蔬菜膜下滴灌200余亩，露地蔬菜喷灌340余亩，五年以来，我们不断地跟踪服务，并多次举办参与项目农户的技术培训班，相互交流经验，提出存在的问题，我们在使用技术上改进升级，因而取得很好的效益，通过调查分析，直接年增产效益42万余元，其对蔬菜生产的综合效益有明显的提高和促进作用，在以下几个方面效果显著。

一、节水

节水，是农业生产可持续发展的重要之策，喷滴灌是一种可控制的灌溉方式，可适时适量地灌水。大棚蔬菜膜下滴灌技术，水滴渗到作物根层周围的土壤中，供作物生长所需。由于大棚蔬菜实施覆膜栽培，抑制了棵间蒸发。滴灌系统采用管道输水，减少了渗漏，实现了从浇地到浇作物方式的转变。而露地种植的蔬菜使用喷灌喷水一个明显优点是可适时适量灌水，解决了蔬菜由于品种不同，耕作方式不同，而对水的供应要求不同的矛盾。如叶菜类蔬菜在2～6片真叶期、瓜果类蔬菜在果实彭大期，要求吸收更多的水分，喷滴灌适时适量控制供水，保证了蔬菜健康发育生长。根据测算，每亩蔬菜地一茬可节约用水约12 m³。

二、提高劳动力的效率

旱地作物的蔬菜生产是一种精耕细作的强劳动力农事作业，而浇水、施肥在蔬菜生产的中期管理中占到劳力的70%以上，喷滴灌可以成倍提高劳动力的效率，这也是我们推广该项目深受蔬菜种植户欢迎的重要原因之一。大棚蔬菜采用膜下滴灌方式浇水，施肥比传统的方式要节省劳力约90%，如一茬6 m×30 m的标准大棚蔬菜（主要品种为茄子、辣椒、黄瓜、番茄）比传统方式至少少4个工作日，那一亩大棚（3个6 m×30 m）共节约工作日约3×4×90%=10.8（天）。而露地种植蔬菜使用喷灌技术每亩年平均减少5个劳动日左右。

三、提高了肥料的利用率

蔬菜由于品种繁多，耕作方式不尽相同，有生育周期较长的深根作物蔬菜，如大棚作物茄果类蔬菜，还有生育周期较短的浅根作物蔬菜，如露地直播小白菜。品种不同对施肥要求也不一样，根据喷滴灌施肥可以做到适时适量，同时根据肥料养分在蔬菜生长发育不同时期对蔬菜生长不同功效这一性质（如磷肥长根、氮肥促叶、钾肥实果），做到及时施肥，配方施肥，平衡施肥，保证了肥料被作物充分有效吸收，减少深层渗漏及肥料流失造成的损失，提高施肥的利用效果，平均节约肥料20%左右，一亩地一茬蔬菜节省肥料约 18 kg。

四、改善土壤的物理性状

由于大棚长期覆盖，缺少雨水淋洗，土壤表层水蒸发，盐分随地下水由下向上移动，容易引起耕作层土壤盐分过量积累，造成盐渍化，膜下滴灌可使作物根系周围土壤形成低盐区；而喷灌喷水均匀细腻，不易造成土壤板结，保持良好的土壤理化性状，土壤的团粒状大小适中，土壤疏松、通透性好、空隙适当，为蔬菜的根系创造了良好的生长环境，作物易发根，且根系发达，这些因素都利于幼苗成活及作物生长。

五、改善田间的环境，减少病虫害的发生

大棚膜下滴灌由于灌水总量减少，对地温影响也小，加之土壤的通透性好，容易吸收空气中的温度，故滴灌可提高大棚气温，同时也可降低棚室中空气的湿度。一般使用滴灌棚室的空气相对湿度可保持在60%左右，良好的生长环境，有利于蔬菜生长发育健壮，阻断病害的发生，减少病虫害的蔓延，提高了蔬菜的品质。

六、增产增收

蔬菜使用喷滴灌设施种植，改变了传统种植方法，把精细耕种的旱作物蔬菜种植方式提升到更科学的层面，无论是喷水、施肥还是改善土壤的理化性质和田间的生长环境、减少病虫害等，都为蔬菜生长创造了良好的条件，也为增产增收打下了基础，露地种植的蔬菜年平均增产约10%，亩产年增收达 1 000 元，大棚膜下滴灌平均增产约15%，一茬亩增收达 1 500 元。

七、促进蔬菜生产规模化、标准化、绿色化、低碳化发展

喷滴灌项目是一种设施农业技术，不管是安装还是使用，它都要求生产上具有一定的规模和标准，无论是水源还是电源等田间配套设施，都要求其集约化生产，这样才能提高劳动生产效率。劳动力效益提高促进了种植户不断扩大生产规模，调查显示，一个家庭单元户由过去的生产管理面积平均 6 亩提升到 10 亩，增加 1/3 多。同时节水、提高肥料利用率、减少病虫害都是蔬菜生产绿色化、低碳化的具体体现。

实例 6 "喷灌比下雨好"

泗门镇康绿蔬菜合作社总经理 秦伟杰

（2010 年 4 月 13 日）

我是宁海人，来泗门种蔬菜已有 16 年历史，现承包土地 700 多亩，常年种菜，近几年主要品种为甜玉米、西兰花、包心芥，主要出口日本。我在 2007 年安装了喷灌，少量是固定喷灌，每亩成本约 600 元，大多数是移动的水带微喷灌，亩成本约 500 元。面积多了，

肯定要用农业机械，固定喷灌在地里装有喷头竖管，农机作业不方便，还是半移动的水带微喷灌好。

喷灌，我一年要用十多次，效果很好，一是灌水质量好，比下雨好，雨点均匀，不会太多，表土不会板结，菜长势好，产量高且卖相好。二是省劳力，每亩可节省劳动力成本 200 多元。三是省水，与原来沟灌相比，用水量 1/3 也不到。

喷灌效益与天气有很大关系，如经常下雨就不需要喷水，如碰到干旱，一茬的亩效益就有 1 000 多元，甚至 2 000 多元，反正只要遇上一次干旱，安装成本就收回了，蔬菜一年要种 3 季，喷灌一定会用到的。

有了喷灌，去年我的榨菜采用直播，每亩省了 6 工种菜的劳力，节省 420 元，直播的榨菜不伤根，加上喷灌，今年亩增产 500 kg，每亩又增加 500 多元，两者合计效益每亩 900 多元。

实例 7 "育秧大棚喷灌效益翻倍"

泗门镇康绿蔬菜合作社总经理　秦伟杰

（2012 年 11 月 4 日）

我从 2007 年开始搞大棚育（菜）秧，用了微喷灌，成本每平方米 4.5 元，每亩约 3 000 元，5 年下来尝到了甜头。大棚一年可育秧 5 ~ 6 期（茬），每期 20 天左右，加起来也就半年时间。

一亩秧一期大约可种 150 亩大田，每种一亩售价 300 元，利润 70 元，即每期秧苗产值 4.5 万元 / 亩，获利 1.05 万元，以每年育 5 期计，产值和利润分别为 22.5 万元 / 亩、5.25 万元 / 亩，如果没有喷灌设备，利润差一半还不止！

图 3-2　蔬菜育秧大棚微喷灌（2012 年）

今年我新搭了 60 亩大棚，装上微喷灌，8 月初还没有全部完工，就开始育绿花菜秧，边装边用。包括原有 20 亩棚共 80 亩，喷灌派上了大用场，阴天喷 1 ~ 2 次，晴天喷 3 ~ 4 次，还用于棚内降温，效果特别好。我的秧出苗率几乎是 100%，且秧苗整齐，质量很好，邻近宁海、象山的大户也从我这里进苗，其他县也有大棚育秧，但没装喷灌，还是用人工浇水，劳力成本高且效果差，出苗率仅 50%。就这两个月时间（9 — 10 月），育了 2 期，秧苗 100 亩，大田种了 1.5 万亩，产值 450 万元，赢利 105 万元，这是真正的效益农业！只今年我的大棚喷灌节约的劳力成本就有 30 万元，6 年来，使用喷灌使我增加的效益有 300 万元。

实例8 "效益农业一定要用喷灌"

秦伟杰

（2013年8月6日）

作者：秦总，今年的高温干旱对你影响大吗？

秦：对我影响一点也没有，大棚全部在正常育秧，一天喷3次，早上7～8点钟就喷，中饭前喷1次，下午2～3点钟再喷1次，每次喷20分钟，主要是为降温，加湿也在其中了。

作者：你去年说过，节省劳力成本30多万元，这个账再给我算一下。

秦：这笔账很清楚，如果不装喷灌，我这80亩大棚每天起码要60个劳动力浇水，每个工至少100元，每天就得6 000元，育秧期60天，就是36万元。

作者：这么热的天，100元/工的工资还不够吧？

秦：对，根本请不到那么多劳力，如果没有喷灌，我最多只能育10亩大棚，这样70～80亩是不可能的。

作者：菜秧的亩产值达到多少？

秦：1亩秧可种100亩地，每种1亩大田秧价格平均350元，即每亩秧的产值是3.5万亩左右。

作者：这仅仅是育一期，计划今年育几期？

秦：起码育3期，产值是10.5万元，还供不应求，合同早已订制好了。

图3-3　以色列专家考察蔬菜喷灌（2013年）

作者：估计利润有多少？

秦：保守讲是20%，每期7 000元/亩是有的，3期就是2.1万元/亩，我这些棚育3期秧能种2.3万亩，产值800多万元，利润就有160万元，这是真正的效益农业啊！

作者：喷滴灌设备的效益取决于大户的效益，如果你经营不好，这些设备就成了"花架子"，所以非常感谢你！

秦：是我要感谢政府为我们做了大好事。有了喷灌设备，温度、湿度控制好，菜秧长得快，育苗期短了，可以多育苗，我今年可能要育6期，效益还要翻番，但如果没有喷灌，那是根本不可能的！

实例9 "包心芥喷灌一季亩增收超两千"

泗门镇黄潭蔬菜产销合作社社长　魏其炎

（2010年4月14日）

魏：我从1983年8月开始蔬菜加工，2005年以来自己搞基地，从100多亩开始，现已有3 000多亩，生产、加工、销售一条龙，其中绝大部分是订单农业，也有300多亩直接经营管理，挑选农民种植，免费提供种子、有机肥、药水和设施。这次装喷灌300多亩，造价800元/亩，政府补助520元/亩（65%），自筹280元/亩。

作者：你安装喷灌是去年7～8月的事了，当年有没有发挥效益？

魏：我是赶在8月初装好，正好用在包心芥上。

作者：包心芥用喷灌情况怎样？

魏：包心芥是8月初种，生长期75～90天，正值高温少雨季节，影响生长，8月下旬正是芥菜最需要水的时候。每天早上4～6点半和下午4～7点喷水，菜的根很浅，表土湿润就够了，气温高、地温高时不能喷，中午11点喷水我试过一次，到下午2点菜叶下垂了，过了几天才恢复，虽然没有死，但相当于生了一场大病。

作者：一共喷了几天？

魏：15天。

作者：喷灌后有什么好处？

魏：产量高，平均每亩达到6 400 kg，往年只有4 000 kg左右，亩增2 400 kg，增产60%。

作者：质量提高了吗？

魏：高了，由于生长期水分满足生长需要，芥菜头大，过去每个重1 kg左右（每亩约4 000株菜），今年平均1.6 kg，最大的1个重达7 kg。价格从往年4角/kg提高到5角6分/kg，上升40%，亩产值从1 600元提高到3 600元，净增2 000元，增幅达125%。

作者：这一季菜喷灌成本要多少？电费、工资各多少？

魏：中心畈这只水泵一共付电费650元，机手工资1 360元（17×80元/工），两者共计2 010元，灌120亩，每亩仅16.75元，均由我支付，不让种植的农户承担。

作者：有否用过沟灌？

魏：以前用过，但大水灌过后地里水分太多了，会烂根、霉根，菜会"坐"掉，就是慢慢死掉，还是不灌好些。挑水浇一季菜平均每亩要6个工日，以每个工70元计，小工费每亩420元；农忙时每个工100元，则挑水成本每亩600元。

还有一个问题，人工浇水不能在夜晚进行，只能在白天，气温高，浇了水后菜也"坐"掉，只是程度比沟灌轻。只有喷灌可以，晚上"下小雨"最好。

作者：喷灌施肥有否用过？

魏：用过了，本来把钾肥撒在地里等天下雨，如不下雨，肥料就晒干、跑掉、浪费了。现在喷灌开几分钟肥料就渗进去了。肥料利用率高，平均可以少施1次肥，钾肥25 kg（4元/kg），可节省100元/亩。

作者：一块土地上一年种几茬？

魏：种3茬，冬春季种榨菜，夏季种青瓜、长豇豆或辣椒都可以，秋季就种包心芥菜，用来做酸菜，这是我多年来的"名牌"产品。

作者：喷灌对另外两茬作物同样有效益？

魏：对，我明年实践以后都能总结出来。

作者：所以，喷灌不仅是节水灌溉，更重要的是科学灌溉，能增产、优质，节省劳力成本，直接增加农民收入的可靠技术，是现代化高效农业不可缺少的基本设施。

魏：对，我正在新流转1 000多亩土地，建设更大基地，我要先装上喷灌。

今年别人榨菜平均亩产约2 750 kg，我的榨菜亩产4 250 kg，增产1 500 kg（0.70元/kg），增加收入1 050元/亩。主要原因是别人雨天撒化肥，雨大肥料流失了，而我则晴天撒化肥，喷灌15分钟，肥料溶化全部吸收，这样共施了5次肥，都没有浪费掉，所以产量特别高。

实例10 "喷灌是最关键的设施"

魏其炎

（2011年11月7日）

作者：老魏，你装喷灌是2009年7月，已使用了2年多，距上次调查也有1年半多了，效益怎么样？

魏：我种蔬菜是一年三季（茬），品种是轮换的，如一种作物每年在同一块地上种，发病就很厉害，今年种的是玉米（4～7月）、绿花菜（8～11月）、榨菜（11～4月）。一年平均下来，每亩增加收入1 500～2 000元，这是净收入。喷灌平均每季效益600～700元，当然不一定每季都增收（降雨均匀就不用喷灌），但只要有一季干旱，别人种不来，我种下了，而且一定能种好，效益就有2 000元/亩。

作者：肥料能少用吗？

魏：能省啊！每季每亩可少用一包复合肥。

作者：这与我去年在小曹娥镇调查的结果相同，每包50 kg，价格是多少？

魏：当年价格是每包220元，三季就是3包，一亩可节省660元。

作者：节约3包，占总用肥量的多少？

魏：约占30%。

作者：用喷灌施肥能省多少工？

魏：每亩可省4个工，每个工100元，又省400元，加上肥料钱，节本就有1 060元，每亩增收节本2 500～3 000元。

作者：你施肥是用水泵吸进去的吗？

魏：不是，是先撒在地上，再喷灌15分钟，肥料溶化，全部吸进，肥料少用，肥力加壮（利用率高）。

作者：用老方法施肥有"风险"吧？

魏：是啊，今年9月栋树下村新承包地，喷灌还没装好，听天气预报说有雨，我就去撒好，结果雨没有下，在地上晒了 4 ~ 5 天，还用了劳力去盖泥，每亩多花了 60 元。

作者：晒了多天，实际上肥料养分已跑掉了，对作物还有影响吧？

魏：有害处的，肥料搁在菜叶上不溶化就把叶子"烧焦"，搁在榨菜头上，就是一个斑或黑点，影响质量。

作者：今年喷灌用得多吗？

魏：上半年仅用了 1 次，下半年就用得多了，特别是绿花菜秧苗地，从 7 月底到 9 月底一天喷 2 次，时间分别为上午 6 ~ 8 点、下午 4 ~ 6 点。

作者：喷灌喷菜秧地，雨点会太大吗？

魏：不会的，我把同时开的喷头数减少，从 20 只减到 13 只，喷头出来的水急了雨点就细，雾化好，土壤不会打实，也不板结，秧苗没有被打倒。

作者：喷灌泵的特点是流量小时扬程就高，这种喷头我到厂里做过试验，当水压超过 50 m 时，射程不会再增加，而只使水滴越来越小，即雾化越来越好，你在一个点上喷多长时间？

魏：喷 15 分钟，土壤基本饱和就停，再喷水就要流出来了。

作者：水量相当于降雨量 10 ~ 12 mm，这样灌了以后隔几天又需喷了？

魏：一般隔 4 天，喷灌是最关键的设施，下雨自己掌握，老天自己做。

实例 11 "我们两家是双赢的"

魏其炎

（2014 年 4 月 25 日）

作者：魏社长，距我上次来有 2 年多了，记得你建有沼气池，今天主要想了解用喷灌施沼液的情况。

魏：是的，我这 200 亩在 2011 年底安装喷灌时造了一个沼液池，分为 6 格，逐格沉淀，最后一格放水泵，并且水泵悬空放置，离池底 1 m，防止沼渣吸入。

图 3-4 魏其炎向记者介绍喷施沼液效益
（2014 年）

作者：沼液能均匀喷洒吗？

魏：光沼液还不行，还要有只水泵加水，喷灌泵作施肥泵，开始时先开加水泵，后开施肥泵，结束时则相反，先停施肥泵，后停水泵，把管中沼液冲洗掉，5 分钟后再停。

作者：池中沉淀的沼渣怎么办？

魏：最后沼渣还是个问题，排到河里变成污染，如用人工挑撒成本吃不消，我就把喷头去掉，利用管道把沼渣送到田里，再用人工撒开。

作者：你的沼液从哪里来？

魏：我的条件好，北面250 m处就有个奶牛场，他的沼液正无处放，我从他的池里装一条直径110 mm的塑料管，他买了一只水泵，7.5 kW的，他负责送，我负责用，我们两家是双赢的。

作者：喷灌每茬用几次？

魏：6～7次，其中施肥4～5次，沼液和化肥各50%，单独灌水仅1～2次。

作者：现在化肥还用人工撒吗？

魏：不用了，也放入沼液中搅拌，用喷灌打出去。

作者：效益有没有算过？

魏：我已算过了，用沼液后每亩可节省化肥成本1 000～1 200元，我原来化肥成本每茬700～800元/亩，全年2 000～2 400元/亩，可省一半，每亩还节省劳力成本600元。

实例12 "农民增收是大事"

小曹娥镇人民政府

镇　　长　陈江龙　　　　副镇长　陈忠华

农办主任　周志新　　　　经济人　杨建民

种植大户　杜国明　甘泉宏　张尧煊

（2010年4月16日）

（地点：镇长办公室）

陈镇长：喷灌效益好，农民的反映我早就听到了，感谢水利部门为农民送来"温暖"，我镇工业发展很快，在企业从业的有1.2万人，但其中1.1万人是新余姚人，本地农民仅1 000多人，可见农村劳动力大多数还在搞农业，农业收入对提高农民收入关系很大，农民增收是大事，我今天与你一起去调查，直接看看、听听喷灌的效益。

陈副镇长：我镇从2004年开始搞喷灌，到去年年底总面积已接近5 000亩，知道喷灌效益的确好。今年水利局下达我镇计划4 000亩，而各村上报面积有1.3万亩，你们把计划调到了10 000亩，还差3 000亩，可见喷灌受农民欢迎的程度。如果上级补助比例为65%，我们补不起，面积不可能介大。现在上级补助比例到了80%，面积大镇里也补得起。固定喷灌每亩补200元，移动喷灌每亩补50元，已列入我镇农业补助政策。

农民经济人杨建民：我是去年6月装的喷灌，面积200亩，这些地并没有流转集中，由我村约60户农民自己种植，一年种三季蔬菜，上半年种青瓜、玉米、辣椒，秋季种包心菜、刀豆、萝卜，冬季种榨菜、芥菜等。我是购销大户，他们都是我的基地，凡是本村人种出来的蔬菜，自己卖不出的，都由我来销，仅芥菜每年要销500万kg，平均每天一大汽车（15吨）。

以前没装喷灌，蔬菜水分不足，质量就差，例如青瓜"头大尾巴小"，尾部还生成一个弯钩，畸形了很难看，卖不上价，我们称为"破瓜"。

现在有了喷灌，每户发了喷水带和水泵，人工降雨，要多少、喷多少，真的太好了。蔬菜产量高、质量好，例如豇豆能长 1/3，加长约 20 cm，青瓜上下一样大，而且笔直，上市场的瓜一定要直，能卖好价，价格从 0.6 ~ 0.8 元/kg 涨到 1.0 ~ 1.2 元/kg，产量 2 000 ~ 2 500 kg/亩，一季产值起码增加 2 000 元/亩，据说青瓜可以美容，市场上很紧俏。

（地点：曹娥村大户杜国明田头）

杜：我承包菜地 110 亩，去年 7 月装了水带微喷灌，投资 5.9 万元，每亩投资不到 540 元。

作者：装了喷灌后区别大吗？

杜：区别很大，去年秋天干旱少雨，种包心菜、西兰花，第一个好处是种菜以前先用喷灌"下小雨"，移栽后成活率达到 95% 以上，人家不用喷灌的补种了 2 次，还是我不补的好。微喷灌是下"毛毛雨"，地不会僵（不板结），蔬菜发根快、成熟早。

第二个好处是省肥料，本来是等天下雨施肥，如果施了肥不下雨，把菜叶"烧掉"，就产生了"肥害"。如果雨下得太大，肥料就会流失造成浪费。有了喷灌施肥就没有"风险"了，真正实现了适时、适量灌水。前年每亩用肥 2 包半，去年只用了 1 包半，省了 1 包复合肥，节约了 120 元，同时起码节省 1 个劳动力，二者合计 170 元/亩。

作者：产量提高多少？

杜：去年秋天一季包心菜，大约增产 1 000 kg/亩，价格 0.62 元/kg，增加产值 600 多元，今年榨菜也增加 600 多元，两季就 1 200 多元。碰到干旱天气，喷灌绝对 OK。喷灌完全是得民心的事，农民只会拥护，不会反对。我周围的农户看了很羡慕，说"哪有这样的好东西"！我就把带子借给他们，让别人也去用。

（地点：曹一村干泉宏葡萄园）

干：喷灌使葡萄每亩增收 2 000 多元！

作者：这个账是怎么算的？

干：我种 30 亩大棚葡萄，去年装的喷水带，喷了 4 次水，葡萄颗粒大，色度高，亩产量从 2 000 kg 提高到 2 500 kg，价格提高 0.4 元/kg，从 4 元/kg 提高到 4.4 元/kg。亩产值从 8 000 元提高到 10 000 元，提高 2 000 元/亩。同时与挑水浇灌相比节省 20 个工/亩，节省劳力成本 1 000 元/亩，一来一去（增收节本）每亩增收效益 3 000 多元。

（地点：南星庵村蔬菜大户张尧煊田头）

张：我共有 400 亩菜地，多亏装喷灌，秋天种绿花菜一定要用，我看有 3 个好处。

（1）水带喷水雨点小，新种下的菜不会倒掉，而别人浇灌菜要倒掉，影响菜生长。

（2）省劳力，挑水浇 1 次每亩劳力费 15 元，浇 4 次就是 60 元，现在省去了劳力，且地面不板结，蔬菜生长快。

（3）产量高，从 1 000 kg/亩提高到 1 250 kg/亩，亩增产 250 kg，价格 1.6 元/kg，增加收入 400 元/亩。

周主任：我镇 2008 年制订了喷滴灌发展计划，计划 2008 ~ 2011 年发展种植业喷滴灌 1.2 万亩，养殖场喷灌 1 万 m²。现在看来计划要被突破，作物喷滴灌将达到 1.8 万亩，畜禽喷灌达到 7 万 m²（去年新建 4 万 m²）。

对喷灌的形式，实践结果固定喷灌因为有竖管留在田间，影响拖拉机作业。因此，小户普遍欢迎"一泵一带"形式，大户喜欢总管、水带都移动形式，这还是创新！

实例 13 "喷灌毛豆的质量好"
小曹娥镇蔬菜合作社社长　杜国明
（2012 年 8 月 6 日）

项目简介：2007 年承包 200 亩，2008 年配备移动式水带微喷灌 93 亩。采用偏径 80mm 微喷水带，直径 50 mm，斜 5 孔，孔径 0.8 mm，喷水宽度 6 m，水泵用口径 50 mm 潜水电泵，扬程 20 m，流量 15 m³/h，可同时供 300 m 水带喷水。

以后逐年扩大承包面积，到 2011 年年底共 646 亩。2011 年 10 月新装固定喷灌 150 亩，要求 2013 年再装 403 亩，全部实现喷灌化。

作者：杜社长，你同时采用移动式微喷和固定喷灌，请介绍一下使用体会。

杜：首先感谢你们，为我们送来了这样好的技术，说实话如果有劳力的话，用水带微喷灌好，雨点小、喷水均匀。可是劳力成本高，现在用不起，所以新安装的采用了固定喷灌。

作者：你的种植模式是怎样的？一年种几季（茬）？

杜：每年 3 ~ 4 季。夏季（4 月上旬至 8 月上旬）种毛（黄）豆，品种很多，过去是 303，现在是 753、绿宝、开心一号等。秋季（9 月上旬至 10 月底）种松花菜，是绿花菜的一种，生长期就 55 ~ 60 天，冬季（11 月中旬至 4 月上旬）种榨菜、小芥菜或青包菜。有精力的话，夏秋之交（8 月上旬至 9 月上旬）一个月时间可套种一季小白菜，这样就是 4 季了。

作者：一般一年用几次喷灌？

杜：3 季中有 2 季要用喷灌，夏季的毛豆要用 2 次，秋冬季的花菜、榨菜用 2 ~ 3 次。

作者：一般每次喷多长时间？

杜：每个点喷半个小时够了。

作者：每次灌水 2 ~ 3 m³/亩，相当于降雨 3 ~ 4 mm，效益怎么样？

杜：效益这是好足了，就夏季吧，用喷灌的毛豆不但产量高，而且质量好，豆荚饱满，颜色碧青，而不用喷灌的毛豆荚柄上有斑点，人家的 2 元/kg，我的 3 元/kg，采购商还抢着要。一季毛豆亩产 750 kg，仅优质就能增加收入 750 元/亩。

还有一季花菜，每年 9 月一定要喷。去年人家的花菜成活率 40%，我的花菜成活率 90% 还多，产量 2 000 kg/亩以内不会来的（即亩产量高于 2 000 kg），价格 2 ~ 3 元/kg，亩产值 5 000 ~ 6 000 元，喷灌的功劳就有 2 000 ~ 2 500 元/亩。

作者：喷灌过程中还有什么问题？

杜：刚开始时配的那只汽油机水泵不好，要受气的，压力（扬程）不够，吸不上、压不远。后来改用潜水电泵，口径同带子一样（50 mm），套上就可用，可带 300 m 水带同时喷，还是单相的，很方便，价格 300 多元，也不贵。

作者：这种泵扬程 20 m，流量每小时 15 m³，电机仅 700 W，价廉物美，实际功能都达到设计参数，同样 50 mm 口径，还有电动机 1.5 kW 的，价格 500～700 元，扬程会更高，流量更大。水泵的好坏不能只看价格，也不能只信"标牌"，而要经过实践后认准厂家。听说固定喷灌有点问题？

杜：去年是好的，今年拖拉机耕地时把管子挖破了，水过不去，就无法使用了。

作者：设计上规定，地下管道必须埋在地面以下 50 cm。这是施工偷工、监理没有到位造成的，有的中介机构本身对喷灌的监理外行，再加上责任心不强，没起到质量监督作用。你现在是内行了，明年装喷灌还是由你这个业主监理最有效。你现在打算怎样解决？

杜：我正在联系近期改造和修复，9 月初要用，一定要修好，反正问题不大，喷灌本身总是好的，真的要谢谢政府。

实例 14 "种绿花菜一定要用喷灌"
小曹娥镇蔬菜大户　张尧煊
（2012 年 8 月 6 日）

项目简介：2007 年承包土地 280 亩。每年种两茬，第一茬是刀豆套种玉米，刀豆收起后套种西瓜（3 月中旬至 8 月初），此后休耕一个多月。第二茬种绿花菜（9 月上旬至次年 3 月），收入主要靠花菜。

2008 年 8 月安装半固定水带微喷灌，即 PE 支管在田头固定，水带和水泵移动。水带偏径 65 mm，斜 5 孔，孔径 0.8 mm，安装间距 4 m。配 6 马力喷灌专用泵，扬程 45 m，流量 20 m³/h，可供 400 m 水带同时喷水。

2011 年 8 月改装为固定喷灌，采用 PYS-15 型塑料喷头，工作压力 300 kPa 时流量 1.8 m³/h，射程 14 m。

作者：水带微喷灌已用了 4 年，请你介绍一下使用效益和存在的问题。

张：微喷灌是好足啦，9 月种绿花菜一定要用，因为每年这个时间一定干旱少雨，没有喷灌就种不下。用了喷灌，土地软了，每亩种菜用工从一个半工减到一个工，每亩能节省人工费 40 元。用喷灌的菜秧成活快，第二天就"站"起来了，表土不会板结，菜长得快，产量高，质量好。

作者：喷灌过程中还有什么问题？

张：水带喷水是很好，但是湿土易粘在水带上，带子搬进搬出需工太多且劳动强度大，劳动力多成本就高，所以去年改装成固定喷灌。

作者：除了灌水，你有没有用于施肥？

张：还没有，我正准备建一个肥料溶液池，用喷灌施肥。

作者：你也可以先把化肥撒在地上，再用喷灌"人工降雨"，就把肥料吸收进去了。

张：撒肥料 6 亩地需 1 个工且工资 80 元不够了，要 100 元 / 工，亩次 17 元，每季施 4 次肥就需 68 元 / 亩。

另外，现在施肥不用尿素了，用复合肥，一季要用 450 元，但浪费一半还多，利用率最高 30%，用喷灌起码可以节约费用 200 元 / 亩。

作者：请你估算一下增收的效益。

张：就算一季绿花菜。这里是新地（1968 年围垦），略带咸分，产量本来就比南面老地高，用了喷灌产量更高，每亩产 1 750 ~ 2 000 kg，质量也好，价格高，2.6 元 /kg，单季亩产值 5 000 元。以其中喷灌效益 10% 计，每亩就是 500 元。

作者：再算一下节本的账。

张：第一是省种菜人工费 40 元 / 亩；第二是省灌水工，以一季喷 2 次计，可省 160 元 / 亩；二者小计又是 200 元 / 亩。今年用喷灌施肥后，还可节省肥料和人工成本 270 元 / 亩，这样一季绿花菜增收节本效益就有 970 元 / 亩。

明年我要求在新建的 25 亩育苗大棚内安装悬挂式微喷灌，这是我从另一个大户那里看到的，开关一开，整个棚内下毛毛细雨，太好了！

实例 15 "喷灌施沼液是真好啊！"

张尧煊

（2013 年 1 月 29 日）

项目简介：2008 年 8 月在承包的 280 亩菜地上安装水带微喷灌，由于每年 2 ~ 3 次收进和铺设水带比较麻烦，劳力成本高，2011 年 8 月改装成固定喷灌，2012 年 8 月在田头建成 2 个沼液池，9 月开始用喷灌喷施沼液。

作者：老张，农业局的同志告诉我，你成功用了喷灌施沼液，他们说"这是真好哉"，今天特地来了解一下具体情况。

张：我在去年 8 月建了 2 个沼液池，每个 300 m³，9 月、11 月两次喷沼液。沼液是镇里派车送来的，它们排到河里是污染物，到我这里就成了宝贝。

作者：这是了不起的实践，解决了农家肥还田，真正实现了循环农业。用沼液的效益怎么算呢？

张：目前化肥要 600 ~ 700 元 / 亩，施 1 次就要 100 多元。种西兰花一定要施大肥，人家亩产 1 000 kg，我有 1 500 kg，喷沼液就是施肥田粉（化肥），我施了 2 次，以每次节省化肥 100 元计，每亩省 200 元不用说，200 亩地省 4 万元肥料成本，而且肥力足，菜的颜色特别绿。

作者：化肥肥力成分单一，而农家肥有多种养分，是"复合维生素"。

张：现在我在考虑，以后把化肥也放到池里，溶解后用喷灌施肥，不但能省每亩10多元撒化肥的小工工费，而且肥料利用率高。

作者：等天下雨施化肥有风险，雨不下、化肥"晒干"，全部浪费，雨下得太大了，肥料流失，大部分浪费。

张：对，有了喷灌，就有了主动权，这个苦头现在不用吃了。我去年9月搭了20多亩大棚，种草莓，刚种下时要浇水抗旱，用水带喷的，很好，其中有2个棚用沟灌，结果草莓被咸死了，原来我们这里是海涂地，盐分吊上来了。

作者：滴灌水量少，不会渗漏下去，深层盐分上不来，而沟灌有大量水渗入地下，地下水位提高，盐分就上来了。喷滴灌是节水灌溉，又是节制灌水，2011年临山镇在海涂地种大棚葡萄就是同样的情况，用滴灌的成活率在95%以上，不用滴灌的成活率只有20%，有80%多被咸死了。

实例16 "我喷灌主要用雨水"

泗门镇蔬菜大户 阮光明
（2013年1月29日）

项目简介：2010年建大棚微灌30亩，其中葡萄滴灌和蔬菜微喷灌约各50%。滴灌采用流量可调式滴头，流量3~80 L/h，每株葡萄1个，间距1 m左右。微喷采用悬挂式喷头，共用口径50 mm单相电机泵，流量16 m³/h，扬程20 m，功率1.5 kW。可供1000个滴头同时滴水，此时滴头流量为16 L/h。微灌设备造价近10万元，约5元/m²。另建容积200 m³雨水池，造价10余万元。

作者：老阮，你的雨水利用很有特色，用得好吗？

阮：好的，我的喷灌主要用雨水，前几年河里的水不能用，现在经过清淤、砌石，水质好多了，但也很难用。

作者：雨水占你总用水量的百分之几？

阮：大概70%，不够时用自来水补充点。

作者：所有大棚的雨水都接进了吗？

阮：都接进了。

作者：雨水利用率有一半吗？

阮：不止的啊，大约也有70%，只有下雨特别大时水才会溢出。

作者：用雨水滴头堵塞严重吗？

阮：滴灌不会堵，发现有堵塞时拧（调节）一下滴头就冲走了。微喷头出口要是堵塞了，就用针头通一下。

作者： 这个太费劳力了，过滤网箱装了吗？

阮： 没有，只在水泵进水管口用网布包住，在水泵出口装有2个过滤器。

作者： 用网布包不行，进水面积太小，影响水泵进水，就像戴上口罩会影响呼吸一样。进水口一定要装过滤网箱，并选用密度100目以上的滤网，过水面积大，截污能力强，网孔小，过滤精度也高。最重要的是建好这"第一道防线"。水泵出口的过滤器就这点体积，截污能力很小，只能起到"查漏补缺"的作用。

阮： 好的，我做一只过滤网箱。

作者： 蔬菜棚内种上苗木盆景啦？

阮： 大部分菜棚已用于培养苗木，经济效益更好，还有几个棚育菜秧供自己400多亩大田用。

作者： 种苗木就用微喷？

阮： 只有降温时用，灌水用人工浇。

作者： 还可人工浇？

阮： 苗木都种在盆内，用喷灌大部分水都到盆外面，水浪费了。

图3-5　葡萄苗木大棚雨水池
（2013年）

作者： 这种情况可以安装"滴剑"，也是一种滴灌，每个盆内插上1~2支，就像打吊针那样，一滴一滴直接把水送到根部，水不会太多，防止水肥流失，滴灌是最科学的灌溉。

阮： 今年就考虑装"滴剑"。喷滴灌主要是省劳力，菜秧地每天要喷水，这节省的劳力已算不好啦！

葡萄滴灌（实例17~26）

实例17　果蔬喷滴灌效益
泗门镇小路下村经济合作社　章红元
（2004年12月15日）

项目简介： 项目建于2000年，面积521亩，其中葡萄滴灌90亩、蔬菜160亩、梨园271亩，均为固定喷灌。

本村建成果蔬喷滴灌工程以来，农业增产优质、农民增收节本，经济效益显著。经过4年实际情况调查统计，平均结果如下。

葡萄　增产：2 000-1 740 = 260（kg/亩）× 3.1（元/kg）= 806（元/亩）

　　　　优质：3.5-3.1 = 0.4（元/kg）× 2 000（kg/亩）= 800（元/亩）

　　　　省工：2.5工/亩 × 30元/工 = 75（元/亩）

　　　　小计：806 + 800 + 75 = 1 681（元/亩）

梨树　增产：2 083-1 840 = 243（kg/亩）×1.2（元/kg）≈ 292（元/亩）

优质：1.4-1.2 = 0.2（元/kg）× 2 083（kg/亩）≈ 417（元/亩）

省工：0.5 工/亩 ×30 元/工 = 15（元/亩）

小计：292 + 417 + 15 = 724（元/亩）

榨菜　增产：3 360-2 880 = 480（kg/亩）×0.4（元/kg）= 192（元/亩）

优质：0.44-0.4 = 0.04（元/kg）× 3 360（kg/亩）≈ 134（元/亩）

省工：2 工/亩 ×30 元/工 = 60（元/亩）

小计：192 + 134 + 60 = 386（元/亩）

按套种模式统计：

葡萄 + 榨菜，1 681 + 386 = 2 067（元/亩）；

梨树 + 榨菜，724 + 386 = 1 110（元/亩）；

其他菜 + 榨菜，386 + 386 = 772（元/亩）；

项目区全年净效益 61.4 万元，亩均 1 178 元，

图 3-6　小路下村大田喷灌（2001 年）　农民户均增加收入 3 063 元。

实例18 "滴灌的突出好处是灌水均匀"

临山镇葡萄大户　高夏兰

（2006 年 1 月 6 日）

葡萄病多，且都是由雨水传播的，所以我的 50 亩葡萄园全部搭建了大棚，葡萄要灌水，棚内小气候要干燥，湿度要低，所以用滴灌最好，我在 2003 年 5 月就安装了滴灌，每亩成本 560 元。

经过三年实际使用证明：糖度增加（18 ~ 20 度），裂果减少，果霜浓厚，上品果率从 40% ~ 50% 提高到 60% ~ 70%，价格平均提高约 15%（0.75 元/kg），亩增加收入 1 500 元（2 000 kg/亩 ×0.75 元/kg）。

滴灌的突出好处是灌水均匀，我的地高低差有半米，本来用沟灌，低的地方水太多、地太烂，高的地方灌不到，现在高低地都一样。另一个是灌水质量好，土地不会板结，透气性好，可节省破板结的劳力 2 ~ 3 工/亩。同时滴水结合施肥，肥料节省 50% 左右，劳力省 90%。以上节省的劳力肥料成本每亩 200 元左右，化肥流失减少，还改善了水质。

总的每亩增收、节本效益约为 1 700 元，我一年增加收入 8.5 万元。

实例19 "我们尝到了滴灌的甜头"

临山镇味香园葡萄合作社社长　沈汝峰

（2009 年 10 月 7 日）

味香园合作社有葡萄 1.15 万亩，其中已有 4 000 多亩建有避雨大棚，是浙江省最大

的葡萄基地。我社农户从2003年开始在大棚装滴灌，每亩成本570元。雨水多的年份1年灌4次，其中2次结合施肥，雨水少的年份1年灌20多次，效益主要体现在以下4方面：

（1）病情减轻。葡萄露地栽培霜霉病等病很多，主要由雨水传播，仅挂果期间要施农药15～16次。采用"大棚＋滴灌"的模式，土壤湿润而且棚内湿度不高，小气候干燥，使发病率大大降低，用药次数减少至3～4次，每亩农药成本从近300元降到50～60元。

（2）质量提高。均匀适量灌水使葡萄果实颗粒饱满，裂果减少，价格提高15%左右，每亩能增加收入1 000多元。

（3）劳力节省。滴灌结合施肥，可节省灌水、土壤破板结及施肥劳力的70%，节约劳力成本每亩200多元。

（4）水量节省。滴灌只湿润根部土壤，每次亩灌水量只需5 m³，而采用沟灌每次约20 m³，每次可节水15 m³，一年平均灌10次就节水150 m³/亩。由于表土基本无积水，还方便农民田间劳动。

图3-7　沈汝峰（左）向作者介绍滴灌"水肥一体化"（2009年）

我社已装滴灌4 600亩（见图3-7），我们尝到了滴灌的甜头。

实例20　"想种出高质量的葡萄一定要用滴灌"

临山镇葡萄"状元"　干焕宜

（2010年3月3日）

我种葡萄30亩，2003年装上了滴灌，每亩成本580元，当时政府补了一半，自己负担不重。应用滴灌已有7年，我最大体会是：想种出高质量的葡萄一定要用滴灌，我常给来参观的同行介绍，这是葡萄产业的必由之路，花这点钞票是值的，总结起来有这些好处：

（1）品质提高。现在高产容易实现，反而要控制，也搞"计划生育"，主要是追求品质，关键就是把水控制好，水果一定要有水，但太多不好。新疆葡萄为什么质量好，就是因为那里雨少。南方葡萄为什么病多、糖度不高，正是由于降雨多，灌水太多。滴灌就能把水控制住，不会出现灌水太多的情况。

第一，糖高度。糖度是衡量葡萄质量的主要指标，传统沟灌的葡萄糖度为10～12度，采用滴灌使糖度达到15度以上，当然对于糖尿病患者，我们也有低糖的品种。

第二，裂果少。降雨或沟灌使土壤"大干大湿"，短时间内吸水太多，造成葡萄裂果，直接影响品质和价格。滴灌是缓慢灌水，均匀灌水，能避免裂果出现。

第三，药残少。滴灌使根部土壤湿润，而棚内湿度不高，病少发，药少用，果实上的农药残留也少，成了真正的绿色食品。

第四，品质提高。上等果率从 60% 提高 80% 以上，以亩产 2 000 kg 计，其中 20% 的价格从 4 元 /kg 提高到 10 元 /kg，即增加产值 400 kg/ 亩 ×6 元 /kg = 2 400 元 / 亩。

（2）节省防病成本。葡萄对水特别敏感。如干旱缺水，则果实萎缩，如水分太多，特别是空气湿度高，就诱发灰霉病、白腐病等多种病害，每下 1 次雨或进行 1 次沟灌就要防 1 次病，所以露地栽培时间要用药 15 ~ 16 次，采用大棚避雨栽培以后，如仍用沟灌，还要用药防病 5 ~ 6 次，而采用滴灌棚内湿度很少增加，防病次数减少至 1 ~ 2 次，防病成本每次约 70 元 / 亩（药费 40 元，人工费 30 元），以减少 2 次算，可节省成本 140 元 / 亩。

（3）节省施肥成本。现在施化肥和灌水都是结合的，采用沟灌结合施肥需劳力 1.1 工 / 亩（撒肥 0.3 工、灌水 0.3 工、破板结 0.5 工），而采用滴灌仅需 0.4 工（撒肥 0.3 工、灌水 0.1 工），节省 0.7 工，节约 56 元 / 亩（80 元 / 工 ×0.7 工），1 年施肥 2 次节约 112 元 / 亩。同时，可节省化肥 40%，即复合肥 20 kg/ 亩（3 元 /kg），节省 60 元 / 亩。

两者合计全年节省施肥成本 172 元 / 亩。

（4）节省灌水劳力。采用传统沟灌，每亩需劳力 0.8 工（灌水 0.3 工、破板结 0.5 工），而用滴灌每亩仅需劳力 0.1 工，每次灌水少用 0.7 工，以 1 年滴灌 2 次计，可节省劳力成本 112 元 / 亩（0.7 工 ×80 元 / 工 ×2）。

以上 4 方面合计每亩增收节本共 2 824 元。目前我的亩产值已达到 1.6 万元（2 000 kg×8 元 /kg），其中滴灌经济效益达到 18%。

（5）节省水量。葡萄需水量最大是在开花期后的果实膨大期，我灌水的标准是畦边刚有水渗出就停，而沟底不能有积水，说明这时土壤水分接近饱和，灌 1 次水每亩 6 ~ 7 m³，

是人工挑水浇灌的 1/4 ~ 1/3，所以足够了，但如果用沟灌每次大约需要 20 m³/ 亩，滴灌每灌 1 次可节约 13 ~ 14 m³，1 年至少灌 4 次（包括施肥 2 次），可节水 60 m³ 左右，一般要灌 8 次，则全年每亩节水 120 m³ 左右。

（6）加速生长。去年我对新种的葡萄采用滴灌，在夏秋少雨季节每隔 10 ~ 15 天灌 1 次，共灌 7 次，每次灌半小时，葡萄藤长得特别快，1 年的生长量相当于 1 年半，2 年可相当于 3 年，能提前挂果，增产效益很明显。

图 3-8　干焕宜（左一）向副省长茅临生介绍葡萄滴灌
（2008 年）

实例21 "我的地高低不平用滴灌特别好"

临山镇葡萄大户 高国华

（2010年7月6日）

我有27亩葡萄，全部采用大棚栽培，2003年5月安装了滴灌，用的是余姚产的滴灌管，直径10 cm，滴头间距30 cm，当时价格0.64元/m，这种管子质量很不错，到现在7年多了还没有老化，只是近几年为了结合施肥，这种滴灌管容易堵塞，我才改用膜下微喷水带作滴灌。滴灌的突出优点是灌水均匀，我的地高低落差有30～50 cm，本来用沟灌，低地水太多，高地流不到，现在高低都一样。另一个优点是灌水质量好，土地不会板结，透气性好，葡萄用滴灌效果确实好。

第一是品质提高，灌水多少能够控制，不会太多。现在种葡萄实现高产已不难，亩产控制在1 750 kg左右。主要是追求优质，滴灌葡萄品质提高，糖度提高到18～20度、裂果减少、果霜浓厚、上品果率从70%提高到85%，优质果增加约263 kg/亩，价格从3元/kg增加到10元/kg，每千克提价7元，增加产值1 841元/亩。

图3-9 高国华（左2）、高夏兰（右2）
姐弟接受记者（左1、右1）采访（2013年）

第二是省劳力，每亩可节省灌水、施肥劳力2个工，还可节省（沟灌）破板结的劳力，起码又节省1个工，总的3个工，以每个工75元计，节省劳力成本225元/亩。

第三是节省化肥，以每亩少用10 kg，价格4.5元/kg计，节省肥料成本45元/亩。

第四是节省农药，大棚内如沟灌1次，湿度提高葡萄就生病，就需防1次病，现在滴灌平均少防病2次，每次以成本50元计，又节约100元/亩。

以上四方面增收节支共2 208元/亩。除去设备折旧费以每亩75元计，净效益2 133元/亩，这些效益肯定有，仔细算起来还不止。

实例22 "滴灌使咸地种出优质葡萄"

——临山镇味香园葡萄合作社书记 陈正江

（2011年12月11日）

项目简介：2010年2月，临山镇味香园葡萄合作社7家农户在杭州湾边1974年围垦的"海涂"地上栽种葡萄250亩，2011年4—5月间统一装上膜下微滴灌，其中陈正江70多亩，主管用90 mm的PE管，支管分别用75 mm、40 mm、25 mm，配2只水泵（扬程35 m，流量30 m^3/h，功率4 kW）。

大户介绍：陈正江，男，1960年生，20世纪80年代起在自家7亩"承包地"种葡萄，同时为附近农户推销葡萄，是当地有名的葡萄经济人。2009年当选味香园葡萄合作

图 3-10　咸地滴灌葡萄（2012 年）

社党支部书记兼副社长，主管销售至今。他引进大客户，把临山葡萄推销到北京、青岛、上海等大城市以及本市大企业，其中年订货在 1 500 箱以上的企业就有 5 家。2014 年被评为"浙江省百佳农产品经济人"。2014 年销售额 4 300 多万元，占味香园葡萄总产量的近 50%。

作者：陈书记，今年灌了几次？每次灌多少时间？

陈：已灌了 10 次，因为是咸地，要灌 10 多次才能把盐分推开，每次滴 1 小时，而老地（淡地）只需灌 4~5 次。

作者：滴灌效果怎么样？

陈：这里土地 pH 达到 8.6，用滴灌特别好。第一是成活率高，我们用滴灌的成活率达到 95% 以上，附近有一家农户是从搞其他企业刚转行搞农业的，对滴灌不了解、不理解，没有安装，成活率仅 20%，大部分被咸死了。第二是省劳力，就算用滴灌施肥两次吧，节省两个工，每工 150 元，每亩省劳力成本 300 元。

作者：肥料省了吗？

陈：可以省一半，每亩又可省 200 元。

作者：今年亩产值有多少？

陈：亩产值 5 000 多元，我们的价格卖得好，每公斤有 16 元，亩产还只有 300 多公斤。

作者：为什么价格这么高？

陈：咸地葡萄虽然颗粒小一点，但品质高、特别甜且串状好，客人吃了后就认准这里的葡萄。

实例 23　"咸地不装滴灌就不要想种葡萄"

陈正江

（2014 年 10 月 26 日）

作者：陈书记，今年春夏两季多雨，里丘"老地"葡萄滴灌只有 1 ~ 2 次，你这里"新地"（1974 年围垦海涂）葡萄滴了几次？

陈：往年滴 11 ~ 12 次，今年上半年滴了 5 次，其中 2 次是施肥，滴灌对大户更需要，这几天就在滴，秋天在孕育明年的花芽，只要有 10 天不下雨就要补水，这个月没下过雨，已灌了 2 次，如再不下还要灌。

作者：你刚才说的"滴灌对大户更需要"怎么理解？

陈：第一是劳力少用了，化解了"招工难"的问题，现在农民工很难请；第二是大户肯投入，本身设施比较完善，田头都装有三相电或单相电，接水泵很方便；还有一点是大户乐于用水溶性肥料,虽然价格高些,但用滴灌施肥不会堵塞,总的成本不会增加。

作者:秋天需要施肥吗?

陈:这倒不需要,土壤中还有剩余的肥可以利用,只要灌水,肥料会带进去。

作者:每次灌水需多少时间?

陈:我分为4个轮灌区,每个17～18亩,灌4～5小时,一天灌2个灌区,30多亩,2天灌完。

作者:你的水泵流量为25 m³/h左右,18小时轮灌一遍,每亩灌水量6～7 m³,相当于10 mm降雨量,滴灌对压盐有作用吗?

陈:有的,滴灌把盐分压下去,加上大量施用有机肥,pH已从5年前的8.5降到6.5,还有点咸性,但这正是葡萄需要的,反而好。

作者:几年前,你介绍说这里种出的葡萄,颗粒会小一点,但味道更好。

陈:现在颗粒反而大了,味道更好,糖度高,南面"老地"的葡萄一般为15～17度,这里的为18～20度,平均高出2～3度,现在"海涂葡萄"已成为一种品牌。这里共有500亩,消费者慕名而来,销售得特别快,今年葡萄到后期价格普遍下跌,销售滞缓,但这里的葡萄早已销完,没有受到价格的影响。

作者:你的亩产量保持在多少?

陈:1 500 kg左右,任它生长的话,每亩5 000 kg也会有,但质量不高了,一定要"计划生育",4月疏果,剪掉的有2/3、留下的才1/3,这点一定要狠心,只有控制产量,才能提升质量!

作者:每亩种多少株?每株保留几串葡萄?

陈:每亩150株,每株20～23串,每串重0.5～0.6 kg,产量就这样出来了。

作者:你产值能达到多少?

陈:1.7万元左右。

作者:这产值中滴灌的贡献率大约是多少?

陈:第一点是省工,每亩可省5个工,每个工起码200元,就节省1 000元。第二点是争取了时间,用滴灌结合施肥,使施肥时间从7天缩短到2天,肥料早施早成熟,生长季节也赶早,能卖好价钱。节本、优质,总的效益每亩4 000～5 000元是有的,大致增加收入25%,这种咸地,不用滴灌就不要想种葡萄。

实例24 "泥不见白、水不见流就好"

丈亭镇小强葡萄庄园主人 李雅萍

(2013年3月6日)

项目简介: 面积60亩,土质为水稻土,2006年种大棚葡萄,棚宽6 m、长92～105 m,棚内种两行葡萄,2007年开始用全移动膜下水带微滴灌。主管偏径

120 mm，直径 76 mm，放在棚中间，向两边水带供水。喷水带偏径、直径分别为 45 mm、28 mm。采用 4 kW 潜水电泵，口径 50 mm，流量 16 m³/h，扬程 40 m，同时喷 4 个棚，工作带长约 800 m，此时水带流量 20 L/h，配泵 3 台，亩投资共约 200 元。2012 年另种大棚草莓 10 亩。

作者：你用水带微滴灌 6 年了，介绍一下是怎样灌水的？

李：灌水嘛，"泥不见白、水不见流"就好了。

作者：这话太经典了、很科学，"泥不见白"是水分的下限，土壤不能太干，保持湿润状态，"水不见流"是灌水的上限，灌水不能太多，不能产生径流。平均一年灌几次？

李：看天气情况，一般 5 ～ 7 次，包括施肥带进，土壤保持一定湿度，防止雷暴时产生裂果。到 8 月初采摘期带子收进，就不能再灌水了。去年雨量最多，只有施肥时灌了 2 次。

作者：肥是怎么施的？

李：基肥用菜饼，追肥用俄罗斯复合肥和挪威钾肥。几年前复合肥用滴灌带进，因为水溶性好；钾肥不能带，因为溶解性不好。近几年都采用挖沟埋肥，再用滴灌把肥料带进去。

作者：这样用劳力就多？

李：是啊，但如不松土，滴灌只能下渗 20 cm，肥料也下不去，葡萄根子就上浮。挖沟施肥再灌水，肥料深了，根子也往下扎，葡萄就好了。

作者：这是作物根系的"向水性"和"向肥性"。现在水灌不深是由于用的水带，灌水速度快，如果用滴灌管的话，滴水速度慢，水肥能下渗到 30 ～ 40 cm，但滴灌管容易堵塞，农民又怕用。我们现在的设计是把投资适当提高，配备多级过滤设备，解决水质问题，就可以放心用滴灌管，那灌水、施肥可以两全齐美了。你这带子能用几年？

李：每年都有新带子换进去，每亩用带 200 m，每米 0.35 元，全部换也不到 100 元，但没有换过的还有。

作者：最长的已有 6 年了，你保护得很好。

李：我每用完后就把带子收起来，整齐叠好，就绑在大棚的水泥柱上，没有人工损坏，老鼠也咬不到。

作者：请讲讲葡萄微滴灌的好处。

李：当然是省工，就算每亩每次省 1 个工，每个工 80 ～ 100 元，1 年灌 6 次，每亩就节省 500 ～ 600 元。还有裂果情况少了，葡萄品质也提高了。

实例 25 "水带用了 8 年没有换过"

李雅萍

（2015 年 4 月 2 日）

作者：我 2 年前来时你的喷水带已用了 6 年，现在有没有换过？

李：还在用，水带用了8年还没换过！

作者：这是奇迹了，你是如何保管的？

李：就是用完后收起卷好，绑在棚内水泥柱子上，反正家里也没地方放，一年四季都在棚内。

作者：说明带子质量好，你保护得也好，真可以申请吉尼斯世界纪录了。你的葡萄大致每年灌几次水？

李：催芽水1次，施坐果肥3次，总的就6～7次。

作者：灌一遍多少时间？

李：我是每4亩轮灌的，每块地上喷半个小时，2天就能轮灌一遍。

作者：省工效益能算出吗？

李：过去用沟灌，先沟里灌满，再用勺子浇到地上，1个人每天只能浇5亩，浇一遍要12个工，现在喷灌只需1个工，全年最起码省60个工，每亩省1个工，就省100元/亩。

作者：优质、增产效益明显吗？

李：产量要"计划生育"，年年控制它，主要是优质。及时灌水施肥质量就好，当然采摘前半个月就要停止灌水，控制水分，提高糖分，客户都说我的葡萄甜，当然果实大了，产量也会提高。

作者：你还有草莓，是与葡萄套种的，还是独立的？

李：是独立的，套种没有人搞好过，不提倡，我也不搞。

作者：草莓灌水多吗？

李：灌得很多，9月上旬种下后第一件事就是放水带灌水，地发白了就灌，2天灌水1次，这20天内就要灌10次。以后逐渐减少，到11月底以后就不灌了，要控制灌水，保证质量，这样草莓保鲜期就会长几天。

作者：2013年"菲特"台风暴雨期间，你这里是淹水最深的，葡萄损失有多大？

李：是啊，我们这里地势特别低，那年8月"飞燕"台风时淹了4天，那时正是采摘旺季，多亏市人大领导帮助推销了1 000多箱，1万多斤啊，树的负担轻了，长势恢复快，总算熬过了。

第二次"菲特"台风，10月7～18日1.5 m水深淹了11天，当时根子都黑了，都认为"全军覆没"了，我急得全身发抖，路都不会走了，这时有位农艺师观察仔细，说

图3-11　把水带绑在大棚柱子上（2014年）

毛根里面还是白的，可能还有救，在好心同行沈汝峰师傅指导下，先松表土破板结，给根子呼吸氧气，然后用台湾产"生根剂"，那真是"死马当活马医"，结果当年仅死了约 1/4，其余的 3/4 第二年还生长得很好，几乎没有经济损失，葡萄的耐淹能力这么强，连中国葡萄协会的专家也说没碰到过，真是意外高兴！

实例 26 "喷灌除雪效果很好"

朗霞街道干家路村果蔬大户 张建立

（2015 年 3 月 17 日）

项目简介：2000 年承包 10 亩土地种植葡萄，2010 年扩大至 200 亩，分别是葡萄 110 亩、蜜梨 60 亩、蔬菜 30 亩。现有大棚 110 亩，其中蔬菜 23 亩，其余是葡萄、冬季套种菜类作物。2011 年安装水带微喷灌，2013 年在 23 亩蔬菜大棚加装固定微喷灌，在 55 亩大棚安装喷灌，用于除雪。

作者：老张，你是把喷灌用于除雪的第一人，当时是怎么想到的？

张：2008 年大雪，棚上雪积了 30 多 cm 厚，棚顶爬不上去，用人工只能除边上一点点，眼睁睁看着棚压倒实在痛心，于是想到了喷灌淋洗。

作者：装好后效果怎样？

张：已用到一次，那是 2013 年，喷灌冲雪效果很好。

作者：你是棚内原来已装了水带，后来又装了微喷灌出于什么考虑？

张：水带是铺在地上的，蔬菜叶长大后把水挡住，喷水不匀了。

作者：这还是第一次听说。你葡萄每年滴灌几次？

张：6 ~ 7 次，我一年的电费 2 000 多元，说明用电 2 000 多度，平均每亩十几度。

蜜梨喷灌（实例 27 ~ 30）

实例 27 "有了喷灌老天自己做了"

朗霞街道千亩梨园大户 曹华安

（2009 年 4 月 15 日）

我们梨园建于 2001 年，面积 1 030 亩，由 4 个大户经营，当初道路、水沟、棚架等基础设施建设每亩投入 4 000 多元，全部由个人投入。品种是翠冠，是早熟的黄花梨，2004 年 4 月安装喷灌，总造价 68 万元（660 元 / 亩），市政府补助 2/3。

6 年使用下来，看到有这些好处：一是品质好。喷灌是"少吃多餐"，灌水均匀，梨果个大，还避免了由于大水漫灌或暴雨"大干大湿"引起的裂果，产量高且卖相好，价格每千克高 3 角。二是产量高，从 1 700 kg/ 亩提高到 2 000 kg/ 亩，每亩增产 300 kg。三是用工省。灌水工少，施肥省工更多，以前人工挑水浇肥成本太高，就把肥料撒在地面等下雨，如天不下雨肥料就浪费了，现在先把肥料撒好，再开一刻钟喷灌，肥料溶化，随水渗入土壤，一点也不浪费，真是老天自己做啦！以上三方面每亩增加收入1 400元（优质：1 700 kg×0.3 元/kg＝510 元；增产：300 kg×2.3 元/kg＝690 元；省劳力200 元）。四是可套种蔬菜。秋季高温雨少，靠人工浇不可能大面积种菜，有了喷灌就可以在梨树下套种蔬菜，今年榨菜每亩产量2 500多kg，亩产值1 300 元，还可增加净收入500 多元。

图3-12　曹华安（左）向时任市委书记王永康（右）介绍喷灌梨园（2006 年）

我的体会，喷灌装与不装，每亩起码相差1 000 多元。

实例28　"我的梨园没有喷灌收入少一半还不够"

黄家埠镇永盛农庄主人　许土苗

（2010 年4 月30 日）

作者： 老许，请介绍一下你梨园喷灌的情况。

许： 我的梨园面积70亩，2004年用的是萧山产的一套移动喷灌机，11 kW电动机，7 000多元，政府补5 000元。因为我劳力少，使用1年后觉得费劳力，就转给了另一个劳力多的大户。

2005年安装了固定喷灌，90多个喷头，总投资近4万元，每亩不到600元，政府每亩补300元，补了2.1万元。

作者： 请介绍喷灌使用的情况。

许： 我这个梨园，不搞喷灌就没有收入，因为土地是"油泥性"（黏性土），不是"夜阴地"（白天表层干燥，夜间地下水沿着土壤毛细孔上升补充水分至土壤湿润），三天不下雨土就很硬，像砖头一样，并且开裂，从1999年开始承包了这块地，其中只有1年因遭受洪灾不抗旱，所以特别需要喷灌。果实膨大期，每年要喷4～6次。特别是去年从5月21日，水泵没有拿进过，隔几天就要喷，喷1次需要4天，喷了7次。每次在一块地上喷2个小时，白天气温高喷水有害，而在每天上午9点以前和下午4点以后喷。我的地高低不平，过去用沟灌，低的地方水太多，高的地方灌不到，现在喷灌像下雨一样非常均匀。水泵新时，可同时开10个喷头，现在不行了，只能开7个喷头。

作者： 你轮灌一次需28个小时，平均每年喷灌5次，每年开机140小时，已使用了5年，共700小时，水泵叶轮的使用寿命是500小时，这是正常的磨损，你只要去换新的叶轮，仍能恢复原有的流量。你是怎样结合施肥的？

许：两种方法，基肥用农家肥，冬天施；追肥用复合肥，先撒肥料后喷水，非常方便。现在还用叶面肥，结合喷药施肥。

作者：用喷灌喷药，太浪费药水，我们再为你设计一个专门的喷药系统好吗？

许：那太好了。

作者：用喷灌省劳力明显吗？

许：当然明显，现在只要1/4劳力就够了，每亩能节省2个工日。

作者：水能节约多少？

许：以前沟灌用6吋潜水泵，每天下午4～8点抽水，轮灌一遍要7天，共28个小时，每小时125 m^3，共抽水3 500 m^3，其中约有40%放回到河里，净消耗2 100 m^3，分摊到每亩30 m^3。

用喷灌，轮灌13次，灌一遍也需28个小时，2.5吋喷灌泵每小时流量25 m^3，灌水量700 m^3，分摊到每亩10 m^3，每次节水20 m^3，以平均年喷灌5次计，年节水正好100 m^3/亩。

作者：增加产值多少？请计算一下。

许：这块地土质差，有机质少，目前产量也才1 750 kg/亩，但装喷灌以前的2003年最少，当时树势也小，那年亩产只有400 kg，一般多雨年份亩产800 kg，平均600 kg/亩。喷灌以后平均增产650 kg/亩（1.8元/kg），增加产值1 170元/亩，加上节省劳力成本130元/亩（65元/工×2个工），合计增收节本1 300元/亩。

我的梨园如不搞喷灌，收入减少一半还不够！

实例29 "现在要求装喷药管"

朗霞街道天华村蜜梨大户　周水乔

（2013年3月12日）

项目简介：梨园面积93亩，2006年安装固定喷灌，采用金属喷头，水压30 m时流量3 m^3/h，射程17.5 m，安装间距20 m。配喷灌专用水泵，扬程55 m，流量36 m^3/h，功率11 kW，2012年改为水带微喷灌。

作者：老周，喷灌使用情况怎样？

周：一般开花前不灌水，到4月15日挂果以后根部有新根（白根）长出就灌水施肥。5月15日至6月5日这20天是果实膨大期，需要大水大肥，如不下雨就很需要喷灌，5～7天灌1次，灌2～3次。到市场上我的梨比别人的大，就是因为不缺水。我老家有2.5亩对比田，没装喷灌，年收入4 000多元/亩，而这里喷灌的亩收入5 000多元，产量相差500 kg，按2.4元/kg，产值就差1 200元/亩。最明显的是2009年，那年大旱，我用喷灌的亩产2 750 kg，别人大水漫灌的亩产只有2 000 kg，而且电费也省，喷一遍电费120元，别人要多一半。

作者：你去年把喷灌改造成水带微喷灌，这是出于什么考虑？

周：喷灌在猛太阳下不能喷，一定要夜里喷，操作不方便，灌水质量也难保证，微喷灌是在树底下喷水，白天喷没问题。

作者：夏天烈日下树叶上不能喷水，晚上喷灌不方便，所以其他梨园大户也要求改造。

周：现在要求装喷药管，就是专门用于打药水的管道。

作者：目前先进的栽培模式还要喷几次药水？

周：过去是10余次，现在4～5次，用高效低残农药，防止锈病，并对付梨颈虫，这种虫专门晚上咬嫩枝叶。当然，6月25日摘果前一个月必须停药。这个期限日本、我国香港是20～25天，美国是15天，我们规定比他们长。药管作用一是喷农药，二是喷施叶面肥！

作者：一年要施几次叶面肥？

周：7～10天喷1次，5～7月间施7～8次，8月初到11月间还要喷4次，总共12～13次，最好能用喷药管输送药水，这样劳力省了。

作者：叶面施肥有哪些效果？

周：挂果期间是使果形增大，采摘期后是保叶、落叶迟，人家梨树10月底落叶，我的要到11月中旬。秋季光合作用时间长，能促进第二年增产，同时可延长梨树寿命，粗放型管理一般寿命10余年，高产的旺期过了，我的树已有15年还不见减产。现在最需要的是喷药管，既可喷药又可施肥。

作者：能节省多少劳力？

周：如用机动喷雾机人工喷，1个人最多喷5亩，用喷药管1个人喷25亩，每次省15个工，每年喷药、施肥约20次，共节省3000个工，每个工100元，可节省劳力成本3万元，每亩320元。

作者：效益这么好，农民又这么迫切要求，我们以后在喷灌设计中把药管也包括进去，药管的口径只有20 mm、15 mm，造价每亩仅200元左右。

实例30　"冬天可用喷灌冻死虫子"
周水乔

（2015年4月2日）

作者：老周，2012年你把喷灌改造为水带微喷灌，已用了3年，情况怎样？

周：水带是好的。特别适用于施肥，先喷10分钟，地湿以后再撒化肥就溶化了，然后喷水15分钟，肥料就渗到土里去了，这样吸收效果好。过去是旱地撒肥料等下雨，但雨不候人，如不下雨，肥料就蒸发，果园里氨气味很大，如雨下得过大，又随水流掉了，都是浪费。

作者：估计能省多少肥料？

周：以前本来用70斤够了，考虑到浪费，就有意多用点，用100斤，现在这浪费的

"余量"就不用预留了，这样节省 30%，估计全年可节省 120 斤 / 亩。

作者：喷灌用于施肥多，还是灌水多？

周：挂果期间是施肥多、水肥同灌，采摘以后是水多肥少。上半年主要是施肥，起码 3 次，3 月中旬施花前肥，4 月中旬施幼果肥，5 月中旬既为长枝长叶，又为保果，都需要肥料，所以要施重肥。

灌水，那是看天气情况了，看毛沟底土干燥就灌水，以前是用沟灌，灌到与畦边相平，让其渗透，日灌夜排。这样有几个害处：一是浪费水；二是畦面要板结，土壤透气性不好；三是我灌水时，满渠是水，而周边农户都种水稻要搁田，水漏进去，田搁不干有意见。现在用喷灌就好，这些问题都没有了。2009 年、2013 年高温期间雨少，喷灌效益特别明显。

作者：下半年主要是灌水？

周：8 月采摘期结束后，梨树进入兴奋期，实际上是乏力期，需要休养，补充水分，9 — 10 月的 60 天中一般应灌 6 ~ 7 次，这个时期有"秋老虎"，其中施肥仅有 1 次，叫断奶肥，有了喷灌就方便了。秋天要保叶，积累营养，形成花蕾，这个时期补充水分比上半年还要紧，但易被大多数农户忽视，那些梨园 9 — 10 月都落叶了，第二年怎么能高产呢？

作者：你这里是出经验的地方！

周：我又有个新发现，冬季喷灌可减少虫害。这点是 2008 年发现的，那年春节前后南方下大雪，气温特别低，天寒地冻，结果那年梨树的虫就少了。特别是有一种"白油虫"，又叫卷叶虫，把叶子卷起，自己包在叶子中间，菊酯类农药就不灵了，一定要把那些叶子吃光为止。所以，我就有意在气温最低的日子喷水，使地面结冰，结果真能减少虫害。

作者：你可真是有心人，我要经常来向你取经。

西瓜滴灌（实例 31 ~ 32）

实例 31   西瓜滴灌年效益 2 037 元

阳明街道农办高级农艺师   洪星

（2003 年 12 月 28 日）

我们街道农技站 2003 年为大力发展节水、省工农业，引进大棚膜下滴灌（微喷水带）技术，建西瓜滴灌 120 亩，投资 45 108 元，每亩 376 元。项目实施后，当年恰逢持续干旱少雨，增产、降本效益十分显著。西瓜产量平均每季亩增产 375 kg，增幅达 11.7%，一年两茬增产 750 kg，以今年平均销售价 2.4 元 /kg 计，增收 1 800 元 / 亩。其次，全年还节约人工浇水费用 150 元 / 亩；同时提高了肥料利用率，减少肥料 25 kg/ 亩，节省农药成本 60 元 / 亩；另外，由于采用膜下灌溉新技术，降低了棚内湿度，减轻了病害发生，还减少防治费用 26.6 元 / 亩，以上三方面共降本节支约 237 元 / 亩。这样增收加节支合计约 2 037 元 / 亩，全项目区效益 24.4 万元，当年效益是滴灌造价的 5.4 倍，受到用户的普遍称赞。

实例 32　"搞现代农业一定要用喷滴灌"
小曹娥镇久久红农场场长　陈和申
（2010 年 4 月 5 日）

陈：农场从 2004 年 4 月开始承包经营，面积 2 100 亩，主要种植西瓜、蔬菜。当年 11 月我们在全市蔬菜现场会上看到喷灌这样好，当场就决定买 5 套移动喷灌机。2005 年场内建了 2 000 个西瓜大棚，面积 750 亩，由 50 个大户承包，棚内都安装滴灌，就是把喷水带放到地膜下面，总管也是软带子，全部可以移动，因为种西瓜每年要换土地，每户平均 40 个大棚，15 亩地，配一只 2 寸水泵和肥料桶，每亩成本 200 元不到，灌水施肥都连进，真方便。当年西瓜亩产值近万元，比露地西瓜净增 6 000 元 / 亩，其中滴灌效益以 25% 分摊，计 1 500 元 / 亩，共 112.5 万元，平均每个农户增收 2 万多元。另外的 1 000 多亩种甜玉米、毛豆、日本双桥芥菜、绿花菜、娃娃菜，使用移动喷灌，包括劳力费，每亩成本仅 120 元，平均增加产值 1 000 多元，当年净增收入也是 100 多万元，喷滴灌使我这个场增效 200 多万元！

水带喷灌投资省，使用方便，2005 年下半年在露地作物也安装喷水带，是水利部门帮助设计的，这种水带我们用得最早，宽 65 mm，直径 41 mm，喷水宽度 5 ~ 6 m，配 5.5 kW 水泵，田头有总管，同时可以喷 5 根带子，带子长度 150 m，每根带正好喷约 1 亩地，即同时可喷 5 亩。

作者：喷水带可以用几年？

陈：已经用了 5 年，还在用，而且每年铺在田间日晒雨淋有 4 ~ 5 个月，不用了就收到仓库里。

作者：这几年使用情况怎样？

陈：重点用的时间在 9 ~ 11 月 3 个月，去年仅用 1 次，前年（2008 年）用得多，有 4 ~ 5 次。一般每次喷水 30 ~ 45 分钟，有点风反而好，毛毛雨更均匀，如无风，水带位置就得放得标准。

作者：这只泵是 2.5 吋（65 mm）的，平均流量约 40 m³/h。你每次灌水 4 ~ 6 m³/ 亩，雨量 6 ~ 9 mm，能湿润土壤深度 6 ~ 10 cm。

陈：蔬菜根浅，有 10 多 cm 湿就够了，多了反而不好，总之我的观点是搞现代化农业一定要用喷滴灌！

草莓滴灌（实例 33 ～ 41）

实例 33 "每亩增产 500 斤是保守的"

三七市镇绿洲果蔬农庄主人　蒋伟立

（2011 年 11 月 29 日）

项目简介： 耕地面积 22 亩，种植大棚草莓，2009 年开始采用膜下水带微滴灌，完全移动式，主管是 PE 软管，壁厚 0.4 mm，偏径 80 mm（直径 50 mm），喷水带偏径 45 mm（直径 28 mm），斜 5 孔布置。每棚 7 畦 7 条带子，每条带子根据棚长 50 ～ 70 m 不等，每棚内用带量 350 ～ 500 m 不等，每条水带由塑料球阀控制。水泵口径 50 mm，流量 15 m³/h，扬程 10 m，电机功率 2.2 kW。

蒋： 奕老师有 1 年多没有来了，你来是对我的鼓励！

作者： 上次来是 2011 年 11 月，陪老科协 10 位同志。今天专门来听你介绍草莓滴灌效益及存在的问题，你种草莓有几年了？

蒋： 14 年，是向奉化师傅学的。

作者： 你是余姚种草莓的"状元"，草莓用滴灌也最早，平均大致每年要灌几次？

蒋： 这与天气关系很大。9 月上旬刚种下时温度高、蒸发量大，开始每天灌，后来 2 ～ 3 天灌 1 次，这 20 多天要灌 10 多次，以后 10 月到下一年 4 月灌 3 ～ 5 次，总的大概有 15 次，包括 1 ～ 2 次施肥带进。

作者： 灌 1 次水持续多少时间？

蒋： 1 次灌水时间不能太长，不然水来不及渗下去就流掉了，先灌 5 ～ 10 分钟停一停，再灌 5 ～ 10 分钟，这样 2 ～ 3 次才完成"1 次"，总的需要 20 ～ 25 分钟。

作者： 这叫间隙灌溉，是一种科学灌溉方法，只是操作时麻烦点。

蒋： 不麻烦，每条水带都有开关（球阀），调控灵活，依次轮灌，很方便。

作者： 你种草莓多年，对怎样灌水已经很有经验了！

蒋： 只有一些经验的积累。9 月主要有两个任务，一是保证刚移栽的苗能成活，二是预防炭疽病的发生，所以要控水和控温，水不够当然要晒死，但水太多、地太湿，就为发病提供了条件。只要湿度和温度控制好，即使发病了也能够自动修复。

在草莓整个生长期间也是两个任务，一是控病，二是控制生长，就是把握营养生长和生殖生长的平衡点，如果长得太"旺"，就会影响花芽分化，或者只开花，不结果。这就要通过调节水分和温度去"促"或"控"。

作者： 现在请介绍一下滴灌效益。

蒋： 噢，每亩增产 500 斤是保守的，其实还不止，我采摘时很有体会，用滴灌的草莓个大，每个大 1 mm 就不得了！同样两行草莓，用滴灌的摘 10 m 长就有一篮，而不用滴灌的摘 13 m 才有一篮，增产 20% 还多，现在我的亩产量在 2 600 ～ 3 000 斤。

作者：平均售价多少算合理？

蒋：从每斤 22 元开始，那是春节前后，主要是送客人的；随着气温上升，大致每 3 天降 1 元 / 斤，这一时期送精品店的价格从 16 元 / 斤降到了 14 元 / 斤，同时消费对象也发生了变化，主要是工薪阶层买；到 4 月 10 元左右 1 斤，到 5 月中旬只有 5 元 / 斤了，消费者主要是来打工的新余姚人了。

作者：考虑到有些损失，就以平均 10 元 / 斤保守价计，每亩增产值就 5 000 元！

蒋：这肯定是有的。

作者：再算一下能节省多少劳力成本。

蒋：1 次滴灌 2 个人，1 天灌 10 亩，如果用人工，起码每亩 1 个工，节省 80%，1 次省 0.8 个工 / 亩，15 次省 12 个工，每个工 100 元，节省劳力成本有 1 200 元 / 亩。

作者：保守估算，增收节本每亩 6 200 元，要不是听你亲口介绍，还真不敢相信。

蒋：亩收入有 4 万多元了，其中滴灌增收 15% 是肯定有的。

实例34　大棚草莓喷滴灌效益介绍

蒋伟立

（2014 年 6 月 6 日）

我现有大棚草莓面积 30 亩，有 16 年种植历史，2002 年开始使用喷滴灌，因增产增收明显且节约大量劳动力，非常值得推广，介绍如下：

一、栽培期喷灌

每年 9 月为草莓定植最佳时期，因当时气温较高，水分蒸发量大且刚栽种需要大量用水，原先用大水漫灌方法虽然能保持土壤湿度，但不利草莓成活生长，更易发病，尤其是新品种章姬、红颊抗炭疽病能力弱，在高温高湿条件下容易发病，且死亡率高。

喷灌既能提高成活率，又能有效降低炭疽病的发生，效果非常理想。一般在刚移栽后每天或隔天清晨喷灌，以后可根据土壤湿度适度调节喷灌次数。

二、采收期滴灌

没有滴灌如要加施追肥非常麻烦，需隔株撕开地膜采用人工浇灌，费时费工，有的干脆不用

图 3-13　展示滴灌草莓（2013 年）

追肥或加大基肥用量，这样不是肥力过大影响坐果，造成徒长，就是追肥不足影响产量。

采用地膜下滴灌有效解决采收期用水用肥，一般在每茬果膨大期进行滴灌，可根据基肥用量、植株生成等情况而定，一般每千株用肥约 3.5 kg，能增产 20% 以上。

草莓滴灌的效益总结如下：

省工：栽种期喷灌约 10 次，每次每亩节省 0.5 个工，等于 5 个工 × 100 元 / 工 = 500 元；采收期滴灌约 4 次，每次每亩节约 1 个工，等于 4 个工 × 100 元 / 工 = 400 元。

增产：每亩 2 500 斤 × 增产 20% × 10 元 / 斤 = 5 000 元。

成本：每亩喷灌 300 元 + 每亩滴灌 400 元 = 700 元 / 亩（一次投入可使用 5 ~ 7 年）。

实际增收每亩 5 000 元以上，节省劳力成本每亩 900 元左右。

实例 35 "草莓滴灌一定好的"

梁弄镇亚思特生态农庄主人　张思安
（2012 年 12 月 13 日）

项目简介： 农庄位于靠近山脚的平地，原为水稻田，2010 年土地流转后开始规模经营，面积 120 亩，2011 年扩大至 158 亩。已种植蔬菜 60 亩（花生、黄秋葵、土豆、小番薯、叶菜类等），猕猴桃 30 亩，大棚草莓 20 亩，蓝莓 15 亩，西瓜、甜瓜 25 亩等。当年安装固定喷灌 110 亩，草莓滴灌 10 亩（实为膜下微喷灌）。总投资 16.5 万元，亩均 1 375 元。

作者： 小张，你的喷灌、滴灌安装 2 年多了，我来了解一下使用效益。

张： 草莓滴灌效益是真好！

作者： 你一个生长期用几次？

张： 这可多啰，9 月种下去，肯定是干旱，一定得灌，用大水沟灌就不行，水太多、地太烂，就得霜霉病，施肥、施药都用滴灌，一般 1 ~ 2 星期就得用 1 次。

作者： 膜下滴灌施肥的省工效益很明显吧？

张： 这地用膜包住了，如用人工浇，那得每株都开孔，一勺一勺浇水施肥，那劳力还得了呀！现在都用滴灌，我昨天就在用，3 个小时就完成。

作者： 水带在地膜下，药怎么喷？

张： 这是给土壤加药，防止地老虎、蝼蛄等地下害虫。还有一个降温作用，一滴灌土壤湿度就下去了，几个月前，我去看一个新办的农庄，草莓得了炭疽病，都死了，就是因为没有滴灌，气温超过 30 ℃，就要得这个病。

作者： 喷水带有堵塞情况吗？

张： 没有，有堵塞了带子末端解开，用水冲一冲就没事了。

作者： 这两年你产量达到多少了？

张： 亩产 1 500 ~ 2 000 kg，用滴灌施肥，直接送到根部，草莓颗粒大，颜色也鲜艳，质量高了。

作者：亩产值有多少？

张：草莓采摘期长，人家 12 月就上市，我有意推迟点，1 月上市，价格高时 60 元 /kg，一直卖到 5 月，最低价 10 元 /kg，平均 20～30 元 /kg，每亩产值 4 万元肯定有的。

作者：我去年问一个大户，4 万元亩产值中滴灌贡献率有多少，他认为 15% 肯定是有的，就是滴灌增加的效益有 6 000 元 / 亩，你说有吗？

张：那是不止的，没有滴灌，草莓是种不好的，而且现在劳力价格多高呀，长期工每个工 100 元，临时的每个工 150 元。草莓滴灌是一定好的，对甜瓜、西瓜也同样好！

实例 36 "2013 年蓝莓每亩增收一万元"
张思安

（2015 年 9 月）

作者：小张，请介绍一下两年来喷灌使用效益及存在的问题。

张：谢谢你，奕老师，总关心着我们。草莓装的是膜下喷水带，灌水快，灌到畦边快要渗水时停掉，也不会太多。产量约 4 000 斤 / 亩，收入 4 万元 / 亩左右。如果用沟灌则地太湿，要得白粉病、霜霉病。当然喷灌也有个问题，只是草莓颗粒大小相差太多，说明水肥不匀，一定要改装滴灌了。

作者：你喷水带长度大约 30 m，只要水带压力在 10 m 以上出水是均匀的，可能你水泵压力欠高，水泵扬程应在 20 m 左右，减去地面与水面高差，再减去总管水力损失，到水带进口就是 10 m 左右了。

张：水泵压力不够，这倒是有可能的。

作者：滴灌当然是好的，从灌溉的角度来说是滴灌最科学，一滴一滴湿润土壤，不会把空气赶出去，土壤既有水分，又通透性好，所以以色列 90% 为滴灌，人生病时也是挂盐水、打点滴。

但滴灌首先要多级过滤解决水质，过滤设备投资很大。我的思路是在水泵进水口外面设置过滤网箱，把 95% 的垃圾、杂质拦截在水泵外面，而常规的过滤器可以简化，1 级就够了，仅起个"查漏拾遗"、精密过滤的作用，正如我们家里防虫子、防蚊子主要靠纱窗，蚊帐是次要的。

张：这个很有道理。

作者：你这里靠近山脚，地下有潜水，可以打井，并把井口封起来，垃圾进不去，过滤效果更好。

张：嗨，打井这个办法好，我这里地下水多，打几米就有水了，水质好，有条件装滴灌。

作者：这种沙性土用滴灌特别好，当然仍要注意两点：一是常规过滤器还要安装；二是选择滴灌管壁厚 0.6 mm 就够了，价格在 1 元 /m 以内。因为滴头堵塞以后，再厚的管子也报废了，那是浪费。

张：好的。蓝莓嘛，我的品种迟，采摘期在 6 ~ 9 月，去年 7 月 15 日至 8 月 17 日期间，每天喷 2 ~ 3 小时，那次干旱时我蓝莓一点损失也没有，亩产 1 500 多斤，都是进超市的，亩产值 3 万多元。

作者：超市是怎么打进去的？

张：因为我的产品都是按照有机食品要求生产的，他们放心。

作者：如果没有喷灌，损失会有多大？

张：我问了人家没有装的，每亩总要减产 500 斤左右。

作者：那收入就减少 1 万元 / 亩，也就是喷灌的减灾效益是每亩 1 万元！猕猴桃情况怎样？

张：去年都晒死了，猕猴桃对缺水更敏感，对水分要求高，因为我的地是漏底田，保水性、保肥性差，灌水要"少吃多餐"，所以要改装滴灌。

作者：你与宁波农科院、余姚农技总站专家联系多，对新技术很了解。

实例 37 "今后有新科技项目都搞到我这里来"

三七市镇悠悠农场主人 叶伟强

（2012 年 12 月 23 日）

项目简介：悠悠农场现有面积 150 亩，其中葡萄 40 亩、草莓 30 亩，2010 年 9 月安装喷灌和滴灌 70 亩，今年 9 月装了喷灌和大棚微喷灌各 40 亩，用于桃子、蓝莓、樱桃、枇杷、石榴、金柑（橘）等各种水果，2013 年建成喷滴灌自动控制系统。

作者：老叶，你安装滴灌有 2 年半了，请介绍一下使用情况。

叶：这滴灌是好的呵！主要是省劳力，灌水带带进，不需专门劳力。第二是灌水质量好，这点葡萄滴灌特别明显，沟灌的水是从下面往上面渗，等上面（土壤表层）有水，下面水已太多了，湿度太高，就要得霜霉病。用滴灌是从上面往下渗，不会太多，发病就少了。第三是可以减少裂果，因为控制住水，避免了大干大湿，所以要种高质量的葡萄，一定要有滴灌。

作者：草莓使用效果怎么样？

叶：草莓用得相对较少，因为我这里地下水位高。

作者：你用滴灌施肥吗？

叶：我是在种以前一次性埋好，施足基肥。草莓生长期从 9 月 20 日到第二年 5 月初，只有在 3 ~ 4 月间施追肥才用滴灌。其实到 5

图 3-14 叶伟强向记者介绍喷灌效益（2013 年）

月中旬还有草莓可摘，但气温高了，贮存不好，卖不出去。同时为了土壤消毒，必须轮种水稻或西瓜，所以5月上旬就拿掉（换茬）了。

作者：轮种经济效益怎样？

叶：我30亩草莓地都种水稻，亩产有500多kg，政府补贴1万多元，正好抵成本，谷子卖掉每亩有1400多元，就是净收入了，蛮好的，这是政府搭台，让我们唱戏！

作者：一季种高效经济作物，一季种粮食，这个模式太好了，所以政府要补贴、要鼓励。本月从收音机中听说，有农户冬天在葡萄园里套种蔬菜，你考虑过吗？

叶：我试验的是葡萄园套种草莓，不成功！葡萄冬天、春天需要自然的气温，自然的空气湿度，需要经受风霜，全部棚内不行，而草莓要大棚保温保湿，对葡萄湿度太高，发病多了，有影响。

作者：套种水稻是对大棚内最彻底的土壤消毒，新建的大棚内，你打算种水稻吗？

叶：一定要种的！今年已装好微喷灌，我打算创新，用喷灌种稻试试看。水灌得少了，稻秆一定会硬的，纹枯病也会少的，省水也很要紧，我们这里夏天水不够，用喷灌水可省得多，我相信政府一定会重视的。

作者：我从1993年开始就推广水稻薄露灌溉，明年你用喷灌种水稻了，我们来安装专用水表，记录用水量，我们国家地少水缺，推广喷灌水稻对确保粮食安全意义重大。你对我们的工作还有什么要求？

叶：我对新技术很感兴趣，眼前的自动化（喷滴灌系统）装好后劳力更省，搞现代农业一定要靠科技。我深感心有余力不足，要求你们今后有新科技项目都搞到我这里来，欢迎专家给我指导帮助。

实例38　"我的梦想实现了"

叶伟强

（2013年8月6日）

叶：奕老师，你来了可好，这自动化好足了！

作者：老叶，你说好我就放心啦！

叶：我有葡萄、水蜜桃、蓝莓、樱桃、草莓、枇杷等多种水果，一年四季可以鲜果不断，喷滴灌每年都用得着，今年特别好，这智能化、自动化（喷滴灌系统）装好，真方便。

作者：请具体介绍一下。

叶：像这样的高温天气白天不能灌水，都是晚上灌，本来晚上去田间开关闸阀很不方便，现在只要电脑上一点，电磁阀就打开了，一块地、

图3-15　悠悠农庄自动化喷滴灌（2014年）

一块地会自动轮灌过来,不用去管它,灌好了自动停掉。劳力省呆(多)来,这智能化是好,可以说把我的梦想实现了。

(说着老叶把我带进葡萄园,让儿子在电脑房操作,演示自动化灌水)

作者:这个流量可调式滴头使用效果理想吗?

叶:有点问题,就是调节太费劳力、不方便。

作者:那可以换固定式的微喷头。

叶:我已开始换这种"和尚头"的(一种圆形折射式微喷头),这个好,不会堵塞,也不用调节,还便宜啊,按斤买的,几十元1斤,还不知有多少个!

作者:这是我们余姚"塑料王国"的优势了!

实例39 "滴灌主要是省工"
牟山镇农技站高级农艺师 孙文岳

(2013年1月6日)

项目简介:2010年承包稻田26亩,改种草莓20亩,建大棚(100 m×8 m)葡萄6亩,也有大棚(85 m×6 m),当年安装喷滴灌,上面微喷灌、地面滴灌,造价6万余元,3.5元/m^2。配口径50 mm喷灌泵,扬程45 m,流量20 m^3/h,功率5.5 kW。

作者:孙高农,你的设备安装2年多了,使用正常吗?

孙:开始时从滴灌管单头进水,管太长了水灌不到,后来改进为两头进水就好了。

作者:滴灌管单方向长度一般在70 m以内,你的棚长100 m,管长也是100 m,从一端进水是太长了。同时可滴几根管子?

孙:18根滴灌管,1 800 m。

作者:每个滴头可滴水3 L/h左右。每次滴多少时间?

孙:每次2个棚约10分钟,20亩地轮灌一次只需80分钟。

作者:那灌水量是很少的,约1.35 m^3/亩。一茬草莓灌几次?

孙:6～7次,施肥另外算,加1～2次。

作者:微灌用得怎样?

孙:喷药水用微灌,6亩葡萄地只需半个小时,只是浪费太大!就是当某个喷水孔堵塞以后,水喷不远了,尽是滴水。

作者:过滤设备投入没有到位,是影响微喷灌和滴灌设备寿命的关键,对过滤器要高度重视,微喷头坏了要及时换。

孙:还有个情况,微喷灌经常用反而好、故障少,难得用就不行,时间一长,如两个月不用毛病就多,使用频率要高。

作者:这个经验很宝贵,现请介绍一下使用效果。

孙:滴灌好处主要是省工。就以灌7次计,每次一亩省2个工,7次每亩省14个工,每个工 100 元，就节省劳力成本 1 400 元 / 亩。第二是促优质，棚内湿度低、发病少，草莓果实烂掉少。

作者：你亩产值到多少啦？

孙：2011 年好，大约有 3 万元 / 亩，这其中微喷灌的贡献率 10% ~ 15% 肯定有的，2012 年不好，上半年雨多，只有 1 万多元 / 亩。

作者：那不得了，每亩增收 3 000 ~ 4 500 元！葡萄滴灌效果怎样？

孙：比草莓要低一些。省工、省肥都是一样的。沟灌的话土壤要板结，还要泛盐，滴灌改善了土壤结构和肥力结构。

作者：你镇里的水稻育秧微喷灌效果好吗？

孙：真是太好啦！大户叫谢友根，13 亩大棚，去年 3 月装的，一半是钢棚，另一半为竹棚。用基质育秧的效果特别好，因为基质疏松、通透性好，蓄水性差，需经常喷水，阴天也得喷水 2 ~ 3 次，如用沟灌就要烂根。

作者：一年也是育三季秧吧！

孙：我们这里大部分是双季稻，仅有少量单季晚稻，秧田"复育指数"大约 2.3 倍。三季中早稻最要紧，3 月底要用大棚保暖，我们是日光型育秧，气温 20 ℃，棚内温度已达到 40 ℃，秧苗最高耐热是 35 ℃，受不了啦，这时可用喷灌降温，防止秧苗"烧"了。

作者：毛竹大棚、钢管大棚两者比较经济性怎样？

孙：毛竹大棚成本 3 000 元 / 亩，水稻育秧是微利经营，可以承受，钢棚造价 1.3 万元 / 亩，只适宜于高产出、高利润的作物。"毛竹棚 + 喷灌"是水稻育秧的最佳模式，可完全解决"高温烧苗"。宁波市农技总站一位"从未轻易说好"的专家看了以后也说好！

实例 40 "这样好的东西还会不用吗"
孙文岳
（2015 年 3 月 24 日）

作者：离上次来 2 年多了，草莓喷灌使用情况怎样？

孙：这样好的东西还会不用吗！

作者：使用 5 年了，经济效益能估算得出吗？

孙：每亩增产 200 kg 有的，平均售价 25 元 /kg 也是有的，每亩增收 5 000 元左右。

作者：这是产值，应扣除销售成本。

孙：这是净增产的，成本不会增加，草莓个大，质量好了，反而好销售了，就算扣 1 000 元吧，那每亩净增收 4 000 元。

作者：省工节本的效益也估算一下。

孙：每茬滴水 12 次左右，可节约人工、肥料等成本每亩 700 元，每亩增收节支 4 700 元，我 12 亩地年效益 56 400 元左右，这点肯定有的。

实例41 "劳力成本节省很多"

马渚镇兴农农场主人 张雪芬

（2013年3月3日）

项目简介： 2010年、2011年分别流转耕地各8亩，种大棚草莓。棚宽8 m、长60 m，共18个，总面积8 600 m²。分别于当年安装膜下水带微滴灌。棚内分7畦，每畦铺1条微喷水带，带子偏径45 mm，20孔/m，孔径0.8 mm。水泵采用口径50 mm潜水电泵，流量10 m³/h，扬程20 m，电机功率1.1 kW。同时可喷2个棚，出水均匀，此工况下水带每小时流量12 L/m。每次灌30分钟土壤基本饱和，灌水定额为3.5 m³/亩，即5.2 mm。

作者： 小张，你的滴灌已用了2～3年，请介绍一下使用情况，包括效益和存在的问题。

张： 劳力成本节省很多。如果用人工挑水，小工每个工100元，浇1次水每亩需3个工，就要300元。

作者： 草莓生长期，从9月中旬到第二年5月初平均总的要灌几次水？

张： 我的地有高低两种，大致各一半。我是9月10日种下去，到9月底这期间气温高，高地几乎隔一天就灌，大概要喷10多次。

作者： 此后7个月中还要灌几次？

张： 草莓扎根后就少灌了，11月大棚盖上膜以后灌得更少，总的也是10多次，其中施肥1～2次。

作者： 低地一般灌多少次？

张： 低地是夜阴地，地下水会渗上来，灌水次数大概少一半，总的就10次，施肥是一样的。

作者： 如果以高地、低地平均灌15次，人工挑水灌每次300元/亩计，滴灌可节省劳力成本4500元/亩！

张： 是啊！现在只要我1个人用半天时间都灌好了，滴灌最突出的好处是省劳力。

图3-16 张雪芬夫妇采摘丰收的草莓（2013年）

作者： 你是怎么施肥料的？

张： 基肥用兔粪埋到地里，肥效长。草莓可收4～5茬，所以前期1～3茬不用施肥，到4～5茬就要施追肥了，用俄罗斯复合肥，先在桶里溶解好，用一根小塑料管从肥料桶接到水泵进口，由水泵吸进去，水带施肥很方便，速度快而且均匀。

作者： 肥料节省了吗？

张： 化肥用量一样多，但灌水带施肥浪费少了。

作者： 这是利用率提高，也是节约。还存在什么问题需要改进?

张:喷水带的孔最好大一点点,这样施肥时堵塞就会少。

作者:厂家可以按用户需要生产带子,你用的孔径是 0.8 mm,下次换新带时可以放大到 1 mm。当然孔如太大了灌水会太快,发现小孔堵塞时,可以在水带外拍击几下,或者用清水冲洗,一般可以消除,这正是水带的优点。

张:我是在这样做。还有带子已用了 2 ~ 3 年,部分有破损,接头多了,今年需换新带。

作者:这种带子价格只有 0.3 元/m 左右,每亩仅 200 元左右,厂家说带子的寿命是 1 年,就像地膜一样,你已用了 3 年,属于使用、保管得很好的。

水稻育秧微喷灌(实例 42 ~ 47)

实例 42 "大棚育秧一定要用喷灌"
阳明街道芝丰农机专业合作社 张顺泉
(2012 年 5 月 3 日)

项目简介:芝丰农机专业合作社有 3 家育秧大户,育秧大棚约 40 个,棚宽 8 m、长 40 ~ 75 m,共 27 亩。2012 年 3 月底安装微喷灌,棚内纵向布置 2 条直径 32 mm 的 PE 塑料管,管上悬挂旋转式微喷头,喷嘴口径 0.8 mm,流量 30 ~ 40 L/h,安装间距 1.5 m,每家各配一台口径 65 mm 离心式水泵,扬程 35 m,流量 20 m³/h,功率 5.5 kW。

作者:老张,你今年什么时间开始喷水?

张:3 月底、4 月底,当时时间很急,装好就用。

作者:早稻育秧用了几次?

张:气温高时每日 5 ~ 7 次,阴天也要 3 次,育秧期 25 ~ 30 天,共约 140 次。

作者:每次喷多长时间?

张:每次 5 ~ 6 分钟,一湿就好,喷多了水漏掉,不但浪费,还有害处。

作者:这个水泵同时灌几亩地?

张:灌 3 亩时水是急的,如灌 4 亩就不急了,会出现漏嘴。

作者:我帮你算一下,水泵每小时提水 20 m³,6 分钟提 2 m³,喷 3 亩地,每亩 0.67 m³,每次灌水正好 1 mm,一天灌 6 次就是 6 mm,每亩 4 m³。请介绍喷灌有哪些好处。

张:我们用的是塑料育秧盘,原来用沟灌时水太多,秧盘随水漂流,棚内就乱套了。地里灌水太多,还会烂根,秧苗质量就差,现用喷灌水少,根系发达,出苗整齐,秧苗健壮,质量好。

作者:用工能省吗?

张:能省,像我这样 5 亩地,每天可省 1 个工,一茬育秧期共节省 28 个工。

作者:现在小工工资是多少?

张：120元/工，还是60～70岁的老年人，血压高、有风险。

作者：每个工120元，28个工，5亩地，早稻一季每亩省劳力成本约670元，晚稻秧苗也要育的吧？

张：这种工厂化育秧，省工省事，农民很欢迎，当然要育，单季晚稻已登记1 600亩，就需要20亩大棚，还会有人来登记，大约6月15日可起秧，双季晚稻秧也要育，7月20日左右起秧。

作者：提高秧苗质量的经济效益很难算，而节省劳力的账好算，一年育三茬，每亩可节省劳力成本2 000元左右。

张：这是有的。成本省，秧苗好，大棚育秧一定要用喷灌！

实例43　"每亩秧能多种30亩田"
张顺泉
（2014年7月7日）

作者：距上次来已有2年多了，喷灌使用情况好吧？

张：好，大棚育秧这喷灌最好没有了，最突出的是秧苗质量好，根系发达，串根率高，而且都是白根，移栽后返青快，"苗好三分收"，水稻产量高。喷灌秧种得出，不用喷灌时一亩秧苗只能种50亩，现在喷灌秧可以种80亩，每亩秧一茬可增加效益2 400元，

**图3-17　张顺泉向记者展示喷灌秧苗的根系
（2014年）**

我一年育三茬，每亩效益就有7 200元。还有一点就是喷水时棚内温度会降低，就不会出现"高温烧苗"的情况，育秧的风险没有了，所以我多次给同行讲"大棚育秧一定要用（微）喷灌"。

当然省水那是不用说了，用水量是大水育秧的1/3也不到。

作者：三季育秧结束后秋天有没有育小白菜？

张：种的，每年8月底到第二年2月在棚内种各种无公害蔬菜，都是送亲戚朋友的，如果没有喷灌根本种不好。

实例44　"主要好处是能够控温"
临山镇水稻育秧大户　潘吉华
（2013年2月25日）

项目简介：共有水稻秧田11亩，其中6亩搭了大棚，棚宽8.5 m、长80 m左右，共5个棚。2012年3月安装微喷灌，水泵口径65 mm，流量25 m³/h，扬程50 m，电机7.5 kW。

总管外径75 mm PE管，棚内布置3条外径25 mm PE管，管上接插（悬挂）旋转式微喷头，喷嘴直径0.8 mm，水压25 m时流量36 L/h，射程3.2 m，喷头安装间距2 m。水泵进口设过滤网箱，每个棚进口设口径25 mm（1″）网式过滤器。总造价3.2万元，约9元/m^2。

作者：小潘，你是我市已安装微喷灌的7家水稻育秧大户之一，今天来听听你的反映，有哪些效果？还存在什么问题？

潘：好的啊！主要好处是"控温"。我棚内挂着温度计，超过30 ℃就得降温。

作者：整个育秧期间大概有几天要降温？

潘：我一年3季都育秧，早稻、中稻、晚稻每季育秧时间都20天左右，需要降温的天数早稻少些，中稻、晚稻就多了，只要是晴天，大部分日子都要降。

作者：喷多长时间温度就降下去了？

潘：很快的，10分钟足够了。

作者：高温期间，一天要喷几次？

潘：1～2小时喷1次，反正温度超过30 ℃了就喷，一天7～10次也是有的。

作者：不装喷灌时降温怎么解决？

潘：那就灌大水降温，温度能下去，但秧苗长期浸在水中是不好的，要烂根、烂苗，成活率低、质量差。

作者：喷灌可以提高秧苗质量，用过的农户都向我介绍。

潘：对，育秧管水是关键，水太多有害，喷灌的第二个好处是能"控水"。如果用沟灌，灌水不均，后面水还没流到，前面水已太多了，水漫到田面上，秧盘被水浮起，随水冲走，棚内乱套了，真是吃足苦头。现在用微喷灌，整个棚内同时洒水，半个小时就喷好，真方便。每亩地只需2.5 m^{3}水，把水控制住了，烂苗少，质量就好。

作者：如不是为了降温，一天要喷几次水？

图3-18　使用喷灌（左）与未使用喷灌（右）秧苗对比（2013年）

潘：天气晴时 5 ~ 6 次，阴天时 2 ~ 3 次。

作者：请你算算节省劳力的账。

潘：每个棚可节省 500 ~ 600 元，每亩 600 元一定有，还有提高的效益。

作者：每亩秧的产值是多少？

潘：种 1 亩用 25 盘秧，包括机插收费 160 元 / 亩，其中 60 元由政府补贴，每盘秧价格 6.4 元，每亩秧有 2 500 盘，可种 100 亩，一亩秧的产值 1.6 万元。如秧苗质量不好，不但我损失大，农民无秧可种问题更严重。

作者：消除烂根、提高质量的效益比省工更大。还有什么存在的问题？

潘：最好喷水时喷头不滴水，否则喷头下面的一盘秧就活不成。

作者：这种悬挂式喷头的结构决定了完全消除有困难，但我们与厂方研讨，可从改进产品结构设计，使滴水量少。另一方面可以从安装上避免，就是把毛管布置在操作道上，让水滴不落到秧盘上去。

（注：一种无遮挡、不滴水的微喷头已由余姚市富金园艺灌溉设备有限公司研制成功，见本书第 200 页。）

实例 45 "设备售后服务一定要配套"

三七市镇田螺山农机合作社　顾祖惠

（2013 年 3 月 8 日）

项目简介：有水稻育秧大棚 8 个，棚宽 8 m，共 3 072 m^2，占地 5 亩，2011 年安装微喷灌，每个棚内布置两行喷头，采用悬挂式旋转微喷头，间隔 5 m。因附近无理想水源，暂时用镇水厂自来水。水压 20 m 以上，能同时喷 4 个棚。

作者：顾老师，你们合作社是我市最早安装水稻育秧喷灌的两个社之一，使用的情况怎样？

顾：缺点是挂微喷头的小水管弯曲、不直，重锤欠重，造成微喷头不垂直，转动不灵活，喷水不均匀。

作者：这可能是 PE 水管的原料不是新料，而是再生料，水管柔性不够，造成悬挂喷头以后管子拉不直，微喷头不垂直，我会向厂家指出这个缺陷，一要重视管子材料的质量，二要加大重锤重量。

顾：设备售后服务一定要配套，只要这个问题能解决就好。

作者：你们使用效果好不好？

顾：当然是好的，我们只育早稻一季秧，生长期 15 ~ 20 天，喷水共约 10 次（天），上午 9 点开始喷，每次喷 1 ~ 2 小时，每天 3 ~ 4 小时，总的就喷 30 ~ 40 小时，时间省，质量也好。

作者：你们也种晚稻，怎么不育晚稻秧？

顾: 天气热了,棚内气温太高,不能育。

作者: 我市西部几个大户都是育三季的,早稻、单季晚稻(中稻)、双季晚稻秧都育。棚内温度高,正好可用喷灌降温,这是喷灌的另一大功能,建议你们去看看,同行交流好嘛!没有喷灌前你们怎么灌水?

顾: 以前用高压喷雾机,手持"水枪"浇水,多少不均匀,一不小心把秧盘都冲飞了。这8个大棚浇一遍要10个劳力,即每亩2个工,这苦头是吃足了。现在就算1个劳力吧,每亩仅0.2个工,省工90%。灌10次省18个工,每个工120元,省2160元/亩。

作者: 质量好怎么体现?

顾: 这也与气候有关,如天气好,秧苗质量差别不明显。如气候不好,那"大棚+喷灌"这设施占绝对优势,秧苗生长速度快,时间缩短,秧苗粗壮。

实例46 "现在小工好找了"
马渚镇科农机合作社社长 谢友根
(2013年3月13日)

项目简介: 水稻育秧基地13亩,毛竹大棚和钢架大棚各一半,共8 700 m²。2012年3月在棚内安装拆卸式微喷灌,配7.5 kW水泵,同时可喷一半面积,分两次灌完。

作者: 老谢,听沈文岳高级农艺师介绍,你的育秧喷灌效果很好,今天来具体了解使用情况。

谢: 喷灌是很好的,只是有两个缺点:喷头滴水和喷头堵塞。

作者: 滴水是这种悬挂式微喷头的缺点,是产品结构决定的,目前还难以消除,只能从安装上加以避免,把微喷灌装到小坑沟上。堵塞问题容易解决,就是再加一级过滤,自制一只过滤网箱,网目在120目以上,把水泵进水管放到网箱内。

谢: 听说有一种插在地上的喷头。

作者: 那叫地插式喷头,滴水问题不明显了,但每4 m插1个喷头,对田间操作影响更大。你一年育几季?

谢: 三季都有,早稻、单季晚稻、双季晚稻。

作者: 早稻灌几次?

谢: 喷灌对早稻出力最大。我是旱育秧,水沟里不放水,喷水次数多,时间短,保持基质湿就可以,氧气足,白根多,一见水就发得快。如常浸在水中,田面板结根就不多,秧苗不好。如气温大于30 ℃就要喷水降温了,解决了高温烧苗的问题。

作者: 单季晚稻喷得多吗?

谢: 6月中旬至6月底,育秧期20天肯定要,这个季节有梅雨,用的次数少了,但只要天晴,天天喷水。

作者: 劳动力节省明显吗?

谢：可以节省平地的劳力。如用沟灌秧田要做得很平，每亩得花 4 ~ 5 个工。用喷灌田面稍有高低不要紧，一亩地 2 个劳力就够。还有一个突出好处是穿着跑鞋可以干活，劳动条件改善，不那么苦了，小工也好找了。

作者：秧苗质量好，效果明显吗？

谢：喷灌肯定是好的，烧苗没有了，烂秧也没有，秧种得出了。还有个好处，如果有水沟，一块田板上横的只能放 8 盘秧，现在可以放 11 盘，一个棚内本来只能育 2 000 盘秧，用喷灌的可以育 2 400 盘，增加 20%，收入也增加 20%。

实例 47 "不用喷灌不习惯了"

谢友根

（2015 年 3 月 20 日）

作者：老谢，喷灌在正常使用吗？

谢：怎么会不用呢？喷灌这样好的东西，不用不习惯了！

作者：大致一年要喷多少次水？

谢：早稻育秧期 25 ~ 30 天（3 月底至 4 月底），平均每天喷 4 次，共 100 次，单季稻育秧期 20 ~ 35 天（5 月 20 日至 6 月 15 日），喷 80 ~ 90 次，晚稻秧 20 ~ 25 天（6 月底至 7 月 20 日），喷 60 ~ 70 次，总的要喷 250 ~ 270 次。

主要是早稻秧苗，大棚内温度有 40 ~ 50 ℃，防止烧苗，喷 5 分钟就降下来了，后两茬把棚膜揭开了，主要是灌水，所以次数就减少了。

作者：用喷灌育秧的效益请估算一下。

谢：第一是面积利用率高了，高效的秧苗盘多了，而且秧质量好，每亩地插秧面积大了，不用喷灌的种 50 亩，现在可种 70 多亩。

作者：去年底又新装了多少？

谢：新建了 1 000 m² 钢架大棚，全部装了，现在喷头装得密了，喷头用新式（无遮挡的微喷头）的也很好。

图 3-19　作者之一介绍水稻育秧微喷灌
（2014 年）

作者：这种无遮挡微喷头，解决了滴水的问题。建议你三茬秧苗培育完以后，利用喷灌条件 9 月开始培育茶秧，或种蔬菜，再增加一茬经济效益。

第二节　山林作物

竹笋喷灌（实例 48 ~ 52）

实例 48　"喷灌对竹笋的效果特别明显"

马渚镇四联村大户　陈钧海

（2006 年 2 月 11 日）

2000 年以来，我共承包了 300 多亩山林地，其中杨梅 220 亩、竹园 45 亩、茶园 25 亩，还有一些其他水果，我还在竹园内散养肉鸡，就叫"三园鸡"（竹园、茶园、果园），肉的质量自然比圈养的好得多。我们这里每年都有长短不一的高温干旱期，影响山林作物的正常生长，有了喷灌就不用愁了。

2003 年 5 月，我在竹山、茶山和果园安装了喷灌，对竹笋的效果特别明显，现在掏到了每支重 1 斤的大冬笋，而过去从来没过。鞭笋嘛，别人的只有 10 ~ 20 cm 长，而我的长有 30 ~ 40 cm。2005 年秋季周边邻居无鞭笋，只有我在街上出售，是"独家经营"。

图 3-20　竹笋喷灌（2003 年）

没有想到的是，喷灌对"三园鸡"也带来了好处，气温一高，鸡就"合不拢嘴"，摆着的饲料不动（不愿意吃），还容易得感冒、发肠炎。竹园喷灌后，小气候温度下降，鸡的食欲正常，促进了生长，也是效益，同时对秋茶也有明显的增产效益。

现把 2005 年的效益粗略计算如下：

表 3-1　竹笋喷灌效益对比

种类	喷灌产量（kg/ 亩）	对比产量（kg/ 亩）	增加产量（kg/ 亩）	单价（元 /kg）	增值（元 / 亩）
冬笋	65	15	50	8	400
春笋	750	375	375	1.6	600
鞭笋	40	10	30	8	240
合计	855	400	455		1 240

竹园、茶园、养鸡三者效益计算如下：

笋：1 240 元 / 亩 × 45 亩 = 5.58 万元

鸡：5 元 / 只 ×2 500 只 = 1.25 万元

茶：40 kg/ 亩 ×5.5 元 /kg×25 亩 = 0.55 万元

三者合计 7.38 万元。减去当年直接成本费用 3 000 元（电费 2 000 元、工资 500 元、修理费 500 元），年净效益 7.08 万元，平均增收 1 011.4 元 / 亩。

梅雨季节雨少就影响杨梅产量，我本来是挑水抗旱（每株一担），但浇不了几株，所以去年 10 月我在 200 多亩杨梅山上也装上喷灌，雨下得再少也不怕了！

实例 49 "竹笋喷灌效益"

鹿亭乡农业经济办公室　朱卫士

（2006 年 7 月）

我乡属于全山区，高程在 400 ～ 600 m，拥有毛竹山近 4 万亩，由于毛竹售价较低，

图 3-21　竹笋喷灌（2004 年）

竹笋是广大村民的主要收入来源。2000 — 2006 年共安装喷灌 4 000 多亩，而且基本上都是利用小山塘落差的"自压喷灌"，涉及 11 个村，受益农户 2 088 户，竹山喷灌的实施成为山区农民增收的一条新途径。

为计算喷灌的效益，我们在沿夹岙村选定了三户"记账农户"，由他们分别记录喷灌山和普通山的全年竹笋产量。经过对 2003 — 2005 年 3 年的记账对比计算，结果为喷灌产值 3 265.6 元 / 亩，比对比山增加 746.6 元 / 亩，平均增加幅度 29.6%，见表 3-2，此项技术受到农民欢迎。

表 3-2　喷灌山和普通山竹笋产量对比

竹笋种类	喷灌（ kg/ 亩 ）	对照（ kg/ 亩 ）	增产（ kg/ 亩 ）	价格（元 /kg ）	增值（元 / 亩 ）	增幅（ % ）
冬笋	49.5	43.1	6.4	12.2	78.1	11.5
春笋	752	699.5	52.5	1.4	73.5	7.5
鞭笋	251	158	93	6.4	595	59
合计	1 052.5	900.6	151.9		746.6	29.6

实例 50 "竹笋喷灌增产增收 30%"

陆埠镇孔岙村党支部书记　徐刚强

（2009 年 11 月）

我村共有毛竹山 4 000 多亩，农户有勤劳管理的好传统，山地整理得平整松软，用农户自己的话是"赤脚可以跑，赤膊可睡觉"。正常年份产春笋 150 万 kg（375 kg/ 亩），

鞭笋50万kg（125 kg/亩），竹笋是农民的主要收入来源。但降雨不均匀对竹笋生产影响很大，特别是鞭笋，生长期在每年5～11月，其间经历高温干旱期，如连续10多天不下雨就减产。

我村从2002年开始装喷灌，由于村民有要求，连续8年，每年装一片山，到今年底共安装3 700亩，而且80%以上是靠水库自压喷灌，不用水泵、不用电，是真正的"山上自来水"。多年实践证明，喷灌能使鞭笋增产30%左右，使冬笋、春笋增产15%也是有的。平均每亩可增收500多元，同时对毛竹的生长也有好处，所以很受农民欢迎。在今年新装500亩时，我们还建了肥料池，准备利用喷灌设备把农家肥送上山，既节省劳力，又保护下游陆埠水库的水质。

实例51 "我的竹山一年喷50次"

马渚镇云楼村竹笋大户 魏银海
（2010年4月15日）

作者：老魏，你的竹山喷灌是2004年8月安装的，面积40亩，对吧？

魏：对的，那年投资2.64万元，每亩660元。

作者：喷灌每年都用吗？

魏：当然用，我的竹山形状像只馒头，排水灵，蓄水难，灌水更难，一定要用喷灌，一年要灌50次！

作者：50次？这是我了解的灌水次数最多的一个点！

魏：是有这么多，我的水泵是7.5 kW电动机，每灌一次水，要用100多度电，电费是按工业电价算的（每度9角多），电费100元挂零，全年付电费5 000多元，这是最好的证明。

作者：整块山喷1次水用多少时间？

魏：15～20小时，平均18小时，共有42个喷头，分6组轮灌，每组7个喷头，一组喷水3小时。

作者：你用的是口径50 mm的多级水泵（8级），每小时出水18 m³，18小时共喷水324 m³，灌水量约8 m³/亩，相当于降雨量12 mm，以日耗水量2 mm计，隔6天就得灌水，你一般隔几天喷水？

魏：高温天气只能隔1个星期，5～7天。

作者：需水量大在什么时期？

魏：稻前稻后，就是早稻收割前至晚稻插种后期间，即7月中旬到8月中旬。

作者：以前不装喷灌时情况怎样？

魏：像我这样的山，碰到干旱天气笋就没有，最典型的1994年，有位朋友向我要笋，我是向别人买了10 kg送他的。

作者：你现在亩产值已达到多少？

魏：没有仔细算过，大致估算每亩 4 000 元是有的（作者注：主人有所顾虑说得保守，据作者调查实际亩产值超过 5 000 元）。

作者：如喷灌不装能有一半收入吗？

魏：那是达不到的（男主人征询了女主人的意见后坚决地说），喷灌对鞭笋特别好，对冬笋、春笋都有好处，对竹子生长也好。我是竹、笋两用山，今年的新竹到明年冬季、后年春季就能出笋，所以需要根据笋的行情培育调节竹的生长。

魏：我还有 30 亩茶园也想装喷灌，用于除霜和浇水。

作者：茶叶是对土壤含水量要求最高的山林作物，秋季喷水长枝条，可促进春茶高产，早装一年，喷灌的成本就收回了，现在补助比例更高，中央、宁波、余姚三级财政补助比例达到 80%，再加上乡镇补助 10% 左右，个人负担的很少。

魏：现在政府对农民是真关心。

作者：个人可以不做农民，但国家不能没有农业，农民种地表面上看是为自己挣钱，实际是为社会物产丰富做贡献，政府为农民办实事是应该的。

魏：你 5 年前来时也这样讲过，我们不会忘记！

实例 52 "没有喷灌就没有竹笋"

魏银海

（2014 年 12 月 24 日）

作者：老魏，去年 7 ~ 9 月遇大旱，你大概喷了几次？

魏：去年喷 60 ~ 70 次，前年少，喷了 30 ~ 40 次。

作者：这与你 5 年前说的每年喷 50 次是一样的。

魏：平均 50 次差不多，这同天气关系很大，今年喷了近 30 次。人一定要勤劳，地尽其力，我的山一年 360 天都有笋。

图 3-22　魏银海夫妇向作者展示喷灌竹笋

（2014 年）

作者：请你具体算算，一年的效益有多少？

魏：冬笋，从 10 月初到 2 月底，5 个月，平均 13 kg / 天 × 30 元 / kg × 150 天 = 5.85 万元；

春笋，3 ~ 4 月，平均 400 kg / 天 × 1.5 元 /kg × 60 天 = 3.6 万元；

鞭笋，5 ~ 10 月，平均 12.5 kg / 天 × 20 元 /kg × 180 天 = 4.5 万元；

毛竹，每年 3 000 ~ 4 000 斤，年收入万把元，全年总收入近 15 万元。

作者：5 年前你们夫妻说，如没有喷灌收入少一半还不止，现在看是这个情况吗？

魏： 没有喷灌就没有笋，现在产量高好几倍。喷灌好一半不止，四六开，三七开，大头是靠喷灌。

作者： 你的亩产值3 750元，减去电费150元/亩，是3 600元，以60%喷灌效益即每亩2 160元。

魏： 是有的，实际还不止，这是保守的。

杨梅喷灌（实例53～55）

实例53　"喷灌使杨梅大一形"
临山镇子绕湾西山杨梅基地　吴银贵
（2009年9月18日）

2001年我承包了近百亩缓坡山地，经开垦种上了杨梅、梨树、油桃、冬桃、大雪枣、红枫，建成了一个"花果山"。2005年安装了喷灌，每亩成本约700元。杨梅用喷灌后有三个好处：一是果实大、水分足，吃起来爽口，特别是遇到"空梅"，就是梅雨季节下雨少，造成杨梅果小减产，有了喷灌"人工降雨"，果实马上就膨大，而且口感好。二是喷灌把果实上的灰尘淋洗干净，吃了放心。三是能冲洗黄沙，噢，要说明一下，"天落黄沙"以前也有，只是当年还没听说过沙尘暴，现在科学发达了，才知道是北方沙尘暴对我们这里的影响，那种沙粒是呈碱性的，落到杨梅花上，花就死掉了。

图3-23　吴银贵在他的"花果山"（2013年）

3月下旬正是杨梅开花期，这几天如下黄沙，对杨梅是致命的，用喷灌冲洗尘沙，就可以把下黄沙的损失减少到最小。

杨梅用不用喷灌，完全不一样，喷灌的杨梅坐果多，产量高，果品优质率提高，价格提得上，经济收入可提高20%左右，每亩净增收入在1 000元以上。

当然，喷灌对我的其他水果也都有同样好的效益。

实例54　"今年效益特别好"
吴银贵
（2014年10月8日）

作者： 老吴，你的杨梅喷灌大致每年喷几次？

吴： 平均每年2～3次，但这是要看天气的，梅雨季节雨下得多就不用喷，今年梅季前期没有雨，就要喷灌了，每星期 1~2 次，总的喷了 5 ~ 6 次，所以今年效果特别好。杨梅是耐旱作物，干旱晒不死，但果实膨大期这个关键期一定要有充足的水，否则杨梅长不大，今年喷不到的地方果形就比往年小。但杨梅树根怕水，淹一个月就会死掉。

作者：你们喷灌是 2004 年装的，已有 10 年了，还在正常使用吗？

吴：引水管（主管道）很好，我的引水管很长，从下面水库引上来有 500 多 m，用 3 寸（80 mm）铁管，埋得深，现在还很好。水泵也很好，用的是 11 kW 的多级泵，水还送得上去。但支管不行了，当年安装时掘深只有 20 ~ 30 cm，塑料管不少裸露在地面，已有多处破损了。

作者：使用 10 年了，需要维修也是正常的。你在今冬或明春把它修好，我们争取再补一些，花不多的钱使已建设施能正常发挥效益。

吴：那最好不过了！

作者：你杨梅总产量、总产值大约有多少？

吴：总产量大约有 10 万 kg，但丰产不丰收，实际可收摘的大约只有 10%，即 1 万 kg，平均售价 20 元 /kg，毛收入 20 万元是有的，百把亩杨梅山，每亩 2 000 元。

作者：杨梅收获率为什么这样低？

吴：杨梅成熟期太短，单颗杨梅的成熟期就只有 1 天，今天挂在树上，明天就掉在地上了。整片杨梅山的成熟期最多 15 ~ 20 天，采摘和销售来不及，大部分掉在地上，能够拾回来部分，今年我还腌在池中的就有 3 万 kg，是加工"话梅"的原料，但 50% 以上被踩在地上浪费了。

作者：这几年喷灌淋洗黄沙的情况多吗？

吴：近几年下黄沙的情况好像少了，大概是北方的沙尘暴治理得好了，现在主要是怕霜冻。

作者：喷灌还可以除霜，三七市镇德氏家茶园用得很好，"倒春寒" 5 年中有 4 年是在 3 月 12 日前后，他们从后半夜开始喷水，一直喷到早晨 6 时气温回升。喷水时样子很可怕，茶园挂满冰凌，但冰融化后茶芽依然是绿色的，而没喷水的，霜融化后茶芽就变成红色，说明枯萎了，你也可试试。

吴：3 月初，杨梅的花芽还很小，就米粒那么大，能否经得住结冰，我明年试试。

作者：你用喷灌结合施肥吗？

吴：杨梅施肥是极少的，不能多，如树叶长得太旺，果就少了，要施的话也是用少量基肥，所以不用喷灌。

作者：这是作物营养生长与生殖生长的平衡问题，水稻、棉花等都存在类似问题，所以科学施肥，不但要适量，还要适时。

实例55 "一年喷了二十多次"

丈亭镇杨梅种质资源圃经理 屠挺

（2010年3月11日）

我的杨梅山是种质资源圃，建于2006年，面积150亩，原有部分杨梅树，现逐年增加新的品种，镇农办建好山上道路、喷灌等基础设施后由我承包经营。每年引种的杨梅树，有大树移栽，也有树苗新栽，所以喷灌特别需要。8—10月如有10天不下雨就喷水，使大树成活率高、树苗生长速度快。对于成年杨梅树，在果实采摘前的5—6月，即果实膨大期，如雨水不够，用喷灌后果实能"大一形"。在果实采摘后的8—10月是下一年杨梅花芽的分化期，这一时期及时灌水，还把肥料带进去，能促进下一年高产。2008年降雨少，我一年喷了二十多次，去年雨水比较均匀，就少喷了。

茶叶喷灌（实例56~61）

实例56 "如没有喷灌阿拉早已推过啦"

三七市镇德氏家茶场女主人 王荣芬

（2009年4月15日）

项目简介：德氏茶场位于三七市镇石步村缓坡山地，建于2000年，当时面积仅40亩，2001年安装半移动喷灌。2006年新承包茶园500亩，种有绿茶、白茶和自己开发培育的"黄金芽"茶，大致各1/3，2008年装上固定喷灌，发挥了很好的灌水防旱和除霜防冻作用。2011年初在20亩苗圃上搭建了大棚，同时在棚内安装微喷灌（布置旋转式微喷头近2000只），辅设口径110 mm PE引水管500多m，从一小山塘引水（水位比灌区高出10多m），配D50水泵一台，流量18 m³/h、扬程45 m、功率5.5 kW。少量几个棚灌时采用自压，多棚同灌时用水泵加压。

我从1990年开始承包茶场，1998年在附近山上发现了一株罕见的茶树后，开发了"黄金芽"茶叶新品种，40亩山地一半是茶园，另一半是苗圃。2001年装上了半固定喷灌，在园内埋设一条管道，支管和喷头是移动的，投资11 400元，市水利局送给我们一套柴油机喷灌机组（价格3 400元），总造价14 800元，亩均不到400元，是余姚市第一个经济型喷灌。茶园一年喷20多次，苗圃要喷30~40次，还用于除霜防冻，近4~5年每年都

图3-24 喷灌"黄金芽"茶园（2010年）

有倒春寒，即 3 ~ 4 月初暖乍寒，突然下霜，冻伤春茶，全年的收入就没有了。喷灌效益是人工无法比的，每年节省劳力成本就有 1 万多元，到现在已经有 9 年了，除移动的塑料软管每年要换一部分外，其他设备一直在用，而且用得很好，如没有喷灌阿拉（我们）早已"推过"（亏损）啦。

2006 年，新承包了 500 亩茶园，2008 年都装上了喷灌，其中 200 亩是"乌牛早"品种，上月 12 日就碰上了倒春寒，我们从后半夜开始喷水冲霜，一直喷到第二天太阳出来，使新茶芽免受冻伤，以每亩少损失春茶 1 kg 计算，净增收入 2 000 元/亩，这样一次减少的霜冻损失就是 20 多万元，而这 500 亩喷灌总的安装成本不到 30 万元，政府还补贴了 20 万元。

多年实践下来，平均每年增产 1.5 kg 是有的，我加工的都是名茶，以绿茶每千克净利润 1 200 元计算，每亩净增收入 1 800 元。

实例 57 "大棚茶苗微喷灌好足了"

王荣芬

（2011 年 11 月 29 日）

作者：你哥哥（曾任宁波市林技推广中心主任）早在 5 月就打电话给我，说大棚苗圃微喷灌效果特别好，今天陪老同志来特地了解一下，今年灌了几次？

王：天热时隔一天就灌一次，起码有 50 次！

作者：每次灌多长时间？土壤湿润深度几厘米？

王：约灌 1 个小时，湿润深 10 cm 左右。

作者：与喷灌相比，微喷灌有什么优点？

王：微喷灌水滴小，雨量小，水慢慢渗下去，根子也扎得深，苗长得高，根深叶茂吧！而喷灌水滴大，雨量大，还来不及渗下去就流走了。

作者：如用人工浇灌 1 次要多少劳力？

王：每亩起码 2 个半工，平均每个工 70 元，每亩就得 175 元。

作者：如用人工，不可能灌 50 次了吧？

王：最多 30 次，用微喷灌每亩可省劳力成本 5 000 多元（175 元/亩 × 30 次 = 5 250 元）。

作者：增收效益有多少？

王：茶苗成活率从 45% 提高到 80%。

作者：每亩苗基数是多少？

王：16 万 ~ 17 万株/亩。

作者：每亩能多成活 5 万多株（16.5 万株 × 35% = 5.775 万株/亩），每株价值多少？

王：1.75 元/株。

作者：这样算每亩增收超过 10 万元（5.775 万株 × 1.75 元 = 10.11 万元），但这里应该还有大棚的效益，你看微喷灌和大棚的贡献率应该是几比几？

王：大棚主要是春季防寒用，过了4月就把大棚塑料膜掀掉了，成活率高主要是喷雾（微喷灌）的功劳！

作者：也就是说增收效益基本上是微喷灌产生的！

王：对，大棚茶苗微喷灌是好足啦！

实例58 "没有喷灌今年损失就大啦"
三七市镇德氏家茶场主人 张完林
（2013年8月6日）

作者：完林，今年这样的旱情，你这里还有水吗？

张：早已没了，两个小山塘的水用光了，你看这溪沟也断流了，这样的事情可从来没发生过，本来这个季节是最空闲的，今年变得最忙了。

作者：你现在水源是怎么解决的？

张：我到萧山水泵厂去买了一台喷灌泵，扬程75 m、电机15 kW，还买了60根消防水带，每根长20 m，总长1 200 m，直接从下面一个大水库抽水，每天早上晚上都喷水。

作者：今年没有喷灌情况会怎样？

张：如果没有喷灌今年损失就大啦，估计有20%的茶树会晒死，你看那边一块果园，没有浇水已经枯死了。

作者：虽然喷灌了，还是有点损失吧？

张：这是有的，今年的太阳实在太毒了，但估计最多损失5%。

作者：你生产的都是精品茶，亩产干茶大约有几斤？

张：20斤左右。

作者：你过去说过，喷灌多年平均能增产干茶3斤，1985年我总结余姚茶场喷灌的增产效果就是15%，你20斤×15%正好是3斤，再次得到印证。那么今年既有增产的15%，又有减灾的15%，两个3斤，是6斤了，效益翻倍了，以每斤净利600元计，每亩增收效益3 600元。

张：是啊，今年喷灌效益特别好！

作者：今年对你大棚茶苗有影响吗？

张：棚内天天喷水，一片碧绿，茶苗长得很好，你看，没有影响。

作者：每株1.75元的价格跌下来了吗？

张：没有跌，还是这个价。

作者：2011年我们算过，微喷灌对"黄金芽"茶苗的增收效益是10万元/亩，这是我调查到的效益中最高的！

张：这几年是有这样多。

附： 喷灌在茶园和茶树育苗中的应用效益证明

张完林

（2013 年 5 月 23 日）

我场喷灌设施应用起步于 2001 年。当时为了解决 40 亩新种植的良种茶园抗旱和育苗灌溉问题，安装了固定管道和移动喷灌结合的简易喷灌，安装后，当年在夏秋抗旱和茶苗繁育管理中发挥了很好的作用。2008 年，我场又在另一块 500 亩良种基地全部安装了喷灌设施；2010 年对苗圃进行设施和喷灌改造，建成了钢管大棚与微喷灌育苗基地。目前我场 500 多亩基地，从母本园、品种园、生产园到育苗基地全部实现了喷灌设施化，其中 25 亩苗圃采用微型喷灌，从多年的实践来看，喷灌设施化为我场珍稀白化茶新品种开发、茶苗繁育和茶园抗旱、抗冻发挥了特别显著、特别重要的作用，主要体现在以下几个方面。

一、节省用工、提高效率

2001 年前，我场依靠人工挑水浇灌时，夏秋茶苗扦插后，晴天每天需要灌一次，10 亩苗圃每天需要 10 个劳力整天忙碌；采用移动喷灌后，每天需要 3 个人管理；而现在 25 亩苗圃，只要 1 个人操作，工作效率提高了 20 倍以上，要是没有微喷灌设施，我场不可能维持现有育苗规模。

二、节约用水

移动喷灌改为微喷灌后，每喷灌一次，用水从 36 ~ 40 m^3 减少到 12 ~ 15 m^3，用水量减少了 2/3。

三、提高了出苗率

由于微喷灌水滴细，喷雾均匀，苗圃溅水、芽叶滴伤等现象大大减轻，育苗成活率从 85% 提高到了 95% 以上，茶苗出圃率从 50% 提高到 75%，每亩多出圃茶苗 5 万株左右，每亩苗圃增加净效益 7.5 万元。

图 3-25　作者（右）与张完林在茶园
（2009 年）

四、抗旱抗冻效果显著

夏秋季节苗抗旱十分要紧，特别是幼龄茶苗和"黄金芽"等比较贵的茶树品种，采用喷灌可以有效确保茶树成活率和长势。

喷灌对春季防霜、抗冻具有过去想象不到的显著效果。春茶萌芽后，容易受到霜冻、冰冻影响。采用喷灌，可以有效地降低和避免茶芽冻伤。自安装喷灌设施后，我场的"黄金芽"、白茶茶园基本上没有受到霜冻、冰冻影响过。冰冻最严重的一次是 2010 年 3 月 8—9 日，"黄金芽"茶苗开始萌发，连续两天早晨气温持续在零下 3 ℃，3 月 9 日半夜两点，我场把喷灌设施全部开启，第一次喷灌后半个小时，茶树全部结冰，到早晨 8 时左右，再用喷灌洗水，本来以为全部冻死的"黄金芽"新芽，结果基本上没有受冻，挽回了全年损失。多年实践证明，平均每年亩增干茶 1.5 kg 是有的，我加工的都是名茶，以售价 2 000 元 /kg，利润 1 200 元 /kg 计，每亩净增收入 1 800 元。

五、节约成本

我场良种基地采用上游小水库自流灌溉和水泵灌溉结合，用水少时，直接开启管道即可灌溉，用水多时，则采用 5.5 kW 电动机带动，这样成本很省。大概测算，苗圃微喷灌与手工比较，一亩地一年可节省 50 个工以上，节省人工成本 3 500 元 / 亩。

实例 59 "省工 1 000 元 / 亩"

牟山镇农水高级农艺师 孙文岳

（2013 年 3 月 13 日）

项目简介： *在平原 22 亩水稻土培育无性系茶苗，采用遮阳网和薄膜小方棚栽培，2011 年初安装喷灌。*

作者： 孙高农，你茶苗喷灌用得多吗？

孙： 我是秋季插的，10 月初到 11 月底这两个月喷得多，不下雨隔一天就喷 2 个小时，小气候空气湿度保持在 70% ~ 80%，调节水、气、热，12 月中下旬换成地膜加遮阳网就少喷了，2011 年喷 20 次左右，3 ~ 4 月根系还不健，还要喷水，气温高于 23 ~ 35℃时要降温，温度高了天天喷，20 次还不止。每次分 4 个单元轮灌，7 ~ 8 个小时完成。

作者： 如不用喷灌怎么解决？

孙： 用沟灌不现实，只能用高压水泵拉着水管浇水，浇一遍要 8 个劳力，水还不大匀。喷灌只要 1 个劳力，每次省 7 个工，一年灌 40 次，省 280 个工，每个工 80 元计，共节约 22 400 元，省工 1 000 元 / 亩，而且喷水均匀，质量好。当然 2012 年秋季雨多，喷水次数没有这样多。

作者： 喷灌对茶苗成活率有影响吗？

孙： 成活率在 90% 以上，如人工跟得上，相差不大。

实例 60 "增产 10% ~ 15% 是有的"

大岚镇姚江源茶场主人 王岳梁

（2013 年 3 月 14 日）

项目简介： *茶场 3 000 亩，位于海拔 350 ~ 400 m 山坡，2009 年安装固定喷灌，配*

用 12 马力移动式水泵机组，用二级水泵送水到山顶水池，净扬程 80 m，喷水大部分靠水池自压，小部分由水泵加压。

作者： 老王，你的喷灌用得多吗？

王： 当然多，春茶用，秋茶也用，春天 3 — 4 月如雨水不足，芽就不长，就得喷水，一般喷 4 ~ 5 次。夏秋 6 — 9 月抗旱要喷水，一般喷 10 多次，2011 年雨少，每天喷、隔天喷，既为当年，也为下年，效果明显。连续晴天冲洗灰尘也喷水，3 月倒春寒除霜还是喷灌实用。

作者： 增产明显吗？

王： 增产 10% ~ 15% 是有的，春茶产量 20 kg/ 亩，其中增产 2 ~ 3 kg/ 亩。夏秋茶相差更大，20% 也有，产量 50 ~ 200 kg/ 亩，少量的有 300 kg/ 亩，即增产 10 ~ 40 kg/ 亩，但价格便宜。

作者： 春茶价格平均能卖多少？

王： 大概 400 元 /kg。

作者： 那春茶增加产值 800 ~ 1 200 元 / 亩。

王： 谷雨前茶叶不会超标，4 月 16 ~ 18 日茶叶最好。喷灌使茶叶长得快，周期短，对降低氟、重金属、硅酸盐含量有好处。

作者： 还存在什么问题？

王： 第一是溪流水不够，水源不足。

作者： 大岚是全山区，年降雨 2 000 mm，但源短流急，蓄水不足，属工程性缺水，这就是南方也要搞节水灌溉的原因。

王： 第二是管道埋深不够，冰破厉害，浅的地方每年被冻破。

作者： 这可以通过改进管道解决。聚乙烯（PE）管本身耐寒，管道最低处都装有泄水闸，冬天都应该把管内水放空。

实例 61　"主要是改善茶叶品质"

王岳梁

（2015 年 4 月 10 日）

作者： 王总，距上次来已有 2 年了，早想来了解你喷灌的使用情况。

王： 春茶和夏秋茶都需要喷灌，主要是改善茶叶品质，防冻用喷灌也好。

作者： 改善品质是怎么实现的？

王： 喷灌好比下雨，根部土壤湿了，上部叶面也湿了，茶园小气候湿度提高，光合作用好，生长快，不但产量高，而且茶多酚含量低，涩味少、口感好，价格也好些。

作者： 你除霜防冻用得多吗？

王： 我还好，受冻害的地方不多。我的茶地大都在山坡上，有上升气流，不大会结霜，只有在位于"盆地"位置的地形，冷空气沉淀就会结霜，迫使茶芽发红。用喷灌除霜是最好的办法，日本有一种"除霜机"，是在茶园装排风扇，就是鼓风机，使茶园上面空气流动，以防霜防冻。这种设备不实用，一是投资大，每亩投资1.8万～2.2万元，是喷灌的10倍，用这笔钱的一年利息就可以把喷灌装好了；二是运行费高，电费不得了，喷灌防冻是最经济的。

图3-26　作者（右2）向茶农讲解喷灌除霜原理（2009年）

　　作者：喷灌有没有用于施肥喷药？

　　王：没有，我以施基肥为主，用菜饼开沟施肥。茶园每年需要深翻，就与施基肥结合了。肥液不能粘到叶子上，茶园叶面肥绝对不用，如果用化肥最好用滴灌，而灌水一定要用喷灌，一是湿润空气，"高山云雾茶"之所以品质良好，正是由于环境湿度高，二是淋洗叶面灰尘，就像人洗淋浴。

　　作者：一年平均喷灌几次？

　　王：20次总有的，夏秋季开得多，2013年8—9月连续喷20多天。

　　作者：增产幅度大概有多少？

　　王：10%～15%是有的。

　　作者：亩产到多少了？

　　王：50 kg左右。

　　作者：那增产绝对值是每亩4.5～6.5 kg，平均5.5 kg，价格能提高多少？

　　王：10%还多，平均90元/kg，就是提高10元/kg。

　　作者：从优质优价计算，每亩增收445元（44.5 kg×10元/kg），按增产计算，每亩增收495元（5.5 kg×90元/kg），两者合计效益940元/亩。

苗木喷灌（实例62～66）

实例62　"红枫樱花喷灌使苗木卖高价"

四明山镇唐田村书记　唐汝昌

（2009年6月26日）

　　我村有红枫、樱花苗木3 000多亩，这是农民脱贫致富的支柱。降雨不均对苗木长势影响很大，苗木价格是根据根部直径或株高决定的，例如红枫根径1.5 cm，价格8元/株，根径2 cm，价格15元/株，在4 cm以内，根径每大0.5 cm，价格翻1倍。又如按长度计价，红枫株高超过1.2 m，价格1.4元/株，不到1.2 m，价格0.8元/株；樱花株高长于 1.2 m，价格 0.5 ~ 0.6 元 / 株，不到 1.2 m，价格 0.3 元 / 株，相差一半。有了喷灌可以及时灌水，在干旱无雨的季节苗木也能正常生长。

2007 年，我们在水库下游安装了自压喷灌 900 亩。往年 8 月高温少雨，苗木出现树叶卷曲，影响生长。使用喷灌以后肥料也带进去了，树叶子不卷曲，不发黄，而是绿得发黑，长势很好，苗木价格能提高一个档次，每亩能增加收入几百元到几千元。今年我们村又安装了 1 500 亩，可见受农民欢迎的程度。

实例 63 "每年喷灌 30 天还不够"

兰江街道凤亭园艺场主人　史纪章

（2010 年 4 月 9 日）

作者：老史，多年不见，你的喷灌用的情况怎样？

史：每年都用的，到了夏天不用的话损失就大啦。

作者：你是哪年安装的？

史：是 2005 年，整整有 5 年了。

作者：你的园艺场面积有多少？

史：当时是 50 亩，近几年又扩大了 20 多亩。

作者：园内有哪些作物种类？

史：罗汉松、茶花、桂花，还有杨梅。

作者：设备使用情况怎样？

史：第一年用的是金属喷头，但只用了 1 年（被小偷偷去），第 2 年就换了塑料喷头，已经 4 年了，很好的，到现在还在用，我们保管得很好，冬天用塑料布包起来。现在水泵压力不够了，刚装好时可以同时开 10 个喷头，现在只能开 7 ~ 8 个了。

作者：那只水泵功率不够大，正常寿命也到了，应该换只喷灌专用泵，5.5 kW，每小时 20 m³，水量就足了。

史：好，我今年就换只新的。

作者：你每年用 30 天时间够吗？

史：不够，特别是去年春旱加秋旱，喷了 40 多天。晴天每天喷 6 小时，早上、晚上都 5:00 ~ 8:00，白天气温太高不能喷，阴天可以全天喷。

作者：每次 1 个喷头喷多长时间？

史：2 ~ 3 个小时，同时喷 7 ~ 8 个喷头，1 次喷 3 ~ 4 亩地。

作者：每亩地每次灌水量约 10 m³，效益怎么样？

史：当然是很好的，特别是新种的树苗，1 年的生长量相当于 2 年。

作者：能估算出每年的经济效益吗？

史：苗木是多年生植物，而市场价格波动又非常大，例如红玉兰、黄玉兰近几年价格很低，直径 4 cm 的树苗才卖 20 元 / 株，简直是当柴烧。好处的确有，但这个增产值很难算。前几年新扩种的 10 多亩杨梅，我今年想装滴灌。

实例 64 "天热时小苗 2 天喷 1 次"

丈亭镇苗木大户 徐国庆

（2010 年 4 月 28 日）

我种苗木多年，主要品种有桂花、樱花、广玉兰、红枫、红花鸡毛等，市场什么东西"巧"我就培育什么，苗木这东西市场要是个宝，市场不要了当柴烧，我在 2008 年 8 月安装了喷灌。

我的山地最远有 400 m，山地不比平地，高低相差很多，原来用水泵打水，高的地灌不到、晒煞，低地水太多、烂根。大水漫灌后半夜还要放掉，否则太阳出来就泡死。

天热时小苗 2 天喷 1 次，全年喷 100 天不止。喷灌就好在水要多少就多少，不会太多，这对树苗好，还有个好处是，喷灌以后苗叶是湿的，这时用除草剂苗木的嫩头不会焦掉。

实例 65 "灌水是玫瑰花培育的关键"

兰江街道花卉大户 吴桂萍

（2013 年 1 月 6 日）

项目简介：2011 年承包一处姚江截弯取直（浙东运河建设）填埋老河道形成的"新土地"，总面积近百亩。2012 年平整其中 10 余亩，建钢架大棚 21 幢，每幢 360 m²（45 m×8 m），共 7 560 m²，棚内种植玫瑰花，计划出售鲜切花。

2012 年 8 月，棚内安装滴灌。选用流量可调式滴头，流量为 30 ～ 100 L/h。滴头间距 0.4 m，每根毛管（外径 32 mm）上装 112 个。每个棚内布置 4 根毛管，支管置于大棚中部，分别向两边毛管供水，同时有 4 个棚可滴水，此时同时工作滴头 1 800 个，流量 14 L/h。配用口径 65 mm 自吸管，流量 25 m³/h，扬程 55 m，电机 7.5 kW。

作者：半年使用下来情况怎么样？

吴：效果很好的，多亏了滴灌。灌水是玫瑰花培育的关键，天热时 3 天浇一次，像这样冷的天（气温 5 ℃）也要 10 天浇一次，但水浇得太多又不好，会发霜霉病、白粉病，还会水土流失，现在这个问题解决了。

作者：每次灌多少时间？

吴：4 ～ 5 分钟，将要产生径流时就歇半小时，等会儿再灌 3 ～ 4 分钟就好。

作者：滴灌每个滴头每小时灌水量只有 2 ～ 3 L，滴水时间要 1 小时以上，你现在已相当于"小管出流"了，一不小心，水会太多，可以把滴头流量调小，从灌水的科学性来说滴灌最好，可以使土壤缓慢湿润，既有水分又有空气，以色列不都是滴灌吗？

吴：玫瑰是喜欢大水大肥的，这样速度总是快的，暂时就这样试吧。

作者：劳力究竟能省多少？

吴：就算平均每星期灌1次水，全年灌54次，用人工浇的话每次大约需花6个劳力，一年324个工，临时工工资我这里还算便宜，每个工90元，一年节省劳力成本就是近3万元。

作者：玫瑰花缺水时是什么反应？灌水过多又有哪些害处？

吴：缺水时植株长出的刺多、开出的花少，花还是畸形的多，观赏性差，商品性就不好。玫瑰花是深根性植物，水灌得透，深层土壤也有水分，根子就往深处扎，根深叶茂，花的产量高。如老是浅灌即止，土壤就形成一个夹层，根子下不去，植株就会不兴旺。灌水过多，田间湿度高，就会得病，特别是在"高湿低温"状态下，就会发霜霉病，而这个病是玫瑰花的癌症，长期土壤湿度太高就会出现烂根，直至死亡。

作者：预计花的产量和产值是多少？

吴：玫瑰花一年能开5~6期，旺季是4~6月和9~12月，估计全年每亩能产花7万枝。花的价格波动很大，高时2~3元/株，低时5~6角/株，亩产值5万元是会有的。

实例66 "喷灌对苗木地特别好"

马渚镇太平洋园艺绿地工程有限公司　孙庆祥

（2014年7月2日）

项目简介：业主于2011年在马渚镇渚山村承包山地235亩，其中2010年新造梯田185亩，天然山坡地50亩，高程在10~60 m。已建成苗木基地，目前种类大致为罗汉松60亩，黑松、海棠60亩，红枫50亩，杨梅30亩，樱花20亩，桂花10亩，其他5亩。2013年10月建成固定喷灌，采用二级提水，第一级从平原河网提水，从海拔4 m送到65 m蓄水池（容积100 m³），选用水泵型号ISW65-315A，扬程11 m，流量24 m³/h，配电机22 kW。第二级从水池取水，为喷灌系统加压，选用水泵型号ISW80-200B，扬程38 m，流量44 m³/h，配电机7.5 kW。

作者：老孙，请介绍一下喷灌使用情况。

孙：喷灌对苗木特别好，因为我们的树木都是移栽过来的，不及时补水会死掉。去年7~9月下雨少，当时喷灌还没装好，我们只能用汽车送水，再用汽油水泵人工浇水，人辛苦且成本很高。汽车租费600元/天，3个劳力300元/天，加上水泵汽油费100元/天，共1000元/天。每车装6吨水，只能浇30棵大树，约一亩地，一天起早摸黑只能装5车水，浇5亩地，每亩地浇一次水成本就是200元。

作者：6吨水，浇30棵树，每棵树浇200 kg，这浇得太多了，来不及吸收，肯定漏掉了，而且是既跑水，又跑肥，太可惜了。

孙：是啊，这里是新造地，土层薄而且松，蓄不住，水都下渗了，所以要用喷灌，慢慢"下雨"就好了。

作者：去年一共浇几天？对同一块地浇几次？

孙：10月以前一共浇17天，1 689株罗汉松只灌到1 200株，每株浇了3次，还有480株因灌不到水死掉了，人搞得很辛苦，钱花了很多，其他树还浇不到。

作者：你们对罗汉松特别重视？

孙：因为罗汉松价格高，造型造好后，每株可卖3 000元。我市有所私立中学从日本买进一株罗汉松，价值600多万元，空运时碰坏了一个枝条索赔了15万元。

作者：噢，罗汉松还这么贵。去年10月喷灌装好后有没有用？

孙：去年12月在黑松、海棠上喷了7～8天。

作者：今年用了吗？

孙：6月2—16日，除了停电3天每天都喷水，共喷12天，50亩新移栽的红枫、20亩樱花等，3天喷1次，共喷了4次，需要补水的树种都灌到了，已尝到喷灌的甜头。

作者：喷灌的效益现在可以算了吗？

孙：最好算的是省工省本，用汽车装人工浇，每亩浇1次，成本200元，一天只能浇5亩，现在用2个劳力，一天可以灌25亩，电费约300元，每亩浇一次成本20元，仅1/10。

板栗喷灌（实例67）

实例67　"板栗喷灌防止减产"
四明山镇宓家山村党支部书记　宓邦宗
（2009年6月25日）

我村有板栗1 300亩，樱桃、黄桃、青梅等水果约200亩，位于海拔650～800 m的山坡上，是当地农民的经济来源。由于山坡地土层瘠薄，土层仅30 cm左右，保水性差，如一周以上不下雨，果树就会因缺水卷叶，果实僵化，产量低且质量差。2007年在有水源条件的600亩装了喷灌，效果明显，板栗亩产量从平均250 kg提高到300 kg，价格从3.7元/kg提高到5元/kg，两方面合计平均每亩多收575元（详见

图3-27　红枫、板栗喷灌（2008年）

表3-3），每户多收2 000～3 000元，明年我们要把所有板栗山都装上喷灌。

表 3-3　使用喷灌前后效益对比

对比	产量（kg/亩）	价格（元/kg）	产值（元/亩）
2007 年	300	5	1 500
历年平均	250	3.7	925
增加值	50	1.3	575
增加比例（%）	20	35	62

果桑喷灌（实例 68）

实例 68　"果桑喷灌一举三得：灌水除霜施药"

梁弄镇百果园经济合作社社长　汪国武

（2009 年 12 月 4 日）

项目简介：该园建于 2000 年，主人直接经营面积 530 亩，其中果桑 180 亩、樱桃 150 亩、蓝莓 100 亩，还有柑橘、枇杷、冬枣、柿子、花卉等近百亩。2007 年安装喷灌，2013 年改造为微喷灌和滴灌。

果桑，就是生产桑葚的桑树，成熟的桑葚呈紫色，味道甜美，色泽可爱，是新年中产出的第一批水果，很受人们喜爱，近几年价钱上升到 10 ~ 20 元/kg。

我们合作社从 2007 年以来已安装 2 000 多亩喷灌。效果主要是抗旱和防霜冻两个方面。特别是现在几乎每年都有倒春寒，就是 3 月上中旬落霜，可以使果桑的收入减少一半，严重的每亩只能收入 500 ~ 1 000 元。有了喷灌，寒潮到了，我们就像打仗一样，彻夜不睡，用水把霜冲掉，直到第二天太阳出来，这样桑果就保住了，减灾效果最明显，1 亩就是 2 000 ~ 5 000 元。

除了灌水、除霜，还有一个作用是喷药水，果桑施药的劳力是很多的。今年我们为合作社 3 个大户专门装了 60 多亩喷药系统，每亩成本只有 450 元（政府每亩补助 300 元）。例如，农户郑广文的 25 亩地，原来用机动喷雾机施一次药需 4 个劳力花 3 天多时间，现在用 3 个劳力 1 天就完成了，1 次能节约 10 个劳力，以每年喷 4 次药计算，一年可少用劳力 40 个，每亩省劳力成本 100 多元，一年节本效益 2 600 元，明年我们将在现有喷灌系统中也装上喷药设备。

当然，喷水的好处更不用说了，7 ~ 9 月果桑生长旺期，嫩枝一天可长 10 cm，需水量大，对水特别敏感，此时每 10 天要喷 1 次水，3 天为 1 个周期。

蓝莓喷灌（实例 69 ~ 70）

实例 69 "蓝莓一定要用滴灌"

汪国武

（2013 年 3 月 12 日）

作者：汪社长，你的果桑喷灌是 2007 年装的，已用了 6 年，使用情况怎么样？

汪：果桑喷灌主要有两个目的，一是春季除霜，二是夏季抗旱。除霜几乎每年都用到，年年都碰到"倒春寒"，只有去年没用。3 月上旬天气刚热起来，突然冷空气南下，气温降到零下 1 ~ 2℃，夜里结霜就夜里喷水，从 11 点喷到第二天早上 6 点，边喷边结冰，冰融化后桑叶嫩芽不会"焦"（枯萎），不用喷灌的就焦掉了。

作者：抗旱喷灌用得多吗？

汪：多！虽然果桑根系深，分布广，吸水能力强，但夏天同样要用喷灌抗旱，半个月 1 次或 1 个月 1 次。

作者：你今年计划装蓝莓滴灌，请介绍蓝莓的需水特性。

汪：蓝莓亩产量 1 000 ~ 1 500 斤，价格 50 ~ 80 元 / 斤，收入非常可观，是我们镇主要的发展方向。蓝莓是不定根，就是育苗时从茎秆长出的毛毛细根，又叫假根，不是从种籽生出的真根，根系分布浅，一般集中在地表 20 cm 土层内，所以耐旱能力差，土壤上面 10 cm 土层缺水时就要灌水，如到 20 cm 都缺水已来不及了，就要枯死。蓝莓的特点是失水时不卷叶、不下垂，特征不明显，直接枯死，等看见了再抢救已来不及，所以要特别小心！不但 6 ~ 7 月夏旱要抗，8 ~ 9 月秋旱要抗，就是到了 10 ~ 11 月还要补水，国内外种蓝莓都装滴灌。我去年 3 月种了 100 亩，滴灌来不及装，还不算很旱，但有 70% 枯死了，损失 3 万多元，即使不死的也生长不良，吃足了苦头。当前正在补种，所以今年一定要装滴灌，这个月就动工。

作者：为什么选用滴灌？

汪：蓝莓需要阳光和水分，根系还需要氧气，用滴灌水不会太多，土壤氧气足，根系生长就好。还有一点是滴灌定点准确，不会漏灌。而且滴水要滴透，根部要充分湿润，如果灌水不足，叶面气孔开大，反而失水。

作者：你今年还计划装樱桃喷微灌，这是哪年种的？

汪：2009 年种了 150 亩，2011 年有产

图 3-28 位于百果园的墒情监测点（2012 年）

出。樱桃是速生树种，7~8月生长最旺，需水量最大。而我的地是溪滩改造的，沙石土，保水性差，8~9月生长弱，经高温干旱，小部分死掉，大部分落叶，就同人生病掉头发。到了秋天雨后树梢盛发，这属于不正常的徒长，营养生长过旺，就抑制生殖生长，影响花芽发育，造成第二年减产，亩收入从2万多元（30元/斤×750斤/亩）降到3000元。

作者： 樱桃喷灌还有个用处是应对"落黄沙"。

汪： 对！樱桃有三怕：一怕倒春寒；二怕雷阵雨，大干突然大湿造成樱桃开裂；三怕黄沙，黄沙是碱性的，粉尘落到花上造成花朵被"咸死"，或者花柱被沙尘包裹，花粉到不了花柱，影响受粉，导致严重减产。这三怕都可以用喷灌解决，最好用微喷灌，因为樱桃根系分布广，樱桃如果不搞设施、不装喷灌，三年中盛产一年、半收一年、无收一年。

作者： 你还有180亩果桑，这对灌水又有什么要求？

汪： 果桑到6月10日左右，把老枝都砍光了，6月底到7月底长新枝，这时正是夏季高温，要灌关键水。这个时间如缺水枝条只1 m长，枝上每隔10 cm左右长一个花蕾，如及时灌水，新枝长2 m，花蕾的数量就相差一半，就直接影响明年桑葚产量。果桑从作物的角度用喷灌也可以，但从节水的角度要用滴灌，因为滴灌是局部灌溉，同样的水，它在根部灌得深。

作者： 我的印象中果桑得病是很厉害的，用药多吗？

汪： 是的，主要是菌合病，用斯百克防治，3月20日至4月10日期间，那时刚发芽，还没有果实。现在桑葚被光明牛奶集团、蒙牛集团、金华利达公司订购，用药绝对安全，有机类不用，菊酯类不用，只用生物农药。

实例70 "这喷灌是真好"
梁弄镇东篱农场主人 孙国权
（2014年11月13日）

项目简介： 东篱农场位于半山区，建于2012年，面积105亩，其中蓝莓25亩，猕猴桃20亩，樱桃25亩（山地），桃子35亩（山地）。2013年9月建成喷滴灌，其中平地蓝莓装喷灌和滴灌，猕猴桃为微喷灌，山上桃树和樱桃均为喷灌。系统采用自动控制，即按遥控器就可以实现18小区轮灌或"点灌"，并配有气象观测和视频监控设备，总投资35万元。

作者： 你的喷灌安装质量很到位，一年过去了，竖管没有一根是歪斜的。今年夏天高温期间喷了几次水？

孙： 蓝莓有7~8次，猕猴桃有2~3次，山上桃树和樱桃没有喷，因为我的山地土层厚。

作者： 刚过去的秋天有连续50天不下雨，喷灌用了多少次？

孙：蓝莓是浅根植物，特别怕缺水，喷了20多次，反正隔天1次，每次喷20分钟；你看这枝叶长得多好，这喷灌是真好！

猕猴桃根子深，喷水少一半不够，大概10次左右；山上的桃树和樱桃还是没有喷，桃树抗旱能力强，去年那样的大旱，种在山上也没有晒死。

作者：今年秋天如不灌水会出现怎样的情况？

图3-29　东篱农场喷灌（平地蓝莓、山上桃树）

孙：有部分就要被晒死。去年受过教训，7～8月高温干旱，那时喷灌还没有装好，蓝莓死了近10亩，占40%，春节前重新补种过，直接损失5 000多元。猕猴桃损失少，也有2亩地重新补种。

作者：过滤器清洗了几次？

孙：沙石过滤器清洗了2次，垃圾不多，片式过滤器也洗了2次，看两个水压表压力差大了就洗，有不少污物，但一洗就好！

作者：用了一年，才洗了2次，说明山区的水质好，关键是你那口位于溪道底下的集水井的过滤效果好，井口密封，把大部分杂质都拦截在井外了。

孙：那是你指导得好！

樱桃喷灌（实例71）

实例71　"樱桃喷灌是为抗旱和淋沙"

四明山镇悬岩村党支部书记　王栢水

（2009年12月4日）

作者：请王书记介绍一下喷灌情况。

王：我村位于四明山区很陡的山坡上，海拔500～800 m，平均坡度大于45°，取名"悬岩"村名副其实。全村共有山林作物5 000余亩，可以装喷灌的有3 000亩，其中樱桃700亩，是余姚市"一村一品"的特色水果，还有板栗600亩、竹山400亩、茶叶400亩、苗木500亩。虽在高处有3座水库，但没有办法灌水，今年上半年我们装了1 200亩喷灌，每亩成本约800元，主要是樱桃地，从水库引水，靠高差产生的压力喷水，"靠天山"变成了喷灌山，使用后效果很好，根据村民的迫切要求，下半年又装了800亩，明年还要安装。

作者：安装喷灌的主要目的是什么？

图 3-30　樱桃自压喷灌（2010 年）

王：第一，当然是了为灌水，天不下雨也不怕了。

作者：樱桃果成熟期是 5 月 1 日前后，上半年缺水不是主要问题吧？

王：樱桃的花芽早在前一年的秋天就有了，这一时期往往高温少雨，如花芽水分不足，第二年樱桃果实偏小，产量就低，所以每年 8 ~ 10 月喷灌能保证明年樱桃高产。第二，是为了淋洗沙尘，樱桃开花的季节往往天下黄沙（北方沙尘暴带来），落入花内，花就被呛死，造成樱桃严重减产，所以喷灌用于樱桃特别好！

猕猴桃、蟠桃喷灌（实例 72 ~ 74）

实例 72　"比喷灌再好的东西没有了"

马渚镇四联村水果大户　陈钧海

（2011 年 10 月 20 日）

作者：你上次说猕猴桃喷灌效果特别好，今天要调查一下，你是哪一年种猕猴桃的？

陈：第一年种是 2009 年，在山坡上种了 500 株，大约 6 亩地。

作者：成活了多少？

陈：只有 7 株！后来才晓得猕猴桃喜欢阴湿的环境，没有水分不成功。

作者：第二年情况怎么样？

陈：去年补种了近 500 株，高温日子天天人工浇水，但仅活了 120 株，成活不到 1/4，还是不成功！

作者：你的竹山、茶园早在 2003 年就装了喷灌，怎么没想到给猕猴桃装喷灌呢？

陈：就是嘛，去年 10 月才装好。

作者：今年效果怎么样？

陈：今年高温季节每日都喷水，终于成功了，死了没几株，成活率达到 90% 以上，而且长得快，藤生长量相当于自然生长 2 年，啊！比喷灌再好的东西没有了！

实例 73　"如果没有喷灌猕猴桃种不好"

马渚镇四联村水果大户　陈钧魁

（2011 年 12 月 11 日）

项目简介：承包面积 110 亩，位于平原稻区，2009 年春种蟠桃 60 亩，2010 年种猕猴桃50亩，品种是金魁、红阳两种，同年8～9月间分别装上喷灌和水带微喷灌，喷水带规格为折径宽45 mm，充水后管径28 mm，俗称1寸管，共用1只喷灌专用水泵，扬程55 m、流量36 m³/h，功率11 kW。

作者： 钧魁，猕猴桃今年灌了几次？

陈： 共灌5次，其中施肥2次，晚上灌可万无一失。

作者： 猕猴桃是喜阴湿的作物，滴灌能满足要求吗？

陈： 我正有个要求，最好上面是雾灌，下面是滴灌，特别是"红阳"这个品种，对阳光很敏感，高温天气，如水分跟不上，叶片就下垂，并且叶片周边枯黄，最好温度低于28 ℃，空气潮湿。

作者： 我们就是要根据作物特性配套灌溉设备，今年产量有多少？

陈： 亩产400 kg，销售价36～40元/kg，产值约1.5万元/亩（400 kg×38元/kg=15 200元）。

作者： 如滴灌不装能种吗？

陈： 不装不行。我阿哥前年种的，没有用滴灌，几乎"全军覆没"，去年装了滴灌，今年都成活了，我们隔壁上虞市的农户也没种活。种猕猴桃不用滴灌，就颗粒无收。猕猴桃排水要灵，土壤通透，一定要有水分，但水太多了就烂根，所以要用滴灌，水慢慢渗下去，根子也往下扎，上面藤蔓就长得快。

作者： 如用工人施肥成本会有多大？

陈： 请小工施肥不现实，时间上叫不应，生产成本不得了，连考虑都不考虑。

作者： 桃树根系一定要有充足的氧气，水多了还有害，你是怎么灌的？

陈： 对，桃树根如淹水就完了，我打了深沟，还备了排涝泵，下雨时不能让水淹过地面。用的全部是基肥，油菜饼、豆饼之类，每亩地用5吨，使土壤疏松、通气，产量就高。今年灌5次，每次都是晚上喷，早上7～8点就停，桃树叶片厚，长势好。

作者： 一亩地种几株？每株产多少桃？

陈： 每亩50株，每株卖500多元。

作者： 卖多少价钱？

陈： 每只卖7元，价格28元/kg还多，每株20 kg，亩产1 000 kg左右，产值约2.8万元/亩。

作者： 你的桃子怎么种得这样大？

陈： 是啊，最大的有500克，连专家都不相信。关键是在果实膨大期，每星期喷灌一次，水带着肥料渗下去，被根系吸收，在它对水和肥料需求量最大的时期水肥同灌，桃子个就大了。桃树根是水平根，都在土壤表层，吸肥吸水很方便。

实例 74 "不用喷灌猕猴桃就活不了"

陈钧魁

（2012 年 10 月 25 日）

作者： 又是一年过去了，请介绍喷灌对猕猴桃的使用效益。

陈： 没有喷灌，猕猴桃是种不好的。2009 年我们余姚引进新品种，共有 14 个人种，但基本成活的只有我。

图 3-31　丰收的猕猴桃（2012 年）

作者： 猕猴桃又叫"野藤果"，我们余姚也有野生的，不过只长在朝北的山坡，朝南的山就没有，可见它是喜欢阴湿的。

陈： 对，现在平原上也种了，所以设施要跟上，要有遮阳网，但装了喷灌就可以不装遮阳网，叶边也不会焦了，它是很怕炽伤的。

作者： 因为土壤水分足，作物蒸腾量大了，就像人出汗时，体温就不会升高了。

陈： 红阳这个品种热不起，一晒叶片就焦，适宜气温 28 ℃。

作者： 产量控制在多少？

陈： 1 000 kg/ 亩左右，主要追求品质，平均 40 元 /kg，亩产值 4 万元。

作者： 如果不装喷灌收入会减多少？

陈： 像我这样的平地，不用喷灌猕猴桃就活不了。附近上虞市种的人不少，凡是上规模的大户都是装滴灌的。最好是上面装微喷，可以施叶面肥，下面装滴灌，慢慢灌水。

作者： 只要生产需要，这要求能实现。

铁皮石斛（实例 75）

实例 75 "每亩节省劳力成本 5 300 元"

鹿亭乡石斛大户　龚松年

（2013 年 3 月 14 日）

项目简介： 2010 年在海拔 450 m 的山区平地建石斛种植基地，面积 15 亩，建大棚 43 个，棚宽 8 m、长平均 30 m，总面积 1 万 m^2。同年在棚内装悬挂式微喷灌，每棚装 2 排微喷头，间距 4 m×2 m。

作者： 老龚书记，听说石斛已经有产出了，效益怎样？

龚： 去年开始投产，每亩产出 50 斤，价格开始是 800 元 / 斤，现在是 1 000 元 / 斤。

作者： 亩产值 4 万 ~ 5 万元，原来的预算实现了，为你高兴，喷灌用的次数多吗？

图 3-32　年近七旬还在山上创新业（2014 年）

图 3-33　石斛微喷灌（2013 年）

龚：多啊，6～10 月每 3 天喷 1 次，1 个月喷 10 次不够，11 月底到 2 月初不喷，防止结冰，另外几个月每月喷 3～4 次，全年大约要喷 70 次。

作者：劳力节约是多少？

龚：如用人工浇，1 个工最多浇 3 棚，浇一遍要 15 个小工，现在喷灌不用半个工，70 次能省 1 000 个工，每个工 80 元，全年节省 8 万元，每亩节省劳力成本 5 300 元。

作者：喷药用喷灌吗？

龚：有一种叫"先角虫"，这是人吃的东西，用人工捉，不打药。

作者：施肥用喷灌吗？

龚：用的，一年施 2～3 次复合肥，先撒好，后喷水，很方便。

作者：降温的问题存在吗？

龚：棚内温度到 40 ℃就喷水降温，这里最高气温 35 ℃，但棚内温度高。

第三节　养殖场

猪场微喷（实例 76～82）

实例 76　"政府没有补助也要装"

黄家埠镇康宏畜牧有限公司总经理　吴劲松

（2009 年 12 月 26 日）

我场建于 1997 年，有猪舍面积 1.45 万 m²，年出栏商品猪 1.2 万头。养猪最怕两样东西，第一是高温死亡，母猪抵抗力弱容易死，小猪也容易死，我本来每年因天热死猪损失达 10 多万元；第二是防疫问题，近几年防疫是养殖业的头号大问题，投入劳力多，药水多，

图 3-34　猪场微喷（2008 年）

每头猪药费高达 80 元，成本很高，但风险仍很大。

2007 年 7 月，水利局工程师向我介绍，猪场可用微喷灌降温、喷药，我有点半信半疑，就先装了 4 幢猪舍试一试，一用才知道真的很好，最初还是职工向我反映："老板，这么好的东西我们全场都应该装。"结果到年底，全场 12 幢猪舍都装上了微喷设备，总共花了 9.86 万元，每平方米大约 7 元，真的不贵。使用后有四方面效益：

第一，微喷灌最明显的是省劳力。本来用高压喷雾器消毒，一个人推机器，另一个人拿药水管和喷头，1 幢猪舍（1 000 m² 左右）要 2 个小时，职工劳动强度大，很辛苦。现在呢，1 个人电钮一按，5 分钟就完成，这点职工最高兴、最欢迎。

第二，喷雾效果好。雾点悬在空中，弥漫整个空间，是立体消毒，降温和防疫效果都好。

第三，对猪干扰少。原来用高压喷药机有噪声，每星期要喷 1 ~ 2 次，影响猪的生长，而微喷灌只有轻轻的"嘶嘶"声，雨丝比毛毛雨还细，是"润物细无声"，悄然而下，对猪的生长毫无影响。

第四，节省饲料。这点不经过实践是想不到的。猪在天气凉快时的料肉比是 2.8：1，即喂 2.8 kg 饲料长 1 kg 肉，到夏天气温高时猪的胃口不开，饲料浪费，长肉慢，料肉比会上升到 3.3：1，即每长 1 kg 肉要多吃 0.5 kg 饲料，成本就高了。采用微喷降温后，夏季 3 个月中，室内环境温度保持在 35 ℃以下，猪的胃口不减，料肉比还是 2.8：1，相比较每头猪节约饲料成本 50 元。

经过成本核算，我这个猪场安装喷灌的经济效益有 52.6 万元（见表 3-4），36.3 元 /m²，这样好的东西，政府没有补助也要装。我在本市养猪协会介绍后，许多养猪大户前来参观并踊跃安装，到去年底余姚规模猪场基本上已装好微喷灌。

表 3-4　万头猪场喷灌的经济效益

类别	基数（头）	单价（元 / 头）	金额（万元）
节省饲料成本	5 000（夏季）	50	25.0
节省药费	12 000	8	9.6
节省劳力成本	12 000	5	6.0
减少死亡率	12 240 × 2% ≈ 240	500	12.0
合计	说明：年效益 36.3 元 /m²		52.6

实例77 "今年喷灌效益特别好"

黄家埠镇逸然牧场总经理 吴劲松

（2013年8月6日）

牧场简介：2009—2010年间吴劲松又新建逸然牧场，创新建大棚式猪舍2.5万 m^2，全部采用微喷降温设备，同时建设雨水收集系统，其中在地面以下建3个水池，容积共1 500 m^3，用于储存雨水，作为微喷灌水源。

作者：吴总，今年这样的高温天气，喷灌的降温效果怎么样？

吴：奕老师，今年的喷灌设备效益特别好！这个时期幸亏用微喷灌降温，本来一天喷3次，中午2次、傍晚1次，每次5～6分钟。现在室外气温超过40 ℃，不喷的话室内气温37～38 ℃，就需每小时喷1次，一天喷8～10次。母猪特别怕热，如果死1头损失就得1万多元，喷雾降温和排风扇结合，每次可降温6～7 ℃。

作者：降温幅度这么大？

吴：你知道的，我的水池在地下，就像井水一样温度低，这阶段一个多月不下雨，雨水用完了，只能用河水，经过处理，也存到地下水池，水温低了，降温效益更好了。

作者：公猪栏不用喷雾降温？

吴：公猪栏得用空调，因为室温要降至30 ℃以下，但是栏内加湿也要用喷灌。

作者：这种喷头质量好吗？

吴：我们每星期都用这个设备，农药溶液中离子结晶，会产生喷嘴堵塞，但换一个方便，也便宜，3年基本上换了一遍，这不是喷头的质量问题，而是我的过滤设备还没有全部到位，投入还不足。

作者：高标准的过滤设备非常贵，还是换微喷头成本省。

吴：我还想把喷灌用于鱼塘施肥，人工成本省、均匀度好。

作者：好的，我已有这方面的实践，用喷水带施农药最简捷，投资最省，每亩地300元就足够了。

图3-35 养猪大棚内的地下雨水管和雨水池

（2012年）

实例78 "猪场微喷的最大效益是省药费"

临山镇临南牧场主人 赵迪祥

（2009年12月4日）

我场占地18亩，建于2003年，建筑面积8 730 m^2，其中猪舍5 360 m^2，年出栏生猪4 000多头。2008年4月，安装了喷雾（微喷灌）设备，造价4万余元，效果十分明显，具体如下：

一是节省劳动力。安装喷雾（微喷灌）设备之前，采用高压水枪消毒法，一栋400多 m^2 的猪舍需半个小时，全场16栋猪舍消毒一遍需要整整2天。作为一个规模牧场，夏天隔天消毒，冬天隔2天消毒，但职工不理解，有厌烦情绪，出现漏喷难以避免。

安装喷雾设备以后，一栋猪舍常规消毒只需2分钟，特殊消毒需用4分钟，全场消毒一次不到1个小时，而且工作强度大大降低，职工乐意接受。

二是提高消毒效率。以前人工消毒水滴大，且凭目测估计，存在不少死角。现在药液雾化好，笼罩猪舍每个角落，作用时间长，消毒效果好。

三是节约消毒药品。常规消毒用水量多，用药含量也多，药费自然也多，一次消毒需要310元左右，浪费大部分药液，还污染环境。采用喷雾技术只需药费70元，1次可节约240元，以一年消毒100次计，全年节约2.4万元。

四是夏天可以降温。采用喷雾技术可降低舍内温度4～6℃，配合冷风机使用效果更明显，使夏天高热病发病率降低80%，减少治病用药10次，节约药费10万元，还减少药物对猪的副作用，提高了猪肉质量。今年我在新建的6 000 m^2 猪舍中装了喷雾设备，并且当年发挥了效益。

实例79 "降温每年都用"

赵迪祥

（2014年10月8日）

作者： 老赵，2009年4月全省现场会这里是参观点，从那以后4年多了，现在规模有多大？

赵： 那时存栏2 000多头，年出栏4 000多头，现在存栏5 000多头，年出栏1万多头。

作者： 规模比当年翻了一番还多，这几年猪价走低，你不但挺住了，而且还在发展，真是不容易嘛！

赵： 是啊，毛猪成本15元/kg，而猪价最低10元/kg，一头猪100 kg多，最多时每头猪亏500多元，稍好一些时亏200～300元/头，近几个月好一些了，勉强能持平。

作者： 猪销售有问题吗？

赵： 这倒没问题，我们宁波消费的猪一半以上要靠外地调入，主要是价格波动，市场经济嘛，不过政府是很关心的。

作者： 你猪舍的微喷灌是2007年装的，已经7年了，经常用吗？

赵： 降温每年都用，7～9月高温期间每天喷3～4次，每次喷20～30分钟，喷药水也用。

作者： 降温有副作用吗？

赵： 高温时不会有，毛毛雨汽化了，下面不会太湿。

作者： 微喷头堵塞情况多吗？

赵： 不多，有过滤器嘛，只要过滤器及时清理，喷头换得不多。

作者： 那你的水质一定很好，你用的是什么水？

赵： 井水，有150 m深，打到岩石里面去了，是岩石缝中流出来的，水质好。2007年打的，每米400元，加上水泵等总的花了10万元左右。

作者： 水温是多少？

赵： 大约15 ℃，冬天很温暖，夏天感到很凉，直接浇至猪身上不行，但用喷灌不要紧。

作者： 你猪场产生的肥料是怎样解决的？

赵： 我在2003年刚建猪场时新建了300 m³沼气池，并实行干湿分离，干的以前都是送给种植大户，现在由农业部门政策支持，正在计划加工有机肥料，既环保，又有点经济效益。沼液前几年是送到附近60亩农田，今后还将进一步氧化处理。

作者： 60亩面积还太少，大量的沼液还是用不了。传统养猪是1年养1头猪，猪粪可供1亩地。现代养猪半年就出栏，耕地的产出高，对肥的需求量也大，粗略计算，以3头猪产的肥料供1亩地的话，你场产生的肥料大致可与3 000亩农田平衡。我正在向有关领导建议：一是由村里负责在田头建造肥料池；二是由乡镇政府组织"环卫车"送沼液肥；三是用喷灌把沼液送到田间，在养殖户与种殖户之间补上这个"空当"，把农业与牧业联起来，变废为宝，既解决畜禽污染，又提升土壤肥力，真正实现循环农业。

赵： 这样就好了，我们村有3 000多亩耕地，正好可供应全村有机肥料。

实例80　"喷灌使猪场安全度夏"

阳明街道城西绿色牧业养殖公司总经理　黄家芳

（2010年3月28日）

　　我场建于2002年，有存栏生猪2 500多头，2007年高温期间死了9头母猪，损失10多万元。微喷灌设施安装是在2008年4月，6 000 m²猪舍一次全部装好，投资4.1万

图3-36　猪舍旁的雨水池（2008年）

图3-37　屋顶上的雨水池（2011年）

多元。效果立竿见影，现在装了喷灌就像装了空调一样，喷灌开5分钟，温度就降低4~5℃（还不能多开，如猪背上水喷得太多，还会得"感冒"），近2年中再也没发生过母猪因高温死亡的情况，成本当年就收回了。

用于消毒特别省劳力，以前需要一个专门消毒的人，每天推着设备用高压水枪喷药，猪受惊吓，影响猪的生长。现在5分钟喷一个棚，只要饲养员"带带进"，省去1个人的劳动力。而且药液雾化程度好，解决了喷药死角及不均匀问题，消毒效果很理想，同时还节省消毒药水50%以上。

去年我新扩建了 2 000 m³ 猪舍，喷灌也装好了。

实例81 "肉猪喷雾降温效果对照"
泗门镇康维牧业科技有限公司总经理　潘县助
（2010年3月31日）

我公司有猪舍1.2万 m²，去年一次性安装喷雾降温设备，现把8月对比测试结果记录入表3-5。测试组采用四组对比，每组测试用猪为平均重80 kg的肉猪，150头为一组；喷雾组为A、B组，对照组为C、D组（通风良好），测试时间为8月1—30日，计30天，使用降温设施组实际控制气温为22~30℃。

表3-5　安装喷雾降温设备效果对比

肉猪组别（150头/组）	平均采食（kg/天）	发病数只（次）	平均增重（kg/天）	饲料报酬（kg/kg）	平均出栏天数（天）
喷雾A	3.69	6	0.96	3.84	173
喷雾B	3.76	9	0.94	4.00	170
对照C	3.12	13	0.66	4.73	187
对照D	3.08	16	0.62	4.97	185

由测试结果可知，经过喷雾降温，肉猪增重快，饲料报酬显著提高，平均出栏提前12天左右，每头猪仅8月节约饲料效益19.8元，病猪减少14只，发病率降低48%。

实例82 "夏天好，一天喷4次"
梨洲街道苏家园村养殖大户　沈荣桥
（2010年4月3日）

作者：老沈，你的猪场装喷灌设备2年了，我来了解一下使用效果。

沈：夏天好，一天喷4次，每次喷1个小时，温度可降低4~5℃。

作者：你是哪年开始养猪的？当时天热了怎么解决？

沈：2006年开始建场养猪，有猪舍6幢，面积4 500 m²，完全是从一块废地上开挖出来的。在猪舍外面盖上松毛，能降低温度，但效果不是很理想，许多猪要"发痧"（中暑），胃口不开，猪生长就慢。

作者：记得你的水是自压的，不需要用水泵。

沈：对，我在前面山上挖了个小山塘积水，引水管长 1 600 m。山上没被污染，水质很好，是全余姚市最好的。

作者：从水面到猪场地面高差有多少？

沈：比10层楼还高，大约40 m，所以水压很高，喷头出来的水滴很细，室内雾气蒙蒙，消毒和降温效果很好。

作者：说说有哪些好处。

沈：每星期消毒 1 ~ 2次，本来用喷雾机，1个人全部喷好需2个小时，但仅在下部猪栏稍微喷一下，现在只需1个小时，而且上部整个空间都喷到，消毒很彻底。

作者：节约饲料的账有没有算过？

沈：35 kg以上的猪吃2.3 kg饲料，长0.8 kg肉，天凉和天热都一样。

作者：这就对了，料肉比都是2.8:1，夏天料肉比没有提高，就说明节省饲料了。药费有没有节省？

沈：还没有算过，因为药是从街道免费领的。但水节约了，药一定也能节省，这对猪、对生态环境都有好处。

作者：以后请关注饲料和用药的节约效果，要得出数据来，做到"心中有数"，一年后我再来调查！

沈：好的，谢谢上级部门对农民的关心。

鸡场微喷（实例83 ~ 86）

实例83 "鸡场喷灌真是好"
阳明街道舜丰畜禽养殖公司总经理 毛济敖
（2008年8月8日）

我的养殖场建于2003年，总场面积100亩，建养殖大棚18幢，面积8 000 m²。年产商品鸡20万只，孵小鸡、小鸭55万只，存栏种鸡10万只，年产鸡200吨。

鸡鸭同其他动物一样，气温达到37 ~ 38 ℃就胃口不开，停止进食，影响正常生长，种鸡特别怕热，出现大量死亡现象。2003年夏季，高温持续时间长，给防暑降温工作带来很大困难，特别是种鸡，个体大，密度高，活动空间小（笼养），热应激现象尤为明显，共死亡岭南黄种鸡817只、三黄鸡732只、樱花谷种鸡114只，特别是7月14日，舍内最高气温达到42 ℃，尽管采用人工喷水、排风等措施，还热死种鸡422只。加上死亡种鸭63只，合计 1 726只。同时种禽产蛋率、孵化率下降，公司造成10多万元的经济损失。

在水利局工程师的指导下，2004年5月上旬我们安装了喷灌设备，在棚外顶上装微喷头，棚内装雾喷头，该年最高气温不比上年低，但微喷设备一开，不到 10 分钟，棚内温度就降低 5 ~ 7 ℃，每天开 4 次，整个场就平稳度过暑期，每当中午就连本场职工也喜欢到棚内去休息。当年经过对比计算，获得减灾效益近 12 万元，见表 3-6。

表 3-6 鸡场喷灌效益对比

分类	2003 年	2004 年	± 百分点	数量	单价（元）	合价（万元）	说明
死鸡	9%（1 663 只）	1.2%（316 只）	-7.8	1347 只	50	6.74	每鸡价以成本费 30 元 / 只 + 利润 20 元 / 只计
产蛋率	54%	64%	+10	6 万只蛋	0.75	4.5	产蛋增加值以 1.5 万只蛋鸡 × 10% × 40 天计
孵化率	85%	92%	+7	3 150 只小鸡	2.15	0.68	小鸡单价：雄鸡 3.5 元 / 只，雌鸡 0.8 元 / 只，平均计
合计						11.92	

2005 年我在四明山区又新建一个鸡场（1 600 m²），当年安装了喷水设备。所饲养土鸡 1 万只左右，年产土鸡蛋 150 万个上下，当年高温持续 45 天，产蛋率提高 15%，年增加纯收入 2 万多元。

喷灌设备投资不高（7 元 /m²），运行成本更低，只需要少量电费（3 kW，每天约 6 kWh），却节省劳力 90% 以上，热天只需 1 个劳力一天喷 4 次（上午 9 点、11 点，下午 1 点、3 点半），每次喷 15 分钟，很省力。凡是有客人来，我总要介绍："鸡场喷灌真是好！"

实例 84 "喷灌对野鸡是真好"

梨洲街道荣华种养场主人 陈荣华

（2010 年 3 月 13 日）

作者：老陈，我早在电视上看到你在梨园中养了野鸡，今天来了解一下喷灌效益发挥的情况。

陈：我的梨园是 2000 年建的，面积 28 亩，2006 年安装喷灌，为提高经济效益，第 2 年开始养野鸡，喷灌对野鸡是真好！

作者：当时为什么选择野鸡呢？

陈：也考虑过养鸭子，但鸭的脚底板大，个体重，会把园地踏实，变成一块白地，土壤透气性就差了，会影响梨树生长。

作者：喷灌对养野鸡有什么好处？

陈：梨园经常喷水，土壤潮湿，草多，虫也多，可以作为鸡的饲料，鸡的主食就是虫和草，梨园草不用割，虫不用除，还节省了劳力，没有喷灌不能养野鸡！野鸡怕热，不怕冷，冬天大雪天也在室外，但夏天气温到 35 ℃以上就不能正常生长，到 42 ℃就会死亡。高温季节我每天晚上给整个梨园喷水，降低地温和气温，白天只喷其中几行，鸡会自动集聚到"雨点"下纳凉。

作者：养鸡对梨园产量有影响吧？

陈：当然是有的，梨园不喷药水，其中红蜘蛛鸡不喜欢吃，就影响梨的产量。但我的梨质量很好，10年来从来不用1粒化肥，过去用猪粪，现在鸡粪自然是最好的肥料，客人吃了我的梨，都说味道特别好，而且梨芯小。梨园已成了野鸡栖息的树林，种梨变成副业，养鸡成了主业，总的效益提高了。

作者：野鸡年产值有多少？

陈：全年出售3 000多只，雄的150元/只，雌的100元/只，平均125元/只，年产值37.5万元，还有年产野鸡蛋约6万只，可收入10万元，包括孵小鸡的收入，合计50多万元。除去成本，净收入约30万元，每亩1万多元，是单一种梨的3～4倍。

作者：野鸡销路没问题吧？

陈：不愁销售。人家养殖都是小范围拉"天网"，或室内饲养，而我实现无天网，无鸡舍，完全是在梨园中放养，一年中9个月主食是虫草，是自然饲料，仅在冬天3个月投饲料，所以鸡肉完全是天然美味，很受消费者欢迎，去年还在浙江农民创业大奖赛中获得"浙江农业好点子奖"呢！（主人说着拿出奖杯给作者看，自豪与喜悦溢于言表。）

实例85　"鸡场喷灌一举多得"
黄家埠镇格格生态养殖场经理　冯锡军
（2010年4月30日）

我场是一家以养鸡为主的家禽养殖场，占地80亩，建有标准化禽舍15幢，面积6 000 m²，每年出栏肉鸡12万只。2006年安装4 000 m²微喷降温消毒设备，次年又扩建2 000 m²，两期共投入4万多元。微喷增加了鸡舍内湿度，且具有湿度分布的均匀性和出水量控制的随意性。当室内温度超过30 ℃时，鸡舍出现"热应激"状态，表现出长时间的喘气、饮水量增大、采食量不足、抵抗力下降等现象，有了微喷灌这一法宝，喷6分钟禽舍有效温度降低6 ℃左右，再未发现一只热死的鸡。

第一是料肉比降低，增加了我们的收益；第二是节省劳动力；第三是鸡卖掉以后可以对鸡舍地面彻底消毒，必要时也可以带鸡消毒。

实例86　"大约20只鸡供一亩地"
冯锡军
（2015年3月18日）

作者：我4年前来过，今天不但要了解鸡场微喷灌使用情况，还特别要了解沼液使用情况。

冯：鸡场用喷灌10年了，每年都用，常年用于消毒，天热时用于降温很好。

图 3-38　正在微喷的鸡舍（2009 年）

作者：请介绍一下沼液使用的情况。

冯：我 2007 年建了 100 m³ 沼气池，2013 年又建了 120 m³。2011 年开始在 30 亩葡萄、30 亩菜地用水带施沼液，效果不错。

作者：一年用几次？

冯：葡萄一年用 5 ~ 6 次，西瓜、白瓜、菜一年用 10 ~ 12 次。

作者：能节省多少化肥？

冯：每亩少用复合肥 60 kg，省 240 元，钾肥 2.5 kg，省 150 元，每亩节约化肥成本近 400 元。

作者：用水带沼液还适宜吗？

冯：好的，就是孔要 2 mm 的，已经用了 3 年。

作者：根据你的实践大概几只鸡的粪产生的沼液可满足一亩地的需要？

冯：我算了一下，大约 20 只鸡供一亩地，能供需平衡。

作者：这个数据很重要，根据农作物的需要控制养殖业发展的规模，就能实现循环农业、生态农业。

兔场微喷（实例 87 ~ 90）

实例 87　"喷灌为养殖户安全度夏解决了大问题"

科农獭兔场主人　翁巧琴

（2006 年 5 月 26 日）

　　我场专业养殖獭兔，为浙江省一级种兔场，国家无公害农产品基地。建立兔舍 36 幢（43 m×4 m），总面积 6 000 多 m²，年出笼兔 6 万 ~ 7 万只。兔子特别怕热，室温达到 30 ℃以上就会食欲下降，影响正常生长，到 35 ℃以上即出现死亡（每天 10 ~ 20 只），所以高温对养兔是很大的威胁。

　　2003 年在市水利局工程师设计指导下，在兔舍顶上全部安装了微喷灌设施，总投资不到 3 万元，采用喷水降温，使用后温度能降低 2 ~ 3 ℃，效果明显，死亡率从 12% 降到 3%，更可喜的是母兔在高温期间也能繁育 1 ~ 2 代幼兔，经济效益更好，当年增加收入 8 万元。近两年我们养殖规模扩大了，每年增加效益 10 万 ~ 15 万元。

　　慈溪、镇海的同行看了后也纷纷效仿装了喷水设备，微喷降温为养殖户安全度夏解决了大问题。

实例88 "喷灌是养殖场最廉价、最实用的降温设施"

上虞市星火兔业养殖场主人 王华梁

（2006年7月8日）

我场位于上虞市沥海镇燎原村，占地30亩，其中建兔舍12幢，每幢面积120 m²，计划年产兔8 000只，现存栏1 000只，是浙江中医药大学实验兔繁殖基地，同时为本省科研机构提供实验用兔。

今年年初，我从浙江电台《海楠说农村》节目听到余姚市用喷灌为养殖场降温的技术介绍，很感兴趣，特去余姚实地考察，由该市水利工程师帮助设计、进行设备选型，6月初在兔舍内外屋顶上均装了微喷设备，造价5 760元，合计4元/m²。

6月下旬以来持续高温，喷灌设备即投入使用，效果明显，温度比室外下降了5～8 ℃，从38 ℃降到33 ℃，并且温度越高越明显。既保证了兔子安全度夏，又促进了繁殖，可以说喷灌是养殖场最廉价、最实用的降温设施，值得推广。

实例89 "最大效益是提高繁殖率"

朗霞街道月飞兔业养殖场主人 谢月飞

（2010年4月）

我场建于2000年，总占地110亩，其中养殖区20亩，绿化区40亩，饲料地50亩，被喻为花园式牧场，年产商品兔5万只，存栏2万只。2004～2007年先后三期安装喷灌设备。兔舍外顶上装喷灌，舍内上部装微雾（微喷灌），总面积6 000 m²，同时在饲料地采用移动喷灌机组，为黑麦草施肥（本场沼气池产的沼液）和灌水，实现了循环农业，总投资15.2万元。

图3-39 兔场绿化长廊也用微喷消毒
（2010年）

经多年使用，现总结以下效益：

（1）兔子死亡率降低。高温死亡率下降3%～5%。

（2）母兔繁殖率提高。种兔从7～8月的受孕率提高到80%，每年多生一胎幼崽，增加产兔量，且这一代兔子是"人无我有"，经济效益特别好。

（3）兔毛质量提高，又能提高销售价格。

（4）喷灌设备洒药均匀，节省劳力成本。

以上合计增加效益10万元/年以上。

实例 90 "我们亏得装喷灌"

谢月飞

（2013 年 8 月 15 日）

兔场简介： 月飞兔业养殖场是一家集种兔繁育、獭兔养殖与市场销售于一体的宁波市农业龙头企业，兔场占地面积 110 亩，其中建有标准兔舍 1.1 万 m²，标准笼位 1.8 万个，存栏獭兔 3 万余只，年出栏优质商品獭兔 6 万余只。2004 年开始安装兔舍微喷灌，此后随着场舍的扩建，先后安装五期，实现兔舍微喷灌全覆盖，总投资 25 万元。每年夏季当室内气温高于 35℃时，每天中午前后的 6 小时内间歇喷水，同时常年用于喷药消毒。

现把兔场提供的效益总结记述如下：

（1）提高了兔子的生产性能。獭兔、长毛兔具有 "怕热不怕冷" 的习性，特别在夏季高温季节，兔子的繁殖受到影响，甚至停产。根据本场实践，采用对比试验，在 35℃以上的高温天气下，通过微喷系统的降温，室内温度可以下降 5～8℃，种兔每年可以多产一胎仔兔，种兔的受孕率达到 80% 以上，而未用该系统的母兔受孕率仅为 30% 左右。另外，长毛兔的产毛期从 40 天延长到 60 天以上，仔兔的成活率从 78% 上升到 95% 以上。

（2）提高了产品品质。根据兔子的特点，夏季的獭兔毛稀短且缺少光泽，生产速度减慢，皮板瘦薄，一年当中是毛皮品质最差的季节。仔兔的断奶期前的生长发育是一生中最关键的时期，持续高温天气将会影响仔兔的生长发育，关系到獭兔的育成、育种的选用，商品兔皮张及兔肉的品质。通过本场的喷灌降温实践，獭兔毛皮平整且具有光泽，仔兔生长发育平均增重 0.4 kg/只。

（3）增强了疫病防控能力。按照传统的消毒方法，将消毒药水放入消毒桶，采用人工喷洒消毒，需要每幢每间去消毒，给疫病的交叉感染创造了机会，既费时又费力，而且喷药不均，容易产生消毒死角，达不到预期要求。通过喷洒降温系统，将消毒药或预防疫病的药物置于蓄水沉淀塔中，结合通风机组的通风对流，产生均匀覆盖兔舍消毒与药物吸收效果，不会产生消毒死角，既节省了劳动力，又切断了疫病的交叉感染途径，增加了疫病防控能力，对兔子也不会产生人为的惊吓与干扰，有利于其生长。

（4）提高了经济效益。本场投资额为 45 万元，而年节支增收 38 万元，回报期一年多，就能收回成本，即可进入创收期。

综上所述，畜牧养殖场在夏季使用喷灌降温，是促进畜牧业生产增收的科学途径，是推进畜牧规模化、集约化的新亮点，是一种行之有效的创新生产模式。

鸭场微喷（实例91～92）

实例91 "鸭棚喷灌出栏期短5天"

大隐镇众兴畜禽养殖场总经理 杜加才

（2009年7月28日）

我场创办于2005年，采用大棚网上养鸭，鸭棚总面积3.4万 m^2。2008年4月在棚内安装了微喷设备1.7万 m^2，总造价15万元，合8.8元/m^2，使用效果比预期的还好！

第一，减少饲料成本。春、秋季节温度适宜，肉鸭出栏期大约40天。但夏季棚内气温高达40℃，不利于鸭子生长，需50天才能出栏。装了微喷设备，上午8点以后喷水5分钟，停30分钟，间隙喷雾降温，使出栏时间缩短5～6天，减少到45天左右，这样每只鸭可节省饲料0.6 kg，节省成本1.44元，夏季出栏两批鸭，共11万只，共可节约饲料费15.8万元。

图3-40 鸭舍用微喷灌消毒（2009年）

第二，降低高温死亡率，当棚内温度达到40℃时，鸭的死亡率为8%～9%，喷水降温可使死亡率降低5个百分点，热天存栏11万多只，可减少死亡5 500只，按每只平均价格8元计，效益4.4万元。

第三，减少消毒用工。以鸭棚每年定期消毒36次计，以前消毒一次需5个工，现在只需1个工，一年节省144个工，以每个工65元计，年节省人工费用9 360元。

以上三方面合计，全年效益约21.14万元，合12.4元/m^2，一年的效益比总造价还多。

实例92 "这是我们的宝贝！"

黄家埠镇海天野鸭养殖场主人 沈彩仙

（2010年3月24日）

我养野鸭已有12年历史，2005年建这个场，2007年4月安装了微喷灌设施，共7 080 m^2，投资5.36万元，每平方米不到8元，当年就出效益。

安装喷灌最突出的好处是消毒。野鸭场3天就消1次毒，比家禽场要求高。以前每消毒1次要花2个劳力，因为这种消毒剂是氯基药物，对人体皮肤腐蚀性很重，职工不大愿意干这项工作，还得"看面子"，还往往出现漏喷，消毒质量不高。现在用微喷消毒，5分钟就喷完1个棚，4个鸭棚不到半小时就喷好，不必专门安排劳力，随便带带进就可以了，这一项每年可省工资3万元。微喷消毒的好处是无"应激反应"。野鸭比家鸭更怕人、更怕声音，以前用汽油喷药机噪声很大，加之水柱喷射，鸭子受惊吓很厉害，

图 3-41 野鸭场微喷

个别鸭子甚至当场昏厥，虽然没有死，但每 3 天受一次惊吓，严重影响其正常生长。现在用微喷没有声音，不知不觉，对鸭子毫无影响。

微喷对降温也特别好。野鸭怕热不怕冷，冬天零下十几度照样生长得很好，但是很怕热，因为它的毛很厚，热散不出去，热天它会脱毛，就是一种自我保护反应。常年存栏有 1.5 万只，最多时一天热死 10 ~ 20 只，整个夏天热死 400 多只，而且越是大的鸭子越会死，经济损失 4 万多元。现在夏天用井水喷雾降温，喷 10 多分钟温度就

降低 5 ~ 6 ℃，根据天气温度情况，一天喷 2 ~ 4 次，最多的一天喷水 6 次，就不再出现热死的情况。就这节省劳力成本和减少死亡率，年效益就有 7 万多元，再加上节省全年药费和热天饲料费，每年的经济效益超过 10 万元。

2009 年我又新建了 8 000 m² 鸭场，也装了微喷设备，新场还要扩建，今后两年中还要扩建 1.2 万 m²，喷灌也一定要装，即使政府以后不补贴了，我们全部自己出钱也要装。这个发明是为老百姓办实事，凡是有领导和同行来参观，我总要介绍，这是我们的宝贝！

羊场喷灌和微喷（实例 93 ~ 95）

实例 93 "这喷灌是确实好！"

临山镇咩咩羊场主人　宋苗新
（2010 年 8 月 22 日）

我的种羊场面积 70 多亩，其中饲料地 60 余亩，羊舍 4 900 m²。这些地是近几年土地整理项目的成果，是"人造地"，下面是碎石塘渣，上面铺了近 30 cm 土壤，保水性很差，上半年下雨多，勉强能种一季饲料草，7 — 9 月高温少雨，根本没法种活。

去年 12 月，我在草地装好喷灌，造价 3.8 万元，每亩成本 613 元，还在羊舍内装了微喷灌，造价 2 万元，仅 4 元 /m²，总投资 5.8 万元。

（1）羊舍微喷灌效果。用于羊舍内外消毒，每周 1 次，有这样几点好处：

第一点，省工，以前人工用喷雾器消毒 2 个人要整整一天，现在只需要 10 分钟，一年可省 104 个工，以最低的劳力价格 60 元 / 工计算，可节省劳力成本 6 240 元。

第二点，喷药质量好，均匀，无遗漏。

第三点，避免羊受到惊吓，这种羊很"贵气"，特别怕声音，平时我们连走路都是轻手轻脚的。人工喷药声音大，羊要躲西躲东，现在只有轻轻的"嘶嘶"声，没有人影，没有干扰，对羊的生长有利。

第四点，气温高于 35 ℃时用于降温，每次半小时，一天喷 4 ～ 6 次，避免羊群因天热胃口不开影响生长，还避免部分中老羊因天热而死亡。羊是多年养殖的，直接增收效益还真难算。

（2）饲养草地喷灌效果。作物是黑麦草、皇竹草、饲料玉米三种，一年种两季，我的地保水性差，刚种下去如不灌水，60% ～ 90% 会死掉，现在喷水 3 ～ 4 次，成活率达到 98%，更可喜的是一季草本来只能割 3 次，现在能割 4 次，产量增加 1/4。

这个增产效益能算出来，两季中以增产一季皇竹草，亩产量 1.7 万斤，价格按每斤 8 分计，增加产值 1 360 元。每次喷 1 小时，同时开 20 个喷头，用电 10 度，以平均喷 5 次计，50 度电，每度电价 0.65 元，电费每亩约 33 元；喷水劳力不另外请小工，而是自己带带进，以每亩节省半工 30 元 / 亩；折旧费 41 元 / 亩；每亩净利润 1 256 元，相当于半年就收回投入成本，这喷灌是确实好！

实例 94　"喷灌是顶好！顶好！"

宋苗新

（2014 年 10 月 8 日）

作者：老宋，我上次来是 2010 年 8 月 22 日，有 4 年多不见了，饲料草地喷灌使用情况好吗？

宋：好的，好的！每年都用，因为我的草地是前几年的"人工造地"，表土厚度不够，蓄不住水，不能种东西，有了喷灌随时都可以灌水，天旱时每天都喷，7、8 两个月喷 30 次是不够的，每次喷 30 ～ 60 分钟，喷灌是顶好！顶好！

作者：设备还正常吗？

宋：好的，我们塑料管子是"中财"牌，质量好，安装时掘得深，管子埋深都在 40 cm 以上，安装已 6 年了，连喷头竖管都不歪。

作者：羊舍内微喷灌也用得好吗？

宋：也在用，主要是消毒，半个月 1 次，喷洒"消毒灵""克毒灵""碘灵"等药。最理想是消毒，每个角落都能喷到，1 个棚舍 5 分钟就喷好。

作者：降温有用否？

宋：没有用，现在都改养湖羊品种了，它胆子小，而且湿度大了也不大好，现在用排风机。刚开始时养波耳山羊，是从国外引进的品种，失败了，繁殖慢，不适合国情。湖羊原产地就是浙江湖州地区，现在全国大力提倡，连内蒙古、新疆也在推广这个品种，且都是圈养，解决农业秸秆的出路。

作者：还打算扩大规模吗？

宋：2008 年羊舍的面积是 2 500 m²，2010 年、2012 年两次扩建，现在已有 5 500 m²，存栏羊 3 000 多只，是宁波市最大规模羊场了。草地原来 40 多亩，又向附近农民租了 60

多亩，现在共有100多亩，如果政府还补助，还要装喷灌。

作者：只要效果好，政府不补也应该装，早发挥效益1年，安装成本就收回了。你可以先安装，当然装之前与我们联系，我们来出出点子，现在提倡"先建后补"，以后有补助就算"外快"。

宋：好的，争取年底前装。

实例95 "热天好、温度降低5～6℃"
小曹娥镇羊场主人 金元康
（2015年1月14日）

羊场介绍：金元康，当地一位办企业的能人，从1984年开始相继创办榨菜厂、化纤厂、电器厂等企业。2012年把企业交给别人管理，自己又把目光转向创办农业企业，建架空式羊舍5幢，每幢面积640 m²（80 m×8 m），共3 200 m²，从养400只羊开始，目前发展至年出栏3 000多只，其中商品羊与种羊各一半。存栏也有3 000多只。2013年6月在羊舍内安装喷灌，包括一条水源管道，投资共4.8万元，合15元/m²。

作者：金厂长，你羊场喷灌用得好吗？

金：好，热天特别好！降温、消毒都用，冷天不用。2013年我刚装好就碰上高温天气，效果最好，这水喷出来像雾一样，羊毛上、羊栏上都湿了，温度降低5～6℃。

作者：冷天消毒也不用吗？

金：天热要消毒，羊场天冷了不要紧，不用消毒。

作者：羊场不能搞对比试验，喷灌效益怎么体现出来呢？

金：这不用试验就有对比，不装以前死了好几只，特别是母羊，抵抗力弱，死1只就是1 400元啊，对江（杭州湾）平湖市有个羊场，2013年高温天气死了几百只，损失几十万元。

作者：你喷灌是怎么用的？

金：天热时一天喷3次（上午10点、中午1点、下午3点），每次喷半小时。

图3-42 羊场微喷（2013年）

作者：热天多长时间消毒1次？

金：每星期1次。

作者：现存栏羊有多少？

金：3 000多只。

作者：每年出栏多少？

金：有3 000余只，其中商品羊1 600～1 700只，每只1 200～1 400元，种羊也是1 600～1 700只，但是卖种羊利润高，因为种羊出售时还是小羊，30～40斤/只，成本省。

作者： 你把本来要扔掉还无处扔的秸秆转化成优质的羊粪肥，也是个生物肥料工厂。

金： 是的，每天需要 10 吨青饲料，每年大约吃掉秸秆 3 650 吨，大概是 2 000 亩地产的秸秆，每天产 2 吨羊粪，只要有就抢着要，价钱也是 160 元 / 吨，与秸秆一样，数量大致是秸秆的 20%，还供不应求。

鹅场喷灌和微喷（实例 96）

实例 96 "算起来效益是有介多"
朗霞街道白鹅养殖场主人　张生根
（2013 年 3 月 13 日）

项目简介： 1998 年建场，有鹅舍 5 幢，舍宽 11 m、长 73 m，总面积 4 000 m²。有饲料草地 180 亩，冬季种黑麦草，夏季种苏丹草，年出售商品鹅 6 万只。2009 年安装鹅舍微喷灌，舍内布置两排悬挂旋转式微喷头，每个棚配一台水泵，流量 3 m³/h，扬程 40 m，电机 1.1 kW，造价约 10 元 /m²。2010 年安装草地喷灌，采用 PYS-15 型塑料喷头，喷头间距 18 m×18 m，水压 30 m 时流量 1.95 m³/h，射程 15 m。配一套移动式喷灌水泵机组，流量 36 m³/h，扬程 55 m，电机 11 kW，造价约 700 元 / 亩。

作者： 老张，请先介绍鹅舍微喷灌使用情况。

张： 常年用于消毒，7 ~ 10 天 1 次，每次 10 分钟左右，很快的，全年 40 ~ 50 次。

作者： 降温用不用？

张： 室温高于 30 ℃就要喷水降温，能降 4 ~ 5 ℃，主要是中午，每天喷 1 ~ 2 个小时。

作者： 夏季降温 30 天够不够？

张： 30 天是不止的，7、8 月两个月中大多数日子要降温。

作者： 如不降温，鹅会死吗？

张： 死倒不会死，但进食少、生长慢。

作者： 不装微喷灌时怎么降温？

张： 用机动喷雾机，有噪声，还起码要用 1 个工，每个工 90 元，全年 4 000（45×90）余元。

图 3-43　饲料草地用喷灌施沼液（2010 年）

作者： 这是省工效益，夏天那一批鹅出栏早、饲料省这种效益有体现吗？

张： 这有的，人家只能养 7 斤多一只，我能养 8 斤半 1 只，大的有 9 斤，质量好了，价格平均能高 0.5 元 / 斤，重 1 斤是 10 元，每只鹅多卖 13.5 元。

作者： 热天这批鹅有几只？

张： 1 万只，年增收 13.5 万元是有的，其实还不止。7 — 8 月别人没有降温设备无法养，只有我的设备可以养，是反季节养殖，价格可以卖到 13 元 / 斤，平时只有 9.5 元 / 斤，每只鹅利润是 10 元，而夏季这批鹅利润 20 元 / 只。

作者： 售价平均能增加 25 元 / 只（8.3 斤 × 3 元 / 斤），利润怎么只增加 10 元？

张： "物以稀为贵"，7 月鹅苗很少，所以很贵，每只 40 元，平时 25 元 / 只。

作者： 现在请介绍下饲料草喷灌情况，用得多吗？

张： 用得多，主要用于喷沼液，黑麦草要割 5 ~ 6 茬，每茬收割后都喷施 1 次沼液肥，苏丹草割 1 ~ 2 茬，也喷 1 ~ 2 次。沼液肥好，草像韭菜那样嫩，叶边宽、产量高、质量好，而用复合肥（现要 200 多元 / 包）的叶子尖。如常用尿素的，土壤就发硬，现在我只掺一点点化肥，以每次少用化肥 50 元 / 亩计算，每年节省化肥成本 300 ~ 400 元 / 亩。

作者： 除了施肥，还用于抗旱吗？

张： 也要喷的，夏季早夜要喷几次，还有一个好处，就是播种时，先撒好籽，后用喷灌，一喷就好，不用再等老天下雨，细算起来，效益是有介多。

石蛙场微喷（实例 97 ~ 98）

实例 97 "节水是最大的效益"
陆埠镇石蛙养殖场主人　鲁爱玉
（2012 年 12 月 13 日）

项目简介： 鲁爱玉 2008 年开始在本村（山区）杂地建养殖水池、搭大棚养石蛙，逐年扩大，到今年已建大棚 5 个，共 2 500 m²，出售商品蛙 7 000 多只，种蛙 2 000 多对。今年 9 月安装微喷设施，从 1 000 多 m 外溪道引来清水，贮于蓄水池或贮水罐，配 5 只单相电机小水泵，扬程 50 m、流量 2.5 m³/h、功率 0.75 kW，棚内共装旋转式微喷头（压力 25 m、流量 37 L/h、射程 3 m）60 只，每个喷头喷洒 1 ~ 4 个养殖池不等。造价大致为引水管道 2 500 m 2.0 万元，蓄水池 30 m³ 2.0 万元，室内微灌设施 2 500 m³ 2.2 万元，总投资约 6.2 万元。

作者： 喷灌设备使用效果怎样？

鲁： 这是好足啦，是你帮了我们大忙！石蛙喜欢清凉，气温超过 32 ℃就不行了。

作者： 高于 32 ℃时表现怎样？

鲁： 不进食、成堆躲在角落不活动，就像人生病一样，明显可以看出不舒服，这时就停止生长了，现在有了喷灌，降温就没有这个心事啦！还有一个好处就是水中溶氧增加。

作者： 噢，你也想到了喷灌水滴与空气充分接触，能增加溶氧，我已把喷灌用于鱼塘增氧。

鲁： 蛙类动物是靠皮肤呼吸的，皮肤一定要湿润，且水中溶氧一定要高，还有一条就是节水。

作者：你这里节水也这么重要？

鲁：石蛙特别喜欢清洁，我们当地农民有句笑话，"石蛙要的水是可以做酒的水"。对水、对生活环境不允许有污染，它吃得并不多，但要长流水。我们这个小山沟今天看水不少，但到夏天干旱时只有一小股水，如果我都用了，就对不起村民，今年就从另一个山坳接了一管水（外径25 mm，可见水量之少）。原来以为喷灌很费水，这次用了才知道，用水不足1/3，可以节约2/3，节水是喷灌的最大效益！

作者：你刚说养石蛙要求水特别清洁，那水不干净时它有什么反应？

图3-44　石蛙场微喷（2011年）

鲁：皮肤就得病、溃烂，肚子发胀，还有大腿发红叫"红腿病"。

作者：你村还有几个农户养了石蛙？

鲁：我们这里水清爽、空气也好，养石蛙得天独厚，已有8户邻居养了，共约3 000 m²，蛙种都是我供应的，他们看我装了喷灌有这么好，准备明年5月前也要装好。

作者：给石蛙吃什么？

鲁：它可要吃活虫的，我还同时养了大麦虫、黄蜂虫，最多时一天要吃20 kg。

作者：怪不得"蛙"是虫字旁，你这些知识是谁教你的？

鲁：我已请了三年老师，是浙江大学的张教授、舒教授，都是像你们一样的热心人。

实例98　"去年是效益最好的一年"

鲁爱玉

（2014年12月14日）

项目简介：下鲁石蛙养殖场建于2008年，当初面积2 500 m²，2010年安装微喷灌，采用微喷头，2013年养殖场扩建至5 500 m²，同时安装了微喷灌，当年7～9月遇上高温干旱，取得了特别好的效益。同年10月6～8日遭受"菲特"台风暴雨袭击，山洪暴发，养殖场及微喷设施毁坏严重。2014年恢复重建，其中微喷灌部分投资7.5万元。

作者：今年喷灌用得多吗？

鲁：今年没有用，一是今年雨下得特别多；二是夏天气温不高。去年用得多，去年是效益最好的一年。

作者：噢，对啦，去年7—8月是连续50天不下雨，属60年一遇的干旱，又是连续高温，其中有一天温度是42.4 ℃，创全国最高纪录。

鲁：高温期间，从早上9点半到下午5点半连续喷水，喷10分钟停10分钟，我们定时开关装好的。

作者：当时缺水到什么程度？

鲁：这条溪里已没有水流动，低洼处有点水，上面长满青苔，大概叫藻类吧，养石蛙根本不能用。我们是从 2 000 多 m 外一个"冷水孔"装了一根 50 mm 口径的塑料管，引来一管水，放到这个蓄水池（20 m³），再用小水泵打出去。

作者："冷水孔"干旱期间没有枯吗？

鲁：水反而多了！过去老年人传下来说，那孔水"天越旱、水越多"，以前我们还不大相信，去年真的见证了，平时只有一小股水，大旱期间却有一管水，真奇怪。

作者：冷水孔，实际上就是山下潜水的出水口，山脚附近是常有的，周围就形成"冷水田"，由于水温太低作物种不好，过去要开沟排水，改造冷水田。现在潜水成为珍贵的水资源，用来做矿泉水。干旱时水反而多的说法我也听说过，但以为是村民的错觉，现在被你们证明了，但讲不出其中的科学道理，以后得向地质专家请教。养蛙池水深有多少？

鲁：幼蛙和成品蛙池水深 10 cm 够了，浅一点不要紧，关键是皮肤要湿，每日要有喷雾，因为它是靠皮肤呼吸的。但这 10 cm 水每天要换新，以保持清洁。苗蛙池（蝌蚪）要深一点，需要 20 cm，因为蝌蚪要在水中游动，这时它是靠鳃呼吸的。

作者：喷灌降温效果好吗？

鲁：好，石蛙第一要皮肤湿润，第二就是要阴凉。我们山区气温比城里要低，像 2012 年舍内只有 28 ℃，但去年不对了，最高达到 37～38 ℃，全靠喷雾降到 31 ℃，只要喷雾了，石蛙就出来活动，可以看出是很舒服的样子。

作者：去年这样的天气如不装喷灌会是什么状况？

鲁：那苗蛙、幼蛙、商品蛙都会死掉。杭州临安有个蛙场，20 多亩场地，上面有个小水库供水，但去年那个水库干了，蛙场就"全军覆没"了。

作者：如果都死掉，经济损失有多大？

鲁：去年如不装喷灌，损失会有 100 多万元。当时有幼蛙 4.8 万只，每只 10 元，就是 48 万元；成品蛙 1 万只，每只 60 元，是 60 万元；还有种蛙 500 对，每对 200 元，又是 10 万元；那时心里是多火烧（着急）啊！

作者：去年 10 月，在"菲特"台风洪灾中损失了多少？

鲁：我们这里是暴雨中心，这个 100 多户人家的小村，"出洪点"就有 18 个，泥石流冲进了我的场，到处是石块，石蛙压死约 60%，经济损失约 80 万元，看到那个悲惨的场景，当时真的急出眼泪了。但死里逃生的那些石蛙，虽然浸在浑水中多日，却没有生病，这是平日用喷灌的效果，抵抗力强了。

作者：现在饭店吃喝的情况少了，这石蛙的销路有困难吗？

鲁：没有。这是因为现在总的产量还不大，养的人不多，当然最主要的是石蛙生活在绝对清洁的环境中，是真正的绿色食品、放心食品，想买的人还不少。

蚯蚓场微喷（实例99～100）

实例99　"蚯蚓场微喷灌效果很好"

小曹娥镇环邦生物有限公司总经理　陈盛国

（2012年12月30日）

我场位于余姚市滨海开发区，现有蚯蚓养殖场20亩，以生物废弃物为饲料，饲养"太平二号"蚯蚓，成品用作动物蛋白饲料、制药原料和垂钓饵料，蚯蚓排泄物是优质有机肥，可用于花卉、果园等，这是最典型的生物环保企业。

蚯蚓喜欢湿润的土壤环境，浇水是蚯蚓养殖的重要工作。我场于2012年年底装上喷水带，实现水带微喷灌。经过一年的实际使用，效果很好：第一是节省浇水劳力，全年省140个工，节约成本2.1万元；第二是增加收入，湿润的土壤环境促使蚯蚓生长快、产量高。目前亩产值达到2.4万元，其中由于喷灌增加25%，即每亩净增收入6 000元，全年增收12万元，我计划2014年把蚯蚓养殖场规模再扩大20亩。

实例100　"如湿度不够蚯蚓会集体逃跑"

陈盛国

（2015年1月14日）

公司负责人简介：陈盛国，浙江象山县人，1963年生，原在政府部门蔬菜办公室搞菜蓝子工程。2010年6月到余姚市北部紧邻杭州湾的小曹娥镇创业，在滨海平原建蚯蚓养殖场20亩，创办了宁波环邦生物有限公司，2012年年底装上水带微喷灌，用于保持土壤湿度，2013年亩增收节本效益7 000余元，全场因喷灌增效14万多元。

由于土地流转，2014年年初放弃原场址，西迁500 m重新建场，面积扩大至45余亩，至去年年底已养殖27亩，占60%。

作者：陈总，你在这远离村庄的地方另起炉灶，又新建场地不容易呵，向你这个创业者致敬！

陈：小曹娥镇政府对我很支持，为我流转土地，又把排涝站的管理房借给我使用，我是很感激的。

作者：蚯蚓生长的适宜土壤湿度应是多少？

陈：湿度要在60%～70%，如土壤湿度不够，蚯蚓就会集体逃跑，当然灌水太多，土壤中空气不够也要逃，所以及时灌水、保持湿度非常重要。并且夏季河水温度太高会把蚯蚓烫死，一定要到半夜12点以后才能浇水，所以更加需要喷灌。

作者：新场喷灌有没有装好？

陈：还没有，迁建新场要用钱的地方很多，资金有点紧张，建喷灌还没顾得上。但

图3-45 陈国盛展示蚯蚓喷灌的成果
（2014年）

喷灌一定要用，去年7月我去买了10圈喷水带加上水泵一共3 000多元，就只灌几畦地，再把带子移动到另几畦地上灌，这样轮过去。

作者：这叫"移动喷灌"，设备投资最省，但劳动力成本就高了，从长远看还是应该装"固定喷灌"。这种水带微喷灌适用吗？

陈：适用的，灌水只湿畦床不湿路，对操作没啥影响，如果用360°旋转的大喷头可不行，把不需湿的路也喷湿了，那地里作业就不方便了。

作者：你去年喷了多少次？

陈：喷了几次已经记不清了，反正7~8月高温期间每天都灌水。

作者：蚯蚓的饲料怎么解决？

陈：畜禽排泄物加秸秆，每天需要10~15吨，一年需畜禽肥600~1 000吨，秸秆3 000~5 000吨。

作者：目前40亩规模一年能产多少蚯蚓？

陈：蚯蚓生长期是2.5~3个月，一年能产4批，年均80吨饲料产1吨蚯蚓，亩产约3 000斤，年总产量12万斤，即60吨。

作者：产值有多少？

陈：活蚯蚓价格为20元/kg，总产值120万元左右，亩产值约3万元。这其中成本约需2/3，净利润为每亩1万元。

作者：蚯蚓产出的肥料产量有多少？

陈：在我的理念中，蚯蚓就是生产肥料的"机器"，100吨饲料可产20吨肥料，全年可转化成优质肥800多吨，每亩20多吨。

作者：肥料的收入有多少？

陈：蚯蚓没有臭气，可用于蔬菜、水果，生产绿色农产品，价格为1 500元/吨，总收入也是120万元左右，每亩也是3万元！

作者：养殖蚯蚓，消纳畜禽业污染，产出药材的同时还产出生态肥料，经济效益和社会效益都很好，这是典型的循环农业，又是典型的生物环保企业，这是朝阳产业，政府肯定会扶持。这其中喷灌设备还是少不了，这种水带微喷灌每亩安装成本不过500元，用上一年所产生的效益就是成本的十几倍，这样好的东西，借了钱也要装好，政府不补助也要安装！

陈：对，我今年一定装好。

第四章　浙江推广喷滴灌技术记事

第一节　领导批示和考察讲话

一、副省长茅临生对经济型喷滴灌批示

（2008 年 5 月 6 日）

副省长茅临生在余姚喷滴灌总结上批示："看了此文，令人心情激动，创业富民、创新强省，发展现代农业，既要有敢想敢干的创新精神，运用先进技术的意识，又要有从实际出发，从农民的实际出发推进工作的扎实作风。余姚市经济型喷滴灌技术应用的经验应予总结推广。请省农业厅、水利厅共同派人调查总结，如确有推广价值，我专程去考察一次，研究如何在面上推广学习他们的做法。有关新闻媒体也可将其介绍给农民朋友。"

图 4-1　茅副省长批示

二、副省长茅临生视察余姚经济型喷滴灌

（2008 年 8 月 7 日）

"余姚走出了一条把先进喷滴灌技术与浙江农业相结合的成功道路，这与当年把马列主义与中国实际结合的道路相类似。"

"经济型喷滴灌是转变浙江省农业增长方式的重要切入点！"

这是茅临生副省长今天对余姚市经济型喷滴灌的评价。

2007 年 11 月 18 — 23 日，茅临生副省长考察了以色列节水农业，对该国发明滴灌技术，缔造沙漠现代农业、创造"欧洲菜篮子"的奇迹留下深刻印象。今天，8 月 7 日，奥运会开幕的前一天，一个很难忘的日子，天空碧蓝、大地葱绿，茅临生副省长冒着酷暑，率办公厅副主任和水利、农业、林业、科技厅长等一行轻车从简，来余姚视察经济型喷滴灌技术。午饭前，茅临省长如约而至，原计划下午的议程提前到午饭以前，郑桂春副市长作了汇报，在回答茅副省长提问时，作者简单介绍了喷滴灌效益："喷灌使鞭笋亩

增产 83 kg，正常售价 7 元 /kg，每亩增收 580 元，干旱季节价格还翻倍，近日销宁波的 14 元，售绍兴的 16 元，每亩增效益 1 200 元。"

宁波市陈炳水副市长介绍："我市每年安排喷滴灌专项资金 1 500 万元，主要应用到农业基地，连片集中、规模大、效益好，从发展现代农业的需要，喷滴灌建设速度会进一步加快。"

水利厅厅长陈川向茅副省长介绍了经济型喷滴灌技术创新的"六化"，即灌区小型化、管道塑料化、泵站移动化、主管河网化、微喷水带化、管带薄壁化，并提出自己的观点："水利是农业的命脉，特色农业需要改变灌溉方式，采用喷滴灌是必然方向，浙江已经发展到了这个阶段。"

下午，茅副省长先后视察了朗霞街道兔场微喷灌、梨园喷灌和临山镇葡萄滴灌。

月飞兔业养殖场微喷灌

茅副省长首先来到朗霞街道月飞兔业养殖场，这里垂柳婆娑，绿树掩映，远看更像是公园。兔场建于 2000 年，年产商品兔 5 万只，存栏 2 万多只，2004 年初安装微喷灌，经 2005 年、2007 年二期扩建，总面积 8 400 m²，投资 15.2 万元，实践效益：高温死亡率降低，从 8% 降到 2%，母兔繁殖率提高，每年多生一胎幼崽，年增效 10 多万元。

茅副省长问："多生一胎有多少效益？"谢月飞回答："我有 3 000 只母兔，以每胎 5 只兔崽计，多生 1.5 万只，每只利润 5 元，就有 7.5 万元。"

图 4-2　茅临生考察月飞兔业养殖场

图 4-3　曹华安向省领导介绍梨园喷灌

作者向茅副省长补充："这个兔场还是节水减排的典型，养殖污水集中后经过沼气生产和生化处理，达到一级排放水标准，用作场内绿化浇灌和饲料草地喷灌水源，实现污水零排放。"

千亩梨园喷灌

朗霞千亩梨园，路沟纵横，全部棚架栽培，整齐划一，犹如受阅方阵，面积 1 030 亩，2004 年 4 月一次性装上喷灌。这次听说茅副省长来了，大户曹华安捧出了喷灌的"梨头王"，一定要让客人品尝。曹华安与茅副省长并肩而坐，打开了话匣子：喷灌的好处第一条是灌水均匀，梨个大，裂果少，质量好，价格高；第二条是省劳力，如施化肥时，先撒肥后喷水，肥料渗入土壤。在梨树前，作者拿出一个塑料喷头向客人介绍：这种喷头由以色列设计，余姚生产，订货价每个 8.6 元，而国外代理商"出口转内销"，销售国内的每个 36 元，这样的厂余姚有多家，以色列、美国、韩国产品，都由"余姚制造"，所以不能迷信外国产品。

江南农庄葡萄滴灌

临山镇有葡萄 1.15 万亩，号称"葡萄王国"，早在 2003 年就开始使用滴灌。其中，江南葡萄庄园，2007 年刚栽种，就搭建大棚，安装滴灌，当年滴水 20 多次，葡萄长势特别好。2008 年已葡萄满枝："维多利亚"晶莹剔透，发出诱人的玫瑰香，"美人指"绿里缀红，吸引众多的眼球……亩产可达 1 500 多斤，创造了奇迹！难怪葡萄庄园主人沈汝峰情不自禁地说"我尝到滴灌甜头了"。茅副省长走进大棚，看着从水带喷出的涓涓雨丝，有了这样的对话：

图 4-4　茅临生考察江南葡萄园

茅问：这技术是哪里来的？

沈答：是水利局奕老师指导的。

茅问：是你们去问的还是他提出来的？

沈答：是奕老师送来的，当时我们根本不知什么是滴灌。

茅问：葡萄一定要用滴灌吗？

作者答："葡萄上部要避雨，根部要灌水，用滴灌是恰到好处。"

茅问："以色列地里还插根东西……"

作者答："那是土壤湿度仪，可以测出土壤含水量，这里正要建设'国际先进农业技术示范园'，设计中也用了这种仪器。"

味香园葡萄大楼座谈会

看完三个园区，各具特色，茅副省长来到新落成的临山镇味香园葡萄大楼，召开座谈会。临山镇副镇长陈轩波、葡萄合作社社长沈汝峰、临山"葡萄状元"干焕宜，从不同角度介绍了葡萄滴灌的效果和推广前景，陈副镇长表示，今后 4 年全镇将新发展滴灌 8 000 亩，一旁的干焕宜满有信心地说："实际不需要 4 年。"

作者介绍了不同灌溉方式对作物的适应性：

喷灌——是给作物"洗淋浴"，能冲洗叶面气孔，有利于作物光合作用，适用于大田作物；

微喷灌——是"毛毛雨"，适用于纤嫩的作物，如花卉、苗圃、菜秧、水稻秧田。

滴灌——是"打吊针"，只湿润根系土壤，不湿地表，是局部灌溉，适宜于小气候要干燥的作物。

茅副省长说："看来光懂水利还不够，还要有农技知识，我在以色列看到是许多农艺专家在指导灌溉。"

这点作者有深刻的体会，灌溉的对象是作物，所以必须了解作物的需水特性。正如学医的，必须先学人体解剖。推广喷灌以来，作者对每种喷灌对象：毛竹、杨梅、梨、桃、板栗、红枫、樱桃都买有 3 ~ 5 本书，农技书籍共有 120 多本。

同来的各位领导相继发言：

农业厅厅长孙景淼："今天大开眼界，现代化是规模、设施、农艺三者结合，这里做到了。"

林业厅厅长楼国华："林业有三项基本技术，开沟、施肥、灌水，7 ~ 9 月灌水对鞭笋效益明显，且对冬笋、春笋都有好处。"

水利厅农水处处长蒋屏："喷滴灌是当今世界先进的节水灌溉技术，是引领传统农业向现代农业深刻变革的重要举措，发达国家微喷灌的比例都在 50% 以上。浙江喷灌发展停止了 15 年，关键是降低造价，余姚为我们提供了一个典型。浙江省有缓坡山地 1 000 余万亩，还有大田经济作物 1 000 多万亩，都是喷滴灌发展的潜力所在。"

办公厅副主任陈龙："余姚的经济型喷滴灌走出了新路子，已经到了大面积推广的时机。"

最后茅副省长讲话：

"刚才听了基层同志发言，很有启发！今天要各厅的一把手都来，就是为了到实地看看、听听。

余姚走出了一条把先进灌溉技术与浙江农业相结合的成功道路，这与当年把马列主义与中国实际结合的道路相类似。我多次讲过，要引进以色列先进的理念，但不是一定要买他们的设备，主要是与先进农艺相结合。

经济型喷滴灌是转变浙江省农业增长方式的重要切入点，是促进农业增效、农民增收的好方法。

浙江'七山一水二分田'，在市场经济条件下提高产品质量、降低劳动力成本特别重要，推广喷滴灌正是恰逢其时。

同时浙江省缺水，喷滴灌既节水又增效，两全其美，是件大好事。

余姚市委、市政府十分重视，水利部门长期从事这项技术的推广，为全省树立了榜样。下步要从思想认识、资金投入、技术创新等方面对这项工作进行总结，进一步扩大使用喷滴灌的种植业和养殖业面积，并在全省加快推广，为推进设施农业、效益农业提供借鉴。

余姚应该拍电视宣传片,主要是给农民看,给农户以启发。全省下一步要抓人才队伍,把农技推广队伍、水利员队伍趁机抓起来,要给农技人员培训水利技术,还要为水利员培训农业技术,两支队伍相互复合,可以到余姚参观、观摩。要有热心人,不光是技术,还有个思想作风建设问题。省里要整合力量,成立领导小组或协调小组,由水利厅牵头。宁波的经验是基地化,基础设施好,栽培技术高,再配套喷滴灌设计,形成合力容易出效益。

最后一点是增加投入,微喷水带才200元/亩,政府可以买一批送给农民。"

（注：系作者记录,未经茅副省长审阅,下同）

三、副省长茅临生在余姚座谈会上的讲话

（2008年12月4日）

今天,茅临生副省长再次亲临余姚,专题考察经济型喷滴灌,上午考察了临山镇赵迪祥猪场微喷灌设施、泗门镇秦伟杰康绿蔬菜喷灌工程。下午在太平洋大酒店主持座谈会,市委书记王永康首先汇报了余姚市加快推广经济型喷滴灌的进展情况,播放了新拍摄的科教片《经济型喷滴灌》,听了与会12位镇干部、大户、生产厂家代表发言后,茅副省长讲话：

"根据省委的部署,把余姚作为实践科学发展观联系点,'转变发展方式',应该选余姚,这是个很好的课题。刚才听了基层同志介绍,很受启发,很有收获,要把经济型喷滴灌技术推到全省去,刚才放的科教片拍得很好,请再充实大户讲话,越到基层越有说服力。推广这项技术对全国意义很大。省电视台可以做一档节目,也像今天一样,把大家请来,让大家讲。

（一）余姚的经验

余姚能做好有这么几条经验：

（1）余姚市委、市政府重视,改善民生,农民有需求,这件事意义大,无论从转变经济增长方式,还是从执政为民讲,都是项典型技术。当然一开始要推广一下,最近我安排了1 000万元,要求每个市都搞出示范,让农民看,农民尝到了甜头后会出钱,政府发挥积极作用。

（2）农业、水利配合好,各搞各的搞不好,镇、村也积极行动。

（3）经济型喷滴灌技术有了重要突破,奕永庆同志起了重要作用,长期坚持的生存下来了,当年红军能到陕北的都是精兵强将。毛泽东思想是马克思主义中国化,经济型喷滴灌是国外喷滴灌技术的中国化、余姚化。一是靠有人热情试验、研究,二是有这个良好的环境,个人的作用就发挥出来了。

（4）配套服务搞得好,从规划设计、选设备选型号,到施工安装都提供指导服务。

（二）当前发展已具备条件

现代农业发展到了这个阶段,劳动力价格高,提高生产效率、节省劳动力也需要用

喷滴灌。

（1）喷滴灌是标准化、可控制、精准灌水，水是主原料，肥料仅是添加剂，喷滴灌及时提供水的原料，产量就高，水供应得好，农业发展上来了！

（2）由于劳动力成本提高，农民对机械化和设施化的要求越来越迫切，这点对浙江省发展现代化农业特别重要。

（3）浙江省经济发达、资本雄厚，有实力发展现代化农业。

（4）减灾，旱灾、冻灾、热灾通过调控环境都可解决。

可以说有了这些客观条件，再加上农民有需求，经济型喷滴灌已经到了新的发展阶段。

（三）围绕结合点抓喷滴灌推广

余姚实践证明，经济型喷滴灌是效益农业的新设施，是促进农业发展方式转变的切入点。

（1）按实践科学发展观推动这项工作。我们农业上抓科技创新、集约型、循环经济，节约原材料消耗，落实到行动上，就要抓好这件事。

（2）要与贯彻'三中全会'精神结合起来。

（3）要与全面落实科学发展观和执政为民的要求相结合。

（4）要放到拉动内需的角度，政府花钱，企业和农民挣钱，'手心转到手背'。

（陈川厅长插话：每亩投资600元，450元是买材料，还有150元化为农民的收入）。

（5）对技术管理和服务的要求，技术要简化，变成"傻瓜"技术，让农民一看就明白，能够学。在管理上对主要材料要保证质量、定点供应。政府在服务上可以设个咨询电话，农民打个电话就能得到指导。

同时要培养人才，每个县都要有技术骨干，没有人才不行。还可以请电视台来做一档生动活泼的节目，讲课，开会，直播，并组织到余姚培训。

今天收获很大，余姚组织了很好的座谈会。希望余姚能支持在全省推广，创新推广工作机制，使'余姚之花'开满浙江，开遍全国，走出一条具有浙江特色的农业现代化发展之路！"

四、宁波市副市长陈炳水在全市水利工作会议上的讲话

（节选）

（2009 年 11 月 11 日）

喷微灌工作主要是加快全面推广，做好服务现代农业的文章。105 个农业产业基地，20 个农业示范区，从大棚到大田各种新技术要整合，都可以搞喷微灌。要转变观念，创新思路，整体推进，搞现代农田水利示范镇建设。

同时要做好建管并重的文章，充分发挥工程的正常效益。工作中要有争先创优的意识，要有新的亮点。余姚推广喷滴灌力度大，投资少，见效快，已在千家万户推广。刚才畜

牧场的主人介绍，开始不想搞，一用才知道好，职工提出要搞，说明示范工作的重要性。政府部门要加大服务，水利牵头，农业配合。余姚市政府拿出 2 000 万元，补助 40%，我们补 35%，希望各县出台相应政策，使农民得实惠。

五、省委宣传部长茅临生对出版《经济型喷滴灌技术 100 问》批示并作序

茅临生同志批示

（2010 年 8 月 31 日）

2010 年 8 月 31 日，时已调任浙江省委常委、宣传部部长的茅临生对笔者新作《经济型喷滴灌技术 100 问》出版作出批示：

"浙江省农业面临劳动力成本高、水资源时空分布不均衡、农产品转型升级品质提升的问题。推广喷滴灌是有效解决上述问题的重要切入点。目前，国际引进是一条路子，能拓宽我们视野，但如何降低成本，让农民群众很快掌握，余姚在多年实践中已走出一条成功路子，并已在全省开始推广。奕永庆同志在丰富的实践经验基础上编写的《经济型喷滴灌技术 100 问》，是站在农民角度想问题，能引导和辅导农民使用经济型喷滴灌的好教材，必将起到加快推广喷滴灌的作用。请省出版集团及科技出版社给予关注。请水利厅、农业厅对该书出版和推广工作给予支持，让更多农民和基层农技人员知道和用好这本书。另外，建议将一批能够咨询解答农民问题的水利农技专家的姓名、电话号码印在书内，便于农民阅读时咨询。"

茅临生同志作序

（2011 年 9 月）

茅临生同志为《经济型喷滴灌技术 100 问》一书作序（节选）：

"余姚市在多年实践中已走出一条成功的路子：通过技术创新，使喷灌设备及其安装成本大幅度降低，并大面积应用于经济作物栽培和畜禽养殖中，帮助农民取得了显著的经济效益。同时在节水减污方面也产生了巨大的社会效益。近几年'余姚经验'已在全省逐步推广。"

"奕永庆同志在丰富的实践经验基础上编写的《经济型喷滴灌技术 100 问》一书，站在农民角度想问题，从农民需要出发，用通俗的文字诠释复杂的喷滴灌技术，用朴素的语言介绍丰硕的喷滴灌效益，深入浅出又不乏形象生动，是引导和辅导农民使用经济型喷滴灌的好教材，本书的出版必将起到加快推广喷滴灌技术的作用。希望有关部门对本项先进技术的推广应用给予支持，让更多农民、基层农技人员和农村干部了解并用好这本书，为农业生产的转型升级做出贡献。"

六、副省长黄旭明对经济型喷滴灌作出批示

2013年8月19日，正值浙江遭受50年一遇干旱期间，由中共浙江省委办公厅编辑的《浙江信息》登载了宁波市委办提供的信息："余姚市自主研发的喷滴灌技术抗旱节水显成效。该市自主研发的经济型喷滴灌技术被评为省水利科技创新一等奖并在全省推广，累计应用面积281万亩，产生经济效益22.3亿元。一是降低应用成本。坚持创造学理念、技术经济学理论和优化设计方法与喷滴灌设计相结合，节省工程造价成本50%以上。二是拓展应用领域。将该技术广泛应用于竹笋、杨梅、红枫、猕猴桃等30余种高效经济作物的种植，重点探索该技术在水稻育秧领域的应用，并推广至猪、鸡、鸭、兔、石蛙等养殖过程中的降温、防疫、增氧作业。三是加快形成应用体系。该技术现已形成完整的技术理论和技术应用体系，获得4项国家发明专利，发表技术论文6篇。"

同年8月22日，副省长黄旭明在这条信息上批示：

"如果质量和价格差不多，似应优先推介应用。请水利厅、农业厅有关负责同志阅酌。"

七、副省长黄旭明再次对余姚喷滴灌批示

2014年5月7日，黄旭明副省长在余姚考察了平原蔬菜和山区果园喷滴灌，赞叹："没想到余姚的设施农业搞得这么好！"

同年5月17日，黄旭明副省长在余姚市经济型喷滴灌汇报材料上批示：

"节水是最终解决水资源紧缺的根本办法，意义无比重大。奕永庆同志这些办法易学、实用、见效显著。请水利厅和农业厅研究推广的目标和办法。"

图4-5　副省长黄旭明考察喷灌工程
（2014年）

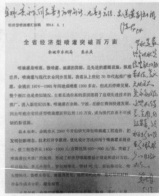

图4-6　副省长黄旭明批示
（2014年）

第二节　政府文件

一、余姚市人民政府常务会议记要（2008 年 8 月 26 日）

会议审议并原则通过了余姚市水利局提交的《余姚市 2008—2011 年经济型喷滴灌发展计划》。会议认为，经济型喷滴灌技术是促进农业增效、农民增收的有效举措，也是发展节水节能绿色农业、减少农业面源污染的重要手段。余姚市自 2000 年开始研究经济型喷滴灌技术以来，有效突破了成本瓶颈制约，成功地将该技术推广应用到山区和平原的多种农业作物和禽畜养殖场，取得了显著的经济效益和社会效益，受到了浙江省、宁波市领导的充分肯定和农民群众的普遍欢迎。目前，余姚市已成为我国南方喷滴灌面积最大、效益最好的县（市）之一。为进一步提高经济型喷滴灌技术的推广应用水平，使更多的农户受益，制订出台该计划很有必要。会议要求，要进一步加大农业基础投入，加强农业生产基地建设，加快农村土地承包权有序流转和土地集中经营，为经济型喷滴灌技术的推广应用创造有利条件。

图 4-7　《余姚日报》报道

二、浙江省水利厅文件

关于印发《浙江省喷微灌技术示范和推广工作指导意见》的通知

各市、县（市、区）水利（水电、水务）局：

根据省领导有关推广经济型喷微灌的指示精神，为促进浙江省高效生态现代农业发展，浙江省将启动实施"百万亩喷微灌工程"。现将《浙江省喷微灌技术示范和推广工作指导意见》印发给你们，请各地因地制宜，认真贯彻落实。

二○○八年十二月十八日

附件：　浙江省喷微灌技术示范和推广工作指导意见

（一）指导思想

把喷微灌技术推广应用作为推进高效生态农业发展、提升现代农业水平的重要措施，作为贯彻强农惠农政策，实现农业增效、农民增收的实事工程，作为水利服务"三农"、实践科学发展观的具体行动。统筹规划、积极探索，建立以政府安排补助为引导、以经济实用为准则、以示范宣传为纽带、以农民增收为动力的推广应用机制。

（二）推广目标

一县一示范：用1～2年时间，每个县（市、区）建立不少于一个喷微灌示范区。

推广应用百万亩：用3～4年时间，扩大辐射到效益农业重点乡镇，形成100万亩喷微灌技术应用面积。

2020年上台阶：到2020年全省喷微灌技术应用面积占适宜发展面积的50%，设施农业的喷微灌技术装备基本达到中等发达国家水平。

（三）经济型喷微灌示范区的政策措施与技术措施

今冬明春全省范围建设经济型喷微灌示范面积5万亩，要求每个市有示范区。示范区宜具备以下条件：①有较为便利的灌溉水源，有一定规模的土地经营方式；②农户有积极性，乡镇村干部有认识，农村公益设施的管护有制度；③种植的经济作物在当地有代表性，应用喷微灌技术有较好的预期效益，对周边能起到示范辐射作用。

对示范区喷微灌工程的管材、水泵等器材，省财政酌情给予补助，地方财政应相应配套扶持。

按照"经济型"要求，宜采取如下措施降低建设成本：①小单元轮灌，轮灌区不大于10亩；②干、支主管道变径设计、地埋固定，管带及水泵机组移动；③管材、配件、水泵等器材主选质量有保证的国内产品；④简化项目实施程序，减少工程建设间接费。

（四）示范推广要求

（1）加强调研。把应用喷微灌技术纳入水利工作重要议事日程。要深入农村调研，进一步提高水利服务意识。通过喷微灌技术示范应用的实践，结合当地实际研究提出推广喷微灌技术的政策措施，当好政府参谋。

（2）加强部门合作。要主动与农、林部门衔接，综合当地自然条件、水资源状况、经济作物布局等因素，统筹规划，优化设计，因地制宜确定喷微灌技术模式。

（3）加强管理，及时总结经验。要会同农、林部门及示范项目所在乡镇，制订示范推广工作方案。要加强技术业务指导，组织农业经济合作组织成员、农业种植专业户进行现场示范培训。要认真听取农户反馈的意见与建议，及时掌握建设、应用、推广各个环节的动态情况，注意总结示范经验，扩大示范效果。

（4）注重宣传，普及喷微灌知识。要充分利用当地广播、电视等媒体，结合农业生产周期在作物灌溉季节加强对喷微灌技术的宣传介绍，扩大农村农户对喷微灌技术的了解。

三、浙江省人民政府办公厅文件

浙政办发〔2009〕114 号（2009 年 9 月 23 日）

浙江省人民政府办公厅关于大力发展设施农业的意见

为了进一步提高农业设施装备水平，促进农业发展方式转型升级和农民增收，经省政府同意，现就大力发展设施农业提出以下意见。

浙江省人民政府办公厅文件

浙政办发〔2009〕114 号

浙江省人民政府办公厅
关于大力发展设施农业的意见

为了进一步提高农业设施装备水平，促进农业发展方式转型升级和农民增收，经省政府同意，现就大力发展设施农业提出以下意见：

一、充分认识发展设施农业的重要性

设施农业是现代农业的重要标志，是按照动植物生长所要求的环境，综合运用现代装备技术、生物技术和环境技术，进行动植物生产的现代农业生产方式。发展设施农业，有利于破解土地、季节、水源等障碍因素，充分利用光温土等自然资源，有效提高土地产出率，丰富农产品供应；有利于推进农业标准化、机械化生产和产业化经营，实现节本增效，促进农业发展方式转型升级；有利于

— 1 —

图 4-8　省政府文件

（一）充分认识发展设施农业的重要性

设施农业是现代农业的重要标志，是按照动植物生长所要求的环境，综合运用现代装备技术、生物技术和环境技术，进行动植物生产的现代农业生产方式。发展设施农业，有利于破解土地、季节、水源等障碍因素，充分利用光、温、土等自然资源，有效提高土地产出率，丰富农产品供应；有利于推进农业标准化、机械化生产和产业化经营，实现节本增效，促进农业发展方式转型升级；有利于拓宽农业投资渠道，带动大棚、喷滴灌设施等相关产业发展，扩大农村内需。各地、各有关部门要充分认识发展设施农业的重要性，抓住有利时机，切实把发展设施农业作为建设现代农业的重要抓手和扩内需、保增长的重要措施来抓实抓好。

（二）发展设施农业的总体要求和基本原则

（1）总体要求。以科学发展观为指导，紧紧围绕农民增收、农业发展方式转型升级的目标，坚持市场主导、农民主体与政府引导相结合，以农业主导产业为重点，因地制宜，科学规划，按照实际实用实效、设施与农艺相配套的要求，推进设施种养技术创新，完善配套技术，强化农艺控制，增强农民使用设施能力，提高农业综合生产能力。到 2012 年，力争全省发展设施大棚，棚架栽培面积达到 200 万亩；山地竹林设施栽培面积达到 70 万亩；喷微灌技术应用面积达到 200 万亩；设施规模养殖比例达到 85% 以上，其中规模化畜禽养殖场内部饲养环节使用设施的比重达到 90% 以上；水产设施养殖面积达到 45 万亩；建成 100 个左右先进农业技术实验园，农业设施装备水平明显提高。

（2）基本原则。一是坚持市场主导、政府引导原则，以市场需求为导向，优化设施和农业品种结构，政府在设施农业的公共部分和关键环节给予必要支持。二是坚持科学规划、挖掘潜力原则，结合主导产业发展规划、农机化发展规划，尽量避免与粮争地，拓展设施农业发展空间。三是坚持经济实用、效益优先原则，推广应用先进适用、易于操作、成本较低的设施，扩大设施农业技术的应用面。四是坚持农艺设施协调发展原则，

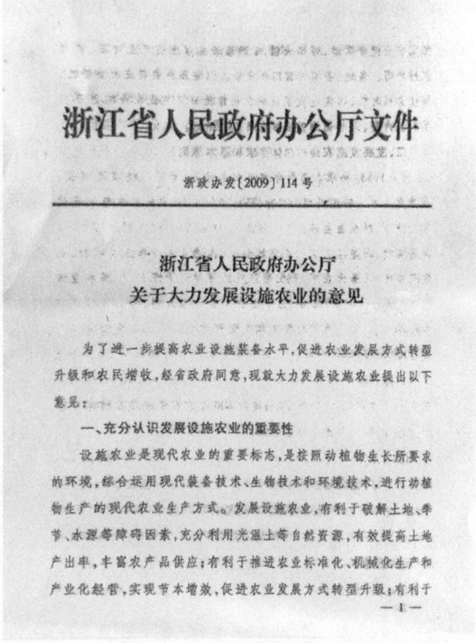

推进工程技术与生物技术相结合，发挥综合效益。

（三）发展设施农业的重点

根据气候、资源、市场需求、产业基础和经济条件，浙江省发展设施农业总体上以农业主导产业为重点。

（1）蔬菜。重点发展钢架大棚、新型覆盖材料、喷微灌设施、诱（杀）虫装置、山地微蓄微灌系统、肥水同灌设施以及工厂化育苗、机械化耕作移栽等配套设施装备与高效种植技术设施。

（2）茶叶。重点发展茶园耕作、施肥、修剪、采茶、加工等机械装备与技术，以及喷微灌设施、防霜设施、害虫诱杀灯、供水系统等。

（3）果品。重点发展钢架大棚、避雨棚架、喷微灌设施、果园耕作设备、害虫诱杀灯、防虫网等，以及采后商品化分级设备、储运保鲜设施设备。

（4）畜牧。重点发展适度规模养殖场（小区），建设标准化畜禽舍，配套供料、供水、供电、防疫设施以及控温、挤奶、孵化等自动化设施，排泄物处理以及农牧结合灌网等设施。

（5）水产养殖。重点发展大棚、温室及其附属设施、池塘环境友好养殖配套设施、工厂化养殖水净化处理系统、自动化测控体系和配套养殖技术，深水网箱及其配套设施。

（6）竹笋。重点发展蓄水池、输（送）水管道、喷微灌设施、小型机泵站、病虫害防治装备和新型竹林覆盖材料等。

（7）花卉苗木。重点发展智能温室、钢架大棚、基质与容器栽培、工厂化育苗、喷微灌、控温控湿、供水系统、冷藏保鲜、花卉环保种植等设施装备与技术，耕整、播种、植保、起苗、收获等作业机械。

（8）蚕桑。重点发展桑园耕作、桑枝修剪、供排水（喷微灌）、害虫诱杀灯、病虫防治，桑叶采摘、运输、消毒、切碎，蚕种催青、保护、处理，养蚕大棚、消毒、温湿度控制、鲜茧烘干、蚕茧初加工、桑果冷藏保鲜加工等机械设施与技术。

（9）食用菌。重点发展机械化菌包（或培养料）生产线、菇棚、高压灭菌锅炉、高效节能灭菌设备、粉碎机、拌料（翻堆）、装袋机械、冷库、控温控湿、初加工烘干设施设备等。

（10）中药材。重点发展大棚设施、喷微灌设施、供水系统等设备与技术，耕整、播种、植保、收获等作业机械，以及清洗、烘干、切片等初加工机械与技术。

（四）工作措施（略）

四、浙江省推广喷微灌技术的实践与思考

浙江省水利厅　蒋屏

（2010 年 11 月 25 日）

科技发展日新月异，农业生产水平跨越提升，已可以实现无土栽培，然而不能无水栽培，足见水是万物之源，值得珍惜。浙江是南方多雨省份，降水充沛，空气湿润，为何也要推广喷微灌？花钱搞节水灌溉，节下的水白白流入河、汇入海，岂非劳民伤财？这些疑虑影响不少人士的思维乃至决策，以至于节水灌溉事业举步艰难。在浙江，降水不均，需要喷微灌"及时灌水"；低丘缓坡，需要喷微灌"人工降水"；开源太难，需要喷微灌"节约灌水"；劳力太贵，需要喷微灌"节本灌水"；高效生态，需要喷微灌"精准灌水"。经过两代水利人的不懈努力，随着形势发展，喷微灌技术推广应用展现出了新局面。

（一）推广喷微灌技术的历程及效果

浙江省应用喷微灌技术起步较早，到目前大致经历了三个阶段：20 世纪 70 年代中期至 80 年代中期是试点试验、局部应用阶段。1975 年，浙江省引进了喷微灌技术，制定了发展规划，着手开展试验、示范与推广。较为典型的工程实例有余姚茶场固定喷灌、海宁桑园喷灌、西湖龙井茶园喷灌、黄岩柑橘喷灌、温州自动控制蔬菜喷微灌等。20 世纪 80 年代中后期至 90 年代末是发展缓慢阶段。由于喷微灌工程一次性投入较大，农村经济和农民收入相对落后，政府缺乏扶持政策，加之实行家庭联产承包后形成分散小规模的种植模式，双重原因影响了喷微灌技术的应用推广。2000 年以来为加快发展阶段。随着浙江省高效生态农业的快速推进，土地流转机制不断完善，农村种植大户、农业股份公司、个体农庄以及农业生产专业合作组织等相继涌现，规模化、集约化、产业化的农业经营模式为喷微灌技术的应用创造了条件。各地水利部门也积极探索推广应用的有效途径，尤其是余姚经验为全省创造了示范典型。

余姚市水利部门围绕"廉价、实用"的目标，从工程各个环节寻求降低造价的措施，形成了经济型喷微灌技术模式，使喷微灌工程造价从 1 200 ~ 1 600 元 / 亩降低到600 ~ 800 元 / 亩。其措施概括为"六化"：①单元小型化，喷微灌工程控制灌溉面积100 亩左右，每组轮灌不超过 10 亩，减小输水管管径。②泵站移动化，移动喷灌机组代替固定泵站，节约首部工程投资。③管道塑料化，余姚市塑料工业发达，占工程造价50％的管道采用聚乙烯材料。④干管河网化，在平原河网地区，以纵横交错河道作为喷微工程"主管网"，减少管道长度。⑤微喷水带化，用喷水带代替喷头，虽然性能和使用寿命不是很理想，但一次性投入大幅度减少。⑥管带薄壁化，合理减小管壁厚度，降低单位管材价格。通过以上技术措施，在财政补助政策引导下，迅速发展了一大批经济型喷微灌设施，把生态农业、节水农业、效益农业有效结合在一起，使当地农民群众得

到了实惠。目前，这项技术已应用到该市山区的竹笋、杨梅、板栗和平原的蜜梨、蔬菜、葡萄等作物，还推广到鸡、鸭、兔、猪等畜禽养殖场的降温与防疫。

2009～2010年，浙江省以"政府补得起、农民有效益"为出发点，借鉴余姚经验，按以下原则确定了一批示范区：

（1）有较为便利的灌溉水源，有一定规模的土地经营方式；

（2）农户有积极性，乡镇村干部有认识，农村公益设施的管护有制度；

（3）种植的经济作物在当地有代表性，应用喷微灌技术有较好的预期效益，对周边能起到示范辐射作用。

两年共选择了228个示范项目，分布在60个县，涵盖浙江省有代表性的蔬菜、水果、花卉、苗木等十多种经济作物。项目定位于"经济适用型"，采取降低建设成本的措施如下：

（1）小单元轮灌，轮灌区不大于10亩；

（2）干、支管道变径设计，地埋固定，管带及水泵机组移动；

（3）管材、配件、水泵等器材主选质量有保证的国内产品；

（4）简化实施程序，减少工程间接费。

这批项目实现当年建设、当年发挥效益，很受农民欢迎。投资效益分析：平均亩投入715元，省财政补助200元，年运行费以及易耗材料费210元，年增效益600元，动态投资回收年限2年。效益体现在以下几个方面：①瓜果、蔬菜可增产30%以上；②葡萄、蜜梨、木耳、茶叶等作物品质改善，销售价格提高15%以上；③节省劳力、用肥、施药等农业成本亩均200元左右；④相比渠道输水灌溉节地2%；⑤投资构成中78%为管材设备，产业拉动作用明显。

（二）新时期推广喷微灌技术的实践

分析浙江省农业生产现状，喷微灌技术应用前景广阔。浙江省低丘缓坡有果园、茶园、桑园面积1 000余万亩，难以实行常规的地面灌溉，具备灌溉条件的仅15%，绝大部分经济园地靠天收成，产量和品质低而不稳。随着种植结构的调整，浙江省大田蔬菜、瓜果、花卉、苗木等经济作物种植面积达到1 000多万亩，设施大棚栽培面积100多万亩，高产出的效益农业需要精细的灌溉技术相配套，是应用喷微灌技术最好的平台，但是目前应用面积仅5%左右。浙江省约250座水库转向城乡供水，饮用水源的保护一定程度上制约了库区经济的发展，应用喷微灌技术既能帮助库区农民增收，又能遏制农业面源污染，但目前应用寥寥无几。概括而言，浙江省1 000万亩低丘经济园地，1 000万亩大田经济作物，100万亩设施栽培，250处水库库区将是喷微灌发展的潜力。

为科学规范地推进浙江省喷微灌技术应用，近两年来，浙江省水利业务部门致力于规划、技术研究、培训、宣传等实践活动，取得了一定成效。

（1）研究制定喷微灌发展规划。编制了《浙江省百万亩喷微灌工程规划》。明确实施目标为：用1～2年时间，在每个县（市、区）建立至少一个喷微灌示范工程；到2015年，扩大辐射效益到农业重点乡镇，全省规划项目约3 500个，新增喷微灌面积108.82万亩，其中喷灌面积55.24万亩，微喷灌面积18.02万亩，滴灌面积35.56万亩，总投资14亿元。争取到2020年全省喷微灌技术应用面积占适宜发展面积的50%。

（2）研究不同作物喷微灌发展模式。综合作物品种、栽培模式、地形条件以及经济效益等因素，选取目前省内种植较为普遍或经济效益较好或极具区域特色的高档果蔬、花卉、果树、苗木、经济林木、药材等作物为典型，结合10个经济型喷微灌设计实例，编印《浙江省经济型喷微灌典型设计汇编》，以规范各地喷微灌工程项目建设，提高项目的科学性和经济性。

（3）组织开展技术业务培训。2009年3—5月举办了六期全省水利人员喷微灌技术培训班，参加培训的学员934人。同年11月，中国灌溉排水发展中心支持并资助浙江省举办全省农村水利技术业务培训班，聘请资深专家教授对各县（市、区）从事喷微灌工程管理、设计、施工的技术人员集中授课。仅1年中累计1 279人次参加了喷微灌技术培训，各地也因地制宜结合示范项目对农户开展技术辅导。

（4）扩大节水技术宣传和普及。制作了《喷微灌——现代节水农业的先进技术》宣传片，发放到各地水利局，由各地水利局发送给各乡镇，组织农户收看，并充分利用当地广播、电视等媒体，根据农业生产周期在作物灌溉季节大力宣传介绍喷微灌技术，扩大农户对喷微灌技术的了解。水利学校师生在暑假期间，组织"珍爱生命之水·构建生态和谐"节水灌溉科普知识宣传实践团，奔赴浙江省丽水、金华、衢州、临安等地开展节水灌溉科普知识宣传活动，发放宣传单10 000余份。

（三）深入推广应用喷微灌技术的思考

纵观国内外灌溉农业的发展，喷微灌技术是引领传统农业向现代农业深刻变革的重要举措。为了把喷微灌技术推广应用作为推进高效生态农业发展、提升现代农业水平的重要措施，作为水利服务"三农"、实践科学发展观的具体行动，需要从以下几方面努力：

（1）统一认识，制定扶持政策。喷微灌技术的应用具有显著的经济效益、社会效益和生态效益，对提升现代农业水平意义重大，应纳入政府惠农强农的议事日程，作为农业增效、农民增收的实事工程来抓。由于农户还缺乏主动性，自主投资的能力仍十分有限，需要政府的扶持和引导，整合财政支农资金，建立以政府安排补助为引导、以科学规划为依据、以宣传和培训为纽带、以农民增收为动力的推广应用机制。

（2）研究发展规划，优化工程设计。根据各地自然经济条件和农业产业布局，结合高效生态农业趋势，明确喷微灌发展方向和目标，制定发展规划和政策措施。按照"经济、实用"的原则，借鉴各地经验，因地制宜地优化工程技术方案，建立不同作物类别、不同地形地貌条件、不同水资源状况的喷微灌发展模式。

（3）强化科技先导作用，增强节水农业发展后劲。充分利用灌溉试验站网平台，开展栽培、品种、灌溉、施肥等技术的跨学科联合研究，根据喷微灌少灌、勤灌的特点，发挥各种因素的耦合效应，创新农艺技术模式，形成科学高效的农业生产技术，并将研究成果通过宣传、培训和基层服务组织的有效手段加以推广。

（4）加强节水灌溉产品认证，建立责任推广制度。为保障喷滴工程建设质量，按照水利部《加强农业节水灌溉产品和农村供水产品认证工作的通知》的要求，加快喷微灌设备、管材等产品的认证工作，杜绝质次、伪劣产品进入喷微灌工程建设市场，切实维护农民群众利益。重视对农户的技术指导与培训，避免建设与使用的脱节。鉴于喷微灌与传统灌水方式差别较大，要充分发挥基层水利推广体系作用，实行责任考核制度，让农户真正理解并准确掌握喷微灌操作要领。各级财政应当安排必要的宣传培训经费，使喷微灌技术的推广取得应有成效。

（5）加强各部门合作，推动喷微灌技术的应用。喷微灌技术的推广，从产品研制开发、作物灌溉试验研究、工程规划设计，到经济作物、畜牧养殖、城市园林等领域的应用，涉及农业、林业、水利、科研以及生产企业等有关部门，需要建立有效的工作协调机制，充分发挥各部门的作用。应当在政府统一领导下，明确水利牵头、相关部门各司其责，合力开展如下工作：①围绕总体目标，尽早研究制定扶持政策和总体规划；②及时组织产品研制开发，提升喷微灌产品的制造能力，减少对进口产品的依赖；③加强跨学科的试验研究，创新农业生产技术；④组织开展喷微灌技术的宣传与培训，尽快转化为生产力。

五、关于浙江发展节水灌溉的思考与建议

浙江省水利厅厅长　陈川
（2014 年 8 月 26 日）

省长李强批示：这个报告内容丰富，针对性强，很有意义。浙江省水资源并不十分丰沛，特别是时空分布很不均匀，各地各部门都要牢固树立节水意识，珍惜资源，节约用水。对农林业来说，发展节水灌溉是大势所趋，更是浙江所需。各涉农部门要高度重视，协调配合，整合资源，全力推动。要充分利用喷微灌、暗管等节水技术，做到精准灌溉、节水用水，打造具有浙江特色的节水农业、节水林业。请旭明同志近期召集有关部门作一次专题研究，可适时在全省作部署。（此件可送农业、林业、国土、科技、发改、财政等部门参阅）

李强省长：

习近平总书记提出"节水优先、空间均衡、系统治理、两手发力"等重要论述，赋予了新时期治水的新内涵、

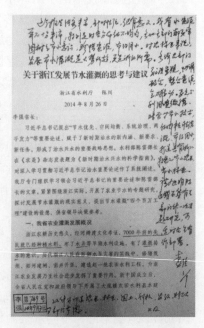

图 4-9　李强省长批示（2014 年）

新要求、新任务，形成了治水兴水的重要战略思想。水利部陈雷部长在《求是》杂志发表题为《新时期治水兴水的科学指南》，对深入学习贯彻习近平总书记的重要论述和陈雷部长的文件，紧紧围绕浙江实际，开展了农业节水的专题研究，探讨发展节水灌溉的现实意义，提出节水灌溉"四个百万工程"建设的设想，供省领导决策参考。

（一）浙江省农业灌溉发展概况

浙江农耕历史悠久，经河姆渡文化考证，7 000 年前的先民就已种植水稻，有了水井等早期水利设施，有了灌溉排水的意识。历代浙江人民在防御水旱灾害的实践中，修塘筑坝、拓河建闸、凿井开渠，建造起一批农田水利工程，为浙江农业发展乃至社会进步发挥了重要作用。新中国成立后，全省人民在党和政府领导下开展了大规模农田水利基本建设，遍布乡村田野 20 多万处的农田水利工程，形成了防洪、除涝、灌溉、降渍的工程体系，为浙江农业跨"纲要"超"吨粮"实现粮食稳产高产及经济社会发展提供了基础保障。

从"水"的角度概括农业发展进程，经历了雨养农业到灌溉农业，又进入到节水农业。据 2012 年统计反映，浙江省有效灌溉面积 2 140 万亩，占全省 2 980 万亩耕地的 72%，领先于全国有效灌溉面积为耕地面积 50% 的水平。全省建成控制灌溉面积 30 万亩以上的金衢乌引、台州长谭、萧山钱塘江等大型灌区 11 处；建成 1 万 ~ 30 万亩的瑞安瑞平、海宁上塘河、东阳横锦、婺城金兰等中型灌区 194 个；再有 3.45 万个小型灌区大都属农村集体经济组织管理。进入 21 世纪，浙江省积极开展以灌区节水配套改造为重点的"千万亩十亿方节水工程"，防渗衬砌渠道 8.8 万 km，占灌溉渠道总长 14.7 万 km 的 60%，农田灌溉水有效利用系数达到 0.57，高于全国 0.52 的现状水平。至 2012 年全省节水灌溉工程受益面积为 1 627.3 万亩，占有效灌溉面积的 76%，节水灌溉工程以灌区渠道节水改造为主，称之为高效节水灌溉的喷灌、微灌、管灌比重偏低，分别为 76.3 万亩、56.8 万亩、111.2 万亩，三项合计高效节水灌溉面积 244.3 万亩，仅占节水灌溉工程面积的 15%，为有效灌溉面积的 11.4%。

浙江有"江南水乡"美誉，但面临的水资源形势不容乐观，降水时空分布不均和区域性水资源短缺问题比较突出，尚未根本性摆脱平原污染型缺水、山区工程型缺水、海岛资源型缺水的困境。农业灌溉是用水大户，20 世纪 80 年代，浙江省灌溉用水量曾达到 150 亿 m^3 的高峰，为用水总量的 70% ~ 80%，随着第一产业增加值占 GDP 的比重下降，农田用水量逐年减少，2012 年农田灌溉用水量降到 75.8 亿 m^3，为用水总量 222.3 亿 m^3 的 34%，用水结构大体上处于世界中等收入国家水平，但农田灌溉用水量仍居工业、农业、生活各类用水的首位。农业又是受气候直接影响的产业，"水多不得、少不得，风调雨顺很难得"，更加需要加强农田水利建议，推广高效节水灌溉技术，提高土地产出率和水资源利用率，缓解浙江省人口、耕地比例失调和水资源时空不均的矛盾，适应人口规模的粮食产出及农产品供给。

（二）浙江省发展节水灌溉的现实意义

1. 喷微灌技术是促进农村经济发展的生产力

现代农业积极推进，而农业增加值低迷徘徊。2013 年全省农、林业总产值分别为 1 328.6 亿元、147.4 亿元，分别增长 0.1%、5%。增长点在哪里为各级地方政府所困惑。科技是第一生产力，发展喷微灌是农业增产增效的着力点。余姚应用喷微灌的实践反映，每亩年净增效益为蔬菜 2 000 元、葡萄 2 400 元、草莓 5 000 元、茶叶 1 800 ～ 3 000 元、杨梅 1 000 元。省水利河口研究院历时三年做了较为系统的喷微灌对比试验：蔬菜类相比沟灌增产 20%，相比不施灌增产 60%，瓜类分别增产 25%、70%，水果类分别增产 30%、50%……干旱年份效益更加显著。2012 年全省喷微灌面积 133 万亩，占耕地与园地面积之和的 3.4%，按亩均效益 2 000 元计，年增加农、林业产值 26 亿元。2013 年新增 32 万亩喷微灌面积，增加农、林业产值 6.4 亿元，为全省年度新增农、林业产值贡献率的 70%。但浙江省喷微灌推广规模不如其他许多省份，2012 年全国节水灌溉发展统计中喷微灌面积明显高于浙江的有新疆、黑龙江、内蒙古、吉林、辽宁、河北、山东等省区，见图 4-10。

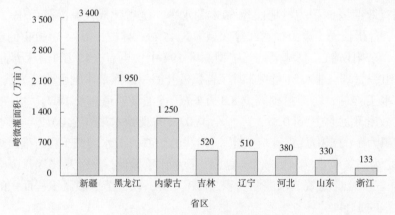

图 4-10　全国喷微灌发展面积

发达国家喷微灌应用大都超过灌溉面积的 50%，其中德国、英国、法国、芬兰、奥地利、匈牙利、以色利、立陶宛、捷克等十多个国家达到 90% 以上。对比喷微灌技术应用水平及单位面积产量效益浙江省也较悬殊，见表 4-1。

表 4-1　欧美发达国家和浙江省喷微灌技术应用规模及单位面积产量

国家（省）	应用规模	番茄	青椒	葡萄
欧美发达国家	喷微灌大都超过灌溉面积的 50%	温室 13 ～ 20；大田 4 ～ 5	2.7 ～ 3	3
浙江省	喷微灌为耕、园地的 4.2%，灌溉面积的 7.5%	2 ～ 4	2	1.5 ～ 2

以上图表反映了浙江省喷微灌发展规模和应用水平的明显差距，也反衬了农业增产增效蕴藏着很大潜力，潜力主要来自喷灌技术应用。

2. 节水灌溉是缓解高温干旱用水矛盾的主要措施

浙江省作物主要生长期正值晴热高温，此时期又是各行各业用水高峰期，旱情持续往往导致用水上的弃农、保工、保生活。如2003～2004年暑期干旱，永康杨溪水库灌区灌溉水量由往年的2 800万 m^3 压减到1 300万 m^3，减产粮食612万 kg；舟山放弃农业灌溉以每亩300元补偿。有诸多事例印证，在用水结构中农业占比下降是经济社会发展的客观规律。全省221座有灌溉功能的水库转向城镇供水，压缩灌溉水量13亿 m^3/a。2003年浙江供水总量206亿 m^3，其中农田灌溉99亿 m^3，2012年供水总量222.3亿 m^3，农田灌溉75.8亿 m^3，10年间供水总量增加16余亿 m^3，而灌溉水量减少约23亿 m^3，同时段，新建大中型水库33座，增强了调蓄能力，几乎全为的是防洪水保供水，无一为解决灌溉问题兴建。20世纪90年代中期，浙江省委、省政府突出抓粮食生产，全省粮食产量300亿斤，灌溉水量120亿 m^3。近年来，粮食自产150亿～160亿斤，粮食需求刚性增长，自产严重不足，对外依存度提高，2013年粮食产需缺口调入267亿斤，按照长江中下游粮食灌溉水分生产率1.5 kg/m^3 的标准测算，相当于调入虚拟水量90亿 m^3。"养民之道，必使兴利防患，水旱无虞，方能盖藏充裕，缓急有资"。既要满足快速发展的经济社会对水的需求，又要守住灌溉用水底线保障农产品供给，尤其是特殊年份不至于因旱灾影响社会稳定大局，在灌溉水量负增长的情势下，发展节水灌溉是首要选项。2003年和2013年旱情对比见表4-2。

表4-2 2003年和2013年旱情对比

干旱年份	受旱面积（万亩）	干涸面积（万亩）	重旱面积（万亩）	饮水困难人口（万人）	缺水大牲畜（万头）
2003年	891	111	495	229	40
2013年	696	57	206	75.8	11.8

间隔十年同等程度高温干旱，灾情明显趋缓，得益于这些年水利投入及灌区节水工程建设，灌区农作物郁郁葱葱，农业"两区"毫发无损，市场农产品供给充裕，农村社会稳定，没发生一起争水抢水事件。

3. 喷微灌是提高农业生产率的重要设施与装备

新型城镇化发展不应以牺牲农业为代价，要求以提高农业生产率实现农业人口向非农业人口、农业活动向非农业活动的转化。农业劳动人均耕地面积是评价农业生产率的重要因素之一，农业劳动力人均耕地面积加拿大1 500亩、美国900亩、俄罗斯250亩、英国200亩、日本30亩、韩国15亩、印度9亩、中国4.5亩、中国台湾17亩、中国浙江省5.5亩。随着土地流转规模化经营，浙江省农业劳动力转移趋势明显，2002年全省从业人员2 858.5万人，其中农业从业人员887.5万人；2012年从业人员3 691.2万人，增加近 30%，而农业从业人员 517 万人，减少 42%，10 年间减少 370 万农业劳动力。诚然，与人稀地广的西方国家较难比较，但可参考日本、韩国和中国台湾农业劳动力人均耕地面积水平，预测浙江省农业从业人员还将继续减少。凡是农业劳动力人均耕地面积水平较浙江省高的国家和地区，其喷微灌应用水平也高于浙江省。顺应阶段变化，遵循发展规律，完善农业基础设施和提高农业机械化程度，是适应人口流动转移趋势之策，喷微灌溉是基础设施建设，也是机械化装备，可显著提高农业生产率。经典型调查对比，应用喷微灌技术每亩减少农业生产用工：大田蔬菜喷灌一茬 6 个工、一年三茬 18 个工、草莓滴灌 12 个工、西瓜微灌 15 个工、茶叶喷灌 10 个工、大棚育秧喷灌一季 6 个工、100 m^2 畜牧场微喷消毒降温 4 个工……。当前，劳动力成本较快上涨直接影响农业效益，农业作业一个工日薪酬至少 100 元，应用喷微灌不仅缓解农业劳动力紧缺状况，而且减少雇工，降低农业生产成本。

4. 灌溉设施是坡耕地发展旱粮的基础保障

通常以"七山一水两分田"概括浙江地貌特征，低山丘陵众多，缓坡耕地资源丰富，近几年来，"耕地上山"成片开垦 25° 以下的坡地。全省耕地 2 980 万亩，其中灌溉面积 2 140 万亩，未能灌溉的 840 万亩耕地大都位于丘陵高地和山地缓坡，靠天收成，也是历年旱灾受损的田地，因缺乏灌溉保障，有 110 万亩坡地荒芜。省政府制定粮食安全三条红线，坡耕地发展旱粮是建立 300 亿斤粮食生产能力的重点方向。2013 年全省旱粮种植面积 635.53 万亩，占当年粮食播种面积的 34%，单产 241 kg，总产 30.7 亿斤，为当年粮食总产量的 21%，旱粮种植规模和单位面积产量有很大扩展空间，其最大潜力在坡耕地。旱粮生产单季灌水定额 40 m^3/ 亩，为水稻的 1/8，需水量虽少，但也要灌溉。科技发展日新月异，可以实现无土栽培，却不能无水栽培，坡耕地洪涝无虑、干旱无收缺的是灌溉条件，灌的是有收无收关键水。一般年景，浙江省旱粮 2 季亩产 500 kg，而灌溉设施完备、农艺技术到位可达到 2 000 kg 以上，磐安、诸暨等县旱地农业收入超万元、粮食超吨的"两旱一经"生产模式便是实践证明。旱地流转成本 200 ~ 300 元 / 亩，相比水田 800 ~ 1 000 元 / 亩，更容易运用流转机制实行规模经营。浙江省多年平均年降雨量 1 600 mm，也就是 955 亿 m^3 的水资源量，可谓比较丰沛，可根据丘陵山区降雨多、蓄水能力弱的特点，利用坡地自然条件提高雨水利用率，因地制宜建设集雨水窖配套移动喷灌设施是值得尝试的旱作农业基础工程。

5. 管道灌溉是挖掘耕地资源的有效途径

由于人多地少的省情与占补平衡的政策红线，不少地方为谋求经济社会发展空间，填埋河湖沟塘补充耕地，全省水域面积由历年公布的 6.4% 减少为 5.5%，杭嘉湖平原河网水面率从 20 年前的 15% 下降到 8.5%，占用水域导致"水不得停蓄，旱不能流注"，加剧旱涝灾害。农田灌溉渠道如同城镇供水管道，其功能都是输水，浙江省灌溉渠道总长 14.7 万 km，占地 45 万亩，发展地下管道灌溉具有提高土地利用率和灌溉水利用率等多重功效。1999 年平湖成为我国第一个农田灌溉地下管道化的县，铺设灌溉管道 3 000 多 km，灌溉 45.6 万亩，减少渠道用地 4 600 亩。桐乡 2001 年以来埋设 UPVC 塑料灌溉管道共 800 km，增加耕地 1 300 亩。2008 年衢州市政府提出明渠改暗渠复垦耕地置换建设用地指标的设想，我厅针对衢州丘陵灌区特点进行试点研究，部分沿山渠道兼有撇洪排水功能、填方渠道改变现状坡降等因素不宜"改暗"，而平缓且流量不大的明渠可改造为暗渠，经四个"明改暗"试验渠段分析，投入 70.34 万元，增加耕地 5.44 亩。灌溉渠道"明改暗"折算造地亩均投资：平原 12 万元/亩、丘陵 13 万元/亩，相比滩涂围垦建成可作业的耕地 15 万～20 万元/亩，也是经济合算的。北方省份耕地资源较浙江省宽裕，但地下灌溉管道建设力度比浙江省大，发展面积千万亩以上的省份有：河北 3 500 万亩、山东 2 000 万亩、内蒙古 1 600 万亩、河南 1 200 万亩。浙江省地下灌溉管道累计 6 750 km，减少明渠占地 1.2 万亩，灌溉 111.2 万亩，仅为有效灌溉面积的 5%。从浙江实情出发提高土地利用率，缓解建设用地与控制耕地之间的矛盾，发展地下管道灌溉是有效途径。

6. 节水减排是遏制农业面源污染的科学方法

传统观念认为，提高作物产量就要增加化肥用量，2002 年浙江省农作物播种面积 4 597 万亩，2012 年为 3 676 万亩，减少 921 万亩，化肥施用量（折纯量）仍保持在 92 万吨，播种面积亩均用量由 20 kg 增加到 25 kg。补充给作物生长所需的氮、磷、钾等营养元素只有 30%～40% 被吸收，在获得高产的同时流失 60%～70%，1 亩农田的污染物排放量造成的污染相当于 3 头猪造成的，直接造成下游水体富营养化。农业是主要面源污染，已引起国内外广泛关注。有报道称，在美国，点源污染基本得到了治理，而面源污染却占了总污染量的 2/3，其中农业污染占面源污染总量的 68%～83%，成为河流污染的第一污染源；在太湖流域，农业面源污染总氮的贡献率 34%～52%，总磷的贡献率 17%～54%，主要来源于农田的化肥；在浙江省，点源污染治理力度逐步加大，但水体质量尚未明显改观，从 2007 年到 2013 年水功能区达标率在 40% 附近小幅变动，农业面源控制还是薄弱环节。农田径流经过较短距离就进入地表水体，在大雨或大水漫灌过程中大量化肥随水流进入河流、湖泊和水库。为遏制农业面源污染，农业部门研究并推广测土配方平衡施肥技术，对提高化肥利用率效果良好，水利部门着力推广节水减排技术，对降低化肥流失率有明显成效。灌水多排水亦多，排出的是水，带走的是肥。采用水肥耦合、适雨灌水等节水灌溉模式，不仅节约灌溉水量约 30%，并且减少 16%～30% 的氮、磷流失。平湖积极推广节水省肥技术，种粮大户算了一笔账，往年一亩单季水稻需要肥料 60 kg，现在只需 35 kg（注：折纯量 16 kg）。陈雷部长在《新时期治水兴水的科学指南》中强调，"大力实施东北节水增粮、华北节水压采、西北节水增效、南方节水减排等规模化高效节水灌溉工程"。浙江作为南方省份，节水减排是现代灌溉发展的重要任务。

（三）浙江省高效节水灌溉发展迟缓的若干原因

浙江省水利事业取得巨大成就，但高效节水灌溉发展相对迟缓，有以下几个原因：

（1）认识问题。浙江特定的自然环境导致几乎每年发生暴雨洪水，让人印象深刻，如 1956 年 12 号台风、1994 年 17 号台风、"99·6·30"洪灾，至今记忆犹新、挥之不去。而高温干旱一般相隔几年发生，由于蓄水供水能力不断加强，旱灾不像以往那么突出；像白居易感叹"是岁江南旱，衢州人食人"的惨状，年代久远、不会重现；在人们的防御水旱灾害意识中自然而然重防洪、轻抗旱，感触台风暴雨滔滔洪水也就疑惑节水灌溉有何意义。

（2）动力问题。农业的战略地位与农业的经济价值不相匹配，浙江省农业总产值占GDP 的比重仅 3%，农业收入占农民家庭收入不到 15%，推动高效节水灌溉的主体力量是地方政府和受益农民，由于农业节水灌溉对地方经济拉动不显著，对农民收入提高不是很普遍，推进高效节水灌溉的主体力量缺乏动力。

（3）合力问题。政府涉农部门在农业支持方向上各有侧重，又各为所重，缺乏全局考虑，比如考核机制的导向存在市场属性，偏重于基础支持，农业"两区"考核、农业现代化评价中水利配套及节水灌溉权重很小。此外，涉农科研机构缺乏相互兼容合作攻关平台，土、肥、水、种……各显其通，"独门功夫"达到国际水准，但整体水平还有不小差距。

浙江省自 1978 年引进喷微灌技术，但 30 年来喷微灌发展缓慢。2008 年我厅遵照省政府有关推广应用喷微灌的要求，下发了《浙江省喷微灌技术示范和推广工作指导意见》，提出一年一县一示范、五年"百万亩"的目标。从 2009 年到 2013 年新增喷微灌近 100 万亩，完成了预定目标，大幅度超过以往 30 年总和。经过近几年示范推广，地方政府领导对"喷微灌"从陌生到认识，农业系统和农民群众也越来越感受到这项技术带来的效益，为大规模发展奠定了基础。

浙江农业发展水平及农田水利保障水平位于全国前列，但分析省情仍有潜力、对照先进仍有差距，查漏补缺力求进步，发展节水灌溉对浙江省增强农业抗风险能力，提高土地产出率、资源利用率、劳动生产率具有现实意义。在浙江，降水不均，需要"及时灌水"；山丘缓坡，需要"动力灌水"；开源太难，需要"节约灌水"；劳力太贵，需要"节本灌水"；高效生态，需要"精准灌水"；用地紧缺，需要"暗渠灌水"，具体的省情和现实的情况，需要我们把高效节水灌溉摆到重要议事日程加以谋划。

（四）统筹谋划节水灌溉"四个百万工程"

习近平总书记的重要论述以及党中央、国务院都把节约用水和节水灌溉作为经济社会可持续发展的一项重大战略任务，大力推进节水灌溉工作是贯彻中央粮食安全战略和强农惠农政策的主要措施，是实现资源高效配置、加快现代农业建设的具体行动，是落实省委、省政府"五水共治"决策部署的重要抓手，有利于减少农业面源污染（治污水）、有利于水量调配城镇供水（保供水）、有利于提高水资源利用效率（抓节水），有必要延续和扩大前阶段"百万亩喷微灌"工作成果，全面系统地谋划"四个百万工程"，以高效节水灌溉技术引领农业生产方式进一步转型升级，进一步提高水利保障能力。

1. 百万亩坡耕地雨水集蓄旱粮喷灌工程

浙江省有山坡地800万余亩，为满足占补平衡要求，每年仍有万亩坡地改田工程。水往低处流，传统的漫灌、沟灌、畦灌不能灌溉山坡地，坡耕地有赖天然降雨才获得收成，降雨的随机性与作物生长期的需水性并不一致，难以获得高产，遇上旱年颗粒无收。雨养农业转变为灌溉农业是农业生产方式质的跨越，利用压力灌溉技术可以改变山坡地雨养农业靠天吃饭状况。实现灌溉农业的要点一是灌溉水源，二是输水系统，有水源条件的可建设固定喷灌，对缺乏水源且偏远的坡地，设想利用坡耕地两侧排水沟作为集雨场，按10亩、20亩不等的控制面积设置集雨水窖，从经济性考虑不专门架设供电线路，在梯田预埋管道，耕地经营者配备柴油喷灌机具，依照旱作不同生长期的需水要求进行临时移动式喷灌。为促进旱粮生产，省政府出台了《关于加快旱粮生产的意见》，力争旱粮面积扩大100万亩，年产粮30万吨以上，单产提高10%。若能统筹规划实施坡耕地雨水集蓄旱粮喷灌工程，省政府提出的目标是可以实现的，若能充分整合国土、水利、农业资源，切实加强坡耕地灌溉设施建设，大力推广磐安、诸暨旱粮生产模式，以每亩1 000 ~ 1 200元水利投入保障2 000 kg的旱粮收成，将为浙江省粮食安全做出重大贡献。

组织实施方式：水利部门牵头，国土、农业部门配合。

政策措施：小农水扶持政策、垦造耕地激励政策、旱粮生产奖补政策等有效整合，倾斜投入制约坡地旱粮生产的基础性建设。

近期目标：1年试点10万亩、3年推广100万亩、5年发展200万亩。

2. 百万亩农业园区智能化标准型微灌工程

至2013年，浙江累计建成验收的现代农业园区面积174万亩，其势头方兴未艾，政策导向加上市场驱动，几年里有望突破500万亩。农业园区以种植高附加值的反季蔬菜、时令水果、花卉苗木以及温室育秧为主，设施栽培在农业园区推广迅速，但产量和品质不如发达国家，反映了综合技术运用和科学管理手段的差距。微灌是项精细灌溉技术，也是设施栽培的关键环节，现代化设施的高投入需要先进技术的支撑，以期达到高产出、高效益目标。规模化的农业园区具备一定的经营能力和资金实力，有条件发展智能化微灌工程，由计算机采集和处理土壤墒情、土壤质地、气温湿度等信息，根据不同作物的生长机制实行水肥耦合精准灌溉，形成精准农业技术体系。智能化精准微灌是农业生产高端技术，该技术在韩国应用约300万亩、日本100万亩、中国台湾15万亩，浙江省在部分农业龙头企业陆续应用，但仍属零星分布，累计面积不会超过5万亩，亩均投资3 500元略多，效益可提高1/3。在高端技术集成的现代园区影响和辐射下，更多的农民专业合作组织经营的农业园区比较适合发展标准型微灌，点面互动引导现代农业技术进步。标准型微灌亩投资 1 500 ~ 2 000 元，效益 2 000 元 / 亩左右。

组织实施方式：农业部门牵头，水利部门负责工程建设指导，农综开发办配合，农业与水利科研机构联合给予技术支撑。

政策措施：现代农业补助政策、农业龙头企业扶持政策、农机具购置补贴政策等引导现代农业园区推广应用。

近期目标：智能化微灌工程 3 年 20 万亩、5 年 50 万亩；标准型微灌工程 3 年 80 万亩、5 年 150 万亩。

3. 百万亩林园地经济型喷灌工程

全省经济林园地 940 万亩，主要种植茶叶、水果、干果、竹笋、苗木、药材等，有灌溉条件的 107 万亩，仅占 11%。这些多年生作物适宜浙江丘陵山区土壤、雨水、光照、气温的自然环境，成龄后的收成基本稳定，是山区农民家庭重要经济来源。改变传统经营观念引入喷灌技术，实践证明增加产量、提高品质的效果显著，对发展山区经济、增加农民收入具有积极意义。比如：食用笋喷灌的效果犹如"雨后春笋"，产量可以增加 5 ~ 6 倍；水果喷灌果实大、水分足，干果喷灌核肉饱满、产量稳定；茶叶喷灌除霜防冻，苗木喷灌提高成活率，等等。去年晴热高温干旱，经济园地灌和没灌情景大不一样。推广余姚经验，以亩投资 600 ~ 1 000 元建设经济型喷灌，效益在 1 000 元以上，无疑是投资省、见效快的惠民工程。可通过经济林园地分布及水源条件调查，规划经济型喷灌工程建议。

组织实施方式：林业、水利部门联合规划，按业务分工协同实施。

政策措施：经济林园地建设、生态补偿、节水灌溉（农水）等支持政策整合按规划实施。

近期目标：3 年发展 100 万亩、5 年 200 万亩。

4. 百万亩水稻区管道灌溉工程

水稻耗水量较大，往往采取地面淹灌。为减少渠道占地并提高灌水效率，2011 年我厅印发《浙江省粮食生产功能区、现代农业园区农田水利建设标准》，提出在水稻种植区推广地下管道灌溉技术，在平原灌区逐渐推广应用，被农民称誉为"田头的自来水"。浙江省规划粮食功能区 800 万亩，现已建成 465 万亩，田块连片平整，技术应用能力和运行管理水平好于分散的水稻种植区，应是管道灌溉优先发展区域。粮食功能区大都为"旱作—水稻—旱作"和"早稻—晚稻—旱作"的轮作模式，桐乡、嘉善创造了"一管二用"方法，通过电机变频调速或压力水箱调节满足水稻淹灌与经济作物微灌的不同灌溉方式，各地可学习借鉴。管道灌溉亩投资 1 200 ~ 1 500 元，节地率 1.1% ~ 1.3%，折合减少明渠占地新增耕地 1 亩的投资 12 万 ~ 13 万元，而建设用地指标 1 亩至少 30 万元。

组织实施方式：国土部门牵头，水利部门负责工程规划建设，农业部门及农综机构配合。

政策措施：运用新增耕地折抵建设用地指标政策、标准农田建设资金政策、农田水利资金政策。

近期目标：3 年 100 万亩、5 年 200 万亩。

概括上述高效节水灌溉"四个百万工程"，5 年目标合计受益面积 800 万亩，占全省耕地和园地面积的 20%，加上现有存量约 25%，这一目标的量级符合客观需求，也有能力实现，匡算投资 120 亿元，其中：坡耕地雨水集蓄旱粮喷灌工程 25 亿元、农业园区智能化标准型微灌工程 45 亿元、林园地经济型喷灌工程 20 亿元、水稻区管道灌溉工程 30 亿元。可获得的经济效益：新增农业产值 85 亿元 /a、增加耕地 2.5 万亩置换建设用地收益 80 亿元；资源环境效益：减少灌溉水量 5 亿 m^3、减少化肥用量 3 万吨（折纯量）；边际效益：减少农业用工 6 200 万工 / 日，折合劳动力 30 万个，拉动本省管材、设备等工业产值 60 亿元等。

（五）实施节水灌溉"四个百万工程"的措施建议

1. 形成部门合力

节水灌溉属农田水利范畴，现行体制归口水利部门，其应用领域是农业、林业，又是以耕地、园地为载体，需要在政府领导下形成水利、国土、农业、林业等部门紧密协作机制，发挥各自专业特长，一起研究节水灌溉发展规划，避免各行其是、事倍功半，发改、财政部门要发挥综合协调作用，避免建设项目重复编报、资金相互配套等问题。政府相关部门要努力消除行业障碍，注重农业发展的基础性、公益性、战略性的要素，科学运用考核机制，正确引导地方在农业现代化推进中加强基础建设和技术提升。

为了整体而有分类、系统而有规范地加快发展节水灌溉，建议省政府决策实施"四个百万工程"，列入"五水共治"重要工作内容，并作为"十三五"经济社会发展的建设任务分解落实到各市、县，各相关部门加强合作，围绕确定的规划目标做好相关工作。

2. 整合政策资源

灌溉工程作为农业生产基础设施，在水利、农业、林业、国土、农业综合开发等部门的支农项目都有灌溉工程建设内容的安排，现行投入政策多部门、多渠道，需要财政部门整合和统筹，提高资金使用绩效，按照协调统一的节水灌溉发展规划和科学合理的工程建设方案实施节水灌溉项目。灌区渠道类同农村道路，属于基础设施，与耕地性质截然不同，不宜将渠道界定在耕地范围内，需要国土部门准确核定耕地面积，保证发展管道灌溉所节省的土地（2.5 万亩）能够享受新增耕地和折抵建设用地指标的政策，调动地方政府推广地下管道灌溉积极性。明晰工程产权是落实工程管护责任、发挥工程效益的前提，需要农业政策部门研究确定政府补助形成的工程资产的产权归属，尤其是农业种植大户、家庭农场、股份合作社、混合所有制农业企业以及民营企业在其经营的耕地上投资兴建节水灌溉工程，能否同等享受补助政策，以及工程所有权如何确认。建议由政府综合部门牵头协调各相关单位，充分运用政策资源，研究制定以政府安排补助为导向、以科学规划为依据、以技术创新与推广为支撑、以高产优质增效、节水节地省肥为目标的节水灌溉支持政策。

3. 凝聚科研力量

节水灌溉是当今世界农业科技前沿领域之一，是水利和农业紧密融合的科技创新重点。以色列等发达国家由多方面专业人才组成的团队进行良种培育、节本降耗、精准灌溉、水肥耦合、节水器材等综合研究，创造了优质高产的农业。浙江省农、林、水的科研机构无论专业技术力量还是科学实验装备在全国属一流，各自领域成果丰厚，取得诸多国际先进、国内领先的成果，但未能形成协同创新联盟。浙江民营经济活跃，富有创新精神和市场意识，由于缺乏节水灌溉发展需求的信息，全省范围内还没有形成一家具有节水灌溉设备研制及精准灌溉系统研发和规模生产能力的专业企业。为发挥政府对农业科技投入的主导作用，支持节水灌溉这项农业基础性、前沿性、公益性的科技研究与推广，建议省科技厅将节水灌溉设立为重大农业科技推广项目，牵头有效整合相关行业、产业的科技资源，打破部门、学科、产业界限，建立协同创新机制，推动产学研、农科教紧密结合。农、林、水等部门要充分发挥技术推广体系的作用，纳入基层农（林）技、水利机构的工作目标任务，加大面向农村的节水灌溉技术培训与推广力度，加快将高效节水灌溉技术转化为生产力。

六、浙江省人民政府办公厅文件

浙政办发〔2015〕3 号

浙江省人民政府办公厅关于加快推进高效节水灌溉工程建设的意见

各市、县（市、区）人民政府，省政府直属各单位：

浙江省降水时空分布不均，区域性水资源短缺问题比较突出，平原污染型缺水、山区工程型缺水、海岛资源型缺水与农业用水效率不高等问题并存。为深入推进"五水共治"，提高水资源利用效率，促进农业发展方式转变和节水型社会建设，经省政府同意，现就加快推进高效节水灌溉工程建设提出如下意见：

（一）总体要求

按照"五水共治"的总体部署，以农业生产需求为导向，以现代农业园区、粮食生产功能区、旱粮生产基地建设为重点，强化规划引导、政策支持和项目整合，大力推广高效节水灌溉技术，全面实施坡耕地雨水集蓄旱粮喷灌、农业园区智能化标准型微灌、林园地经济型喷灌和水稻区管道灌溉"四个百万工程"建设，着力破解农业生产用水瓶颈，提高水资源利用效率。到 2020 年，争取完成 400 万亩高效节水灌溉工程建设任务，其中坡耕地雨水集蓄旱粮喷灌、农业园区智能化标准型微灌、林园地经济型喷灌、水稻区管道灌溉工程各 100 万亩，为全省粮食安全和现代农业发展提供有力支撑。

（二）重点任务

（1）实施百万亩坡耕地雨水集蓄旱粮喷灌工程。结合旱粮生产基地建设，通过在坡

耕地上建设集雨水窖、埋设管道、配备固定式或移动式喷灌设施等途径,为发展坡耕地旱粮生产提供水利保障。(省水利厅牵头实施)

(2)实施百万亩农业园区智能化标准型微灌工程。结合现代农业园区建设,实施标准型微灌工程,通过适时适量科学灌水,提高作物产量和品质;实施智能化微灌工程,自动采集和处理土壤墒情、气温、湿度等信息,根据不同作物的生长机制实行水肥耦合精准灌溉,形成精准农业技术体系。(省农业厅牵头实施)

(3)实施百万亩林园地经济型喷灌工程。在经济林、竹林、苗圃地等发展喷灌,提高竹笋、木本油料、干鲜果、苗木、药材等产业产量和品质,促进山区经济发展和农民增收。(省林业厅牵头实施)

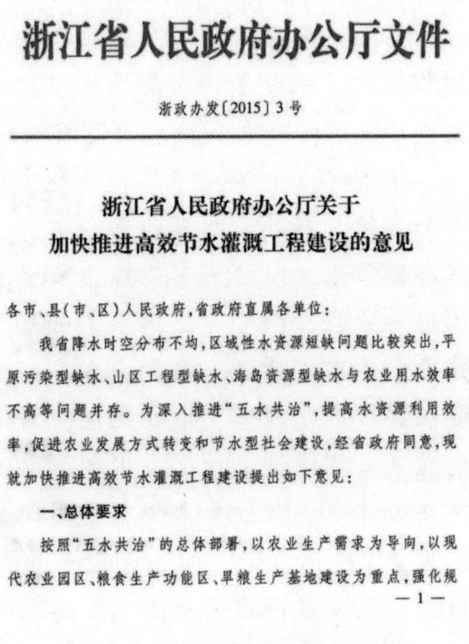

(4)实施百万亩水稻区管道灌溉工程。结合高标准农田、粮食生产功能区建设等,在水稻种植区发展地下管道灌溉,提高土地实际利用率和灌溉水利用率。(省水利厅牵头实施)

浙江省人民政府办公厅文件

浙政办发〔2015〕3号

浙江省人民政府办公厅关于
加快推进高效节水灌溉工程建设的意见

各市、县(市、区)人民政府,省政府直属各单位:

我省降水时空分布不均,区域性水资源短缺问题比较突出,平原污染型缺水、山区工程型缺水、海岛资源型缺水与农业用水效率不高等问题并存。为深入推进"五水共治",提高水资源利用效率,促进农业发展方式转变和节水型社会建设,经省政府同意,现就加快推进高效节水灌溉工程建设提出如下意见:

一、总体要求

按照"五水共治"的总体部署,以农业生产需求为导向,以现代农业园区、粮食生产功能区、旱粮生产基地建设为重点,强化规

— 1 —

图4-11 省政府办公厅文件

(三)推进措施

(1)加大财政扶持力度。省级财政按照专项资金管理改革的要求,统筹整合农田水利、农业"两区"、现代农业发展、生态循环农业、农技推广成果转化、农业综合开发等方面的扶持资金,按照"粮经有别、分类补助、统筹整合、定向支持"的原则,支持高效节水灌溉工程建设。各市、县(市、区)要加强节水灌溉相关政策和资金的整合与统筹,进一步增加投入,确保工程建设落到实处。

(2)探索耕地节约支持政策。国土资源部门要准确核定耕地面积和渠道占地面积,对符合土地调查登记规定,并按土地整治项目管理的明渠改暗渠工程建设所增加的耕地面积(新增建设用地土地有偿使用费投入的土地整治项目除外),可按照"耕地占补平衡"政策予以支持,所增加的相应指标收入不低于80%用于地下管道灌溉工程建设。

(3)明晰工程产权界定政策。鼓励农业生产经营者积极投资农业节水灌溉工程的建设和管理,并可享受建设高效节水灌溉工程有关政府补助政策。政府补助形成的高效节水灌溉工程资产,其产权依照相关法律、法规及政策处理,禁止任何组织和个人非法占用或者毁损。各地要制定高效节水灌溉工程运行管理相关制度,以产权制度改革为核心,采取租赁、承包等方式,不断创新工程管理模式,大力推进用水户参与管理。要完善用

地手续，设置工程位置标识，加强工程维护管理，保障工程长期发挥效益。

（4）加强科技创新与技术推广。整合相关行业、产业的科技资源，组建跨部门、学科、产业的综合研究团队，强化协作攻关，努力取得一批核心技术。加强节水灌溉技术培训与推广，充分发挥基层技术推广体系的作用，鼓励高等院校、科研院所、节水灌溉设施生产单位的专家和技术人员深入一线指导，提高节水灌溉工程建设水平。

（5）加强组织领导。各地要把高效节水灌溉工程建设作为"五水共治"的重要内容，切实加强组织领导，明确职责分工，强化责任落实，结合当地农业主导产业发展和高效节水灌溉需求，以县为单位提出节水灌溉工程的总体建设方案和分年实施计划。省级有关单位要加强考核督导，建立高效节水灌溉工程建设考核制度，并将考核结果作为新农村建设、生态省建设、粮食安全责任制、"五水共治"等考核和水利"大禹杯"评比的重要依据。省发改委、省农业厅、省林业厅等省级有关部门要依照职责，加快推进高效节水灌溉工程建设工作；省水利厅要编制全省高效节水灌溉工程建设方案，牵头组织实施有关工作；省农办要牵头制定明晰工程产权和运行管理的实施办法；省财政厅要筹措和落实省级扶持资金，加强资金使用监管；省国土资源厅要制订有关耕地节约支持政策；省科技厅要创建科技创新团队，建立科技创新和推广的激励机制，共同推进高效节水灌溉工程建设。

浙江省人民政府办公厅

2015 年 1 月 9 日

第三节　现场会和技术培训

一、全省现场会在余姚召开

水利厅现场会

2008 年 11 月 28—29 日，省水利厅在余姚召开全省经济型喷滴灌现场会，讨论和学习《浙江省喷微灌技术示范和推广工作指导意见》，该意见于同年 12 月 18 日由水利厅下发，是全省推广经济型喷滴灌技术的指导文件。同时分解落实 2009 年在全省推广 5 万亩经济型喷滴灌面积的目标任务。来自全省各地市和 25 个经济型喷滴灌试点县（市）的水利部门负责人和水利专家参加会议。

图 4-12　水利厅现场会（2008 年）

省政府现场会

2009 年 4 月 28—29 日，副省长茅临生在余姚主持召开省政府设施农业现场会，省、市农业、水利、林业、科技、财政等部门负责人，89 个县（市、区）分管农业的领导共 200 余人参加。茅临生副省长作了主旨讲话（节选）：

今天上午看了余姚现场，刚才听了介绍，又看了片子，余姚提供了很好的经验，听了、看了都很感动。这里的喷滴灌最便宜只有 200 元 / 亩，可以用 3 年，中等的 450 元 / 亩，好一点的 600 元 / 亩，而每亩效益有 500 多元，所以受到农民欢迎。

设施农业是浙江农业的战略选择，浙江省人多地少，要提高土地产出率，农业要转型升级，设施农业就是主攻方向。设施栽培可以大幅度提高产出率，荷兰的大棚花卉成了欧洲的花篮子，产出很高。设施农业还可以拉动内需。上午我听说了喷灌所需的设备余姚产，天台、萧山、临海、新昌产，这就是拉动内需。

如何增加农民收入，也要靠设施，

图 4-13　省政府现场会（2009 年）

山东大棚产值是露地作物的 5 倍。

浙江省只有 1 500 万亩耕地，首先要保证粮食面积，经济作物面积不多。但浙江省有大量的缓坡山地，只要有水就能增收，这是浙江省农业的增长点，我们守土有责啊！

设施农业起步于 20 世纪 80 年代，盲目引进了温室大棚及喷滴灌设施，成本很高而且产出低下，全国如此，这里有思想路线问题，缺少实事求是精神。余姚的经验类似把马克思主义与中国实际相结合，把国外先进的灌溉技术余姚化、中国化。

余姚的成功是水利、农业配合好，搞水利的同志很懂农艺。市场是主导，要会算账。农民是主体，方法是引导，余姚的奕工就是上门去推介技术，我上几次来就知道了。下面我讲几点意见：

（一）搞规划引导

过去搞高成本的大棚，长期亏本，这是脱离实际造成的，搞"领导工程"、形象工程，只有像余姚这样切合实际才有生命力。

有了设施，很差的土地上也能种出高产值的东西，今后可换一下思路，把造地的钱用于搞设施，效果会更好，要优先考虑在废地上搞设施农业，把最差的地改造，意义更大。2007 年我去以色列，两边都是沙漠地，但只要有管子（滴灌管）的地方就有绿色。在差地上搞基质栽培，并采用喷滴灌，既扩大耕地面积，又增加了产出，这是一举两得。

大棚蔬菜要搞喷滴灌。茶叶经常受冻，还可以用喷灌防冻，在结冰的过程中放出热量，保护茶芽免受冻害，这是很大的减灾效益。果品要喷灌，畜牧场也要用喷灌，我去过几个场，热天畜禽食欲下降了，用了喷灌降温，胃口开了，就促进生长，同时节省饲料。还能多生兔子、多产蛋，提高繁殖率。用于消毒，一年节约的消毒液成本就相当于喷灌的投资。竹笋喷灌效果很好，今天因路太远不能去看，花卉苗木用喷灌效益也很好。

（二）抓宣传示范

推广新技术，任何时候不能越俎代庖，但我们可以搞示范。去年我来时与农民座谈，他们说刚开始时要他们掏出现金去买设备，宁可自己挑水。宁波的农民是这样，那丽水、温州的农民更会这样，所以第一次设备就要政府送，这是引导，农民在得到实惠后第二次就会自己出钱买。

（三）科技支撑

设施要与农业结合，搞水利的同志要懂农艺，搞农业的同志也要懂喷滴灌设备，关键是水利、农业两家要合作好，要为农民提供"傻瓜式"装备。要派人去国外研修。我同以色列方面谈时就说明，主要不是买设备，而是引进理念。梨树"开天窗"（拉枝）就是从日本、中国台湾引进的。

（四）政策扶持

余姚把喷滴灌与新农村建设统盘考虑，政府补助 2/3，甚至 3/4，效果很好。各县还应该到余姚来学习，余姚则要为全省推广搞好服务。

二、宁波市畜禽场喷淋降温消毒技术推广现场会

2009 年 7 月 29 日，宁波市畜禽场喷淋降温消毒技术现场会在余姚召开，现辑录宁波市农业局网页次日发布的信息：

"近年来，我市对微喷灌、湿帘等喷淋降温消毒技术进行了有益的探索，取得了良好成效，为进一步推广应用该项技术，7 月 29 日，全市规模畜禽场喷淋降温消毒技术推广现场会在余姚召开。各县（市、区）分管畜牧局长（站长、主任）和畜禽养殖场户代表共 60 余人参加了会议。

现场会上，余姚市水利局奕永庆同志对微喷灌技术在畜牧场的使用情况、应用效果等方面作了讲解；余姚市康宏畜牧有限公司、月飞兔场等 4 个畜禽场负责人就微喷灌技术的实际应用作了典型介绍。

朱红霞副局长首先肯定了余姚在规模禽场微喷灌技术所作的探索和成绩，并分析了降温设施在全市畜禽养殖场的应用情况和现状，对喷淋降温消毒技术的进一步推广应用提出了三点要求。一是要整合资源，加大投入；二是要总结经验，示范推广；三是要扩大宣传，加强培训。同时，她还通报了全市规模化、标准化畜禽场建设情况，要求各地抓好项目申报、工程进度和质量、资金落实等工作，为我市"保增长、保民生、保稳定"等各项工作做出积极贡献。

会后，与会代表还参观了余姚市康宏畜牧有限公司。"

三、省水利厅等部门举办培训班

从 2008 年 11 月至 2014 年 5 月，省水利厅、宁波市农科院等部门、单位共举办经济型喷滴灌技术培训班 38 期，其中水利厅（委托省水利水电干校）26 期，宁波农科院 5 期，浙江同济科技职业学院 3 期，对 5 074 名省、市、县、乡镇四级水利工程师、农技人员、农业大户进行技术培训，其中包括受水利部教学工会委托代培的 66 名甘肃省乡镇水利员，见表 4-3。

图 4-14　省厅培训照片

表 4-3 经济型喷滴灌技术培训班统计

年份	举办单位	培训地点	培训对象	期数	人数
2008	省水利厅	杭州戴斯大酒店	省、市、县水利设计工程师	1	132
2009	省水利厅	省水利水电干校	乡镇水利员	6	979
2010	省水利厅	省水利水电干校	乡镇水利员	6	1 062
	宁波市农科院	鄞州区党校	舟山市农技人员	1	82
	宁波市农科院	鄞州区党校	宁波市农业大户	1	64
	同济职业学院	本校	水利系学生	1	93
2011	省水利厅	省水利水电干校	乡镇水利员	5	805
2012	省水利厅	省水利水电干校	乡镇水利员	3	386
	同济职业学院	本校	水利系学生	1	180
	宁波市农科院	鄞州区党校	全省农技人员	1	40
	水利部信息中心	北京	全国水利工程师	1	148
2013	省水利厅	省水利水电干校	乡镇水利员	3	380
	水利部教学工会	省水利水电干校	甘肃省乡镇水利员	1	66
	宁波市农科院	鄞州区党校	全省农技人员	1	54
	同济职业学院	本校	水利系学生	1	87
	余姚市第二职校	本校	园艺系学生	1	96
	象山县水利设计院	本院	水利设计工程师	1	28
2014	省水利厅	省水利水电干校	全省新任水利员	2	344
	省农业厅	宁波市农科院	各县农技员	1	48
合计				38	5 074

第五章   新闻报道

报道1   余姚农民为何热衷喷滴灌

（《中国水利报》 2004年10月14日）

今年初夏时节，记者走进了浙江省余姚农村，穿行在田间地头时发现，农家的塑料大棚内安装了许多喷滴灌设备。余姚市水利局同志介绍，近几年来，当地很多农户纷纷向市水利局提出申请，要求把自己的承包田列入当年的喷滴灌安装计划。这种情况别说在余姚这个县级市里少见，就是目前在全国也并不多见。农民为何突然对喷滴灌如此热衷？带着疑问，记者进行了一番了解。

一、原来喷滴灌为何"不吃香"？

喷滴灌是高效节水、促进植物高产优质的先进技术，这一点在国内外的诸多实践中得到了证明。但是，因为喷滴灌技术投资大，在我国农村现有经济条件下，难以在较大面积上推广应用。

就是在经济较为发达的沿海城市余姚也不例外。据了解，该市从1975年起就已经开始推广喷灌技术，尽管这种技术能使庄稼产量更高、品质更好，但每亩1 200～1 600元的造价还是使绝大多数农户望而却步。因此，即便政府做了大量宣传，并且给推广户较高比例的补贴，可历经10年时间，喷滴灌技术仅仅推广了1 270亩，并且此后15年再也没有新的进展。

原来喷滴灌技术投入高，农民负担较大，自然不感兴趣，一项本来可以带来良好收益的节水灌溉技术，却没能找到"用武之地"，"才华"得不到施展。

二、现在喷滴灌为何能"走俏"？

余姚市水利局从2000年开始搞了一项试验——经济型喷滴灌，经过4年建设已初见成效。经济型喷滴灌与普通喷滴灌的不同之处主要是材料的区别。

陪同采访的余姚市水利局副总工奕永庆介绍说，所谓经济型，就是在各个环节上降低成本。他们采用"六化"来达到这个目的，即管道塑料化、灌区小型化、主管河网化、微喷水带化、泵站移动化、滴灌薄壁化。管道塑料化是指占整个喷滴灌工程造价

50% ~ 60% 的管道部分，在压力小于 60 m 的系统中，地埋管均用聚乙烯（PE）管道，这种管道价格仅是同口径钢管的 30% ~ 40%。灌区小型化是指只要水源条件许可，每个灌区面积在 100 亩左右，以减小管径。主管河网化是指利用南方优势，以河道作"主管道"，以减少管道长度。微喷水带化是指用微喷水带，每亩造价仅需 200 ~ 300 元，而如果采用微喷头则一亩需几千元。泵站移动化是指用移动喷灌机组代替泵站，喷头也随着轮灌移动，投入资金可以节约一半以上，同时减少了机电设备被盗的可能。滴灌薄壁化是指滴灌管管壁厚度尽量减小，采用节插式薄壁滴灌管每米仅需 0.64 元，可根据作物所需随意安放。

这一系列的改进，使得喷滴灌设备的造价大大降低。有条件的地方还可以将雨水收集系统一并建设，这样既解决了水源问题，又展示了喷滴灌魅力，农民们建得起，也舍得用。因此，同一方土地上的农户，对节水技术兴致陡增。

余姚市水利局在开始这项试点时对项目实行补贴制，即工程建设完工后市水利局补贴其工程费用的 40% ~ 50%。4 年时间在全市 18 个乡镇、街道搞起了 62 个项目的试点，浇灌竹笋、蜜梨、西瓜、葡萄、杨梅、蔬菜、花卉等经济作物，受益面积 6 400 亩。经济型喷滴灌每亩造价在 200 ~ 800 元，平均 638 元，比普通型喷滴灌降低 50%，从而实现亩均经济效益 500 多元。余姚市水利局还把微喷灌技术引入养殖领域，如给兔场、鸡场进行降温等，拓展了设施农业的内涵，让节水技术使更多的农民受益。

三、节水又实惠，当然受欢迎！

一脸黝黑的临山镇葡萄种植户干焕宜已有 20 多年的葡萄种植经历，当正在葡萄园整枝的他听了记者的采访要求后，认真地说："搞无公害农产品肯定要用滴灌！"

"为什么？"记者还是第一次听人这么介绍滴灌的。看到记者满脸疑惑，他继续解释道："往常我的葡萄在成长期要打 13 ~ 14 次农药，而自打去年用上滴灌后，只打了 2 次药水，而且滴灌水是自己园里的雨水储集起来的，没有其他污染。我的葡萄还经市质检部门检验为'绿色食品'。"

原来老干的 50 亩葡萄园在安装滴灌的同时，建造了一口 200 多 m^3 容量的蓄水池来积蓄本园内的雨水，既避免外来水的污染，又因为近距离灌水节省电费，加上滴灌适合葡萄生长上部喜干、根部喜湿的特点，避免了沟灌引起的黑痘病、霜霉病等。老干掰着手指头告诉记者：安装滴灌后的用水量仅为沟灌的 1/3，这样高峰期灌水以每天每亩 3 m^3 计，他的 50 亩地一天就可节水 350 m^3，而他们全镇的 6 000 亩葡萄园如果都装滴灌的话，每天可节水 4.2 万 m^3，数量相当可观。同时滴灌还节省了成本，一是农药费从原来的每亩 250 元降到了 30 元，这一项就抵消了避雨盖膜的成本；二是节约了打药水的劳力，一季葡萄每亩省工 3 个多，仅这一笔，每亩就少人工费 200 多元；三是减少施肥次数，平常要施两次肥，装滴灌后就只要施一次，这样每亩又节省 80 元；再一大好处就是根部土壤经常湿润能使葡萄减少裂果，提高产品品质，他的葡萄每颗重达 14 ~ 16 g，晶莹匀称，收购商自动上门包销。

朴实的老干讲起滴灌好处来滔滔不绝，记者注意他的脚边还有两筐细细的约 1 cm 粗的黑色塑料管，他介绍说："冬天不用滴灌的时候我把它拆下来洗干净放起来，现在要用了再装上，这样管子寿命长些。"原来，老干选的滴灌管是约 50 cm 长一节的节插式薄壁管，奕永庆副总工告诉记者，像老干这样闲时将滴灌拆卸下来的使用方式，起码可以延长管子一倍的寿命。

记者也给老干算了一笔账：他的滴灌投入每亩不到 600 元，算总数 30 000 元的话，农药费、肥料费及人工费这三项，去年一年就节约支出 18 000 元，这还没计入节省的电费、产品提高品质和产量的节支增收部分。怪不得一提滴灌的效益，他会连声道好，喜得合不拢嘴。

位于余姚市东南街道的革命老区章雅山村的 25 户居民去年真是开心，虽然他们碰上了 50 年一遇的大旱，但是他们的收成却比往年高。夏天，竹园里的笋比往年每亩多产一半以上，仅一季鞭笋平均每亩就增加收入 580 元。这正是得益于采用了喷灌技术。

去年他们在市里的扶持下，利用小山塘的自流水，不用电，开关一拧就为 120 亩竹林进行了喷灌，产量竟提高了 40% ~ 50%。

村民滕小介告诉记者，竹山用了喷灌后，鞭笋的长度从原来的 10 ~ 15 cm 增长到 30 ~ 35 cm，冬笋和春笋的增产量也达到 30% 以上，且鞭笋粗壮白嫩、味道鲜美、可食率高，商贩们都争相上门收购。

7 月中旬，记者顶着 38 ℃的高温来到了余姚市舜丰畜禽养殖有限公司。走进他们的鸡棚，只感到里外两重天：室外骄阳似火，室内凉爽异常，里外温差达 5 ℃以上。原来，今年 5 月底前，该公司花 7 万元在 83 亩养鸡场里的大棚顶上都装上了微喷设备，天一热这些设备就派上了用场，成鸡的鸡舍里还装了雾化喷头，深井里抽上来的低于 20 ℃的水经加压后不断地在屋顶喷洒，降温效果非常好。

据公司工作人员介绍，去年没装微喷系统，虽然每天 50 个小工从早上 9 点到晚上 10 点为鸡舍喷水降温，但效果还是不好，最热的一天种禽死了 300 多只。高温也使小鸡的孵化率降低了 30% 左右，蛋鸡的出蛋率也大幅度下降，仅死鸡损失就达 10 万元以上。而今年虽同样持续高温 10 多天，但由于微喷控制了禽舍内的温度，鸡鸭一只没死，蛋鸡、蛋鸭的产蛋率也未受影响，同时小鸡的孵化率提高到了 92% 以上。

该公司仅从减少损失一项来说，已收回成本有余，再加上微喷降温减少的人工费、增产增收的效益以及劳动强度的降低，自然划算。去年几十个人从早到晚头顶烈日挥汗如雨的忙活景象，如今变成了一个人坐在办公室用电脑操纵水阀就能解决全部降温问题，难怪公司员工们这么欢迎微喷灌，老板也这么舍得投入微喷灌。

记者所到之处，得到实惠的农民们都认为安装经济型微喷灌设备是水利局为他们办的一件大好事。还未安装这套设备的农户们则希望尽快用上这种新技术，他们说虽然试点户有政府的补助资金，他们没有补助也要装。细心的农民们早就算过账，早装早得益！

（记者　王磊）

报道 2　余姚大力推广"经济型"喷滴灌技术

投入并不多　节水效果明显

（《浙江日报》　2004 年 7 月 14 日）

近日，余姚三七市镇大霖山村陈康飞承包的 10 多亩毛竹山，全部用上了移动喷灌机这种"新武器"。他说，用上了喷灌新技术，不仅节水，还指望亩产再创新高呢。

在余姚，喷滴灌技术已成为农民的"宠儿"。到去年底，该市喷滴灌设施总面积已达 6 400 亩，在全省各县（市）中领先。今年，该市财政拨出 100 万元，用于喷滴灌设施安装补助，预计全年新装喷滴灌设施面积将超过 5 000 亩，总面积达到 1.2 万亩，年可节水 120 万 m^3 以上。

近年来，余姚市把引导农民使用喷滴灌技术作为节水抗旱、促进农业可持续发展的重要举措。据测算，与传统的灌溉方式相比，使用该技术节水 50% 以上，且大大降低劳动成本。2000 年，该市小路下村率先建成了 520 亩自动化喷滴灌工程，实现了"鼠标轻轻一点，田间喜降甘霖"。但自动化喷滴灌系统因每亩需投入 2 600 多元，过于"贵族化"而影响了进一步推广。

如何使喷滴灌"平民化"？ 2001 年，余姚市科技人员成功开发了实用、简便的经济型喷滴灌新技术，以塑料管道、消防安全阀等替代成套喷滴灌管件系统，山区利用小水库与山坡地之间的落差建自压喷灌，平原建起雨水池、雨水罐，每亩共需 400 ~ 800 元，大棚西瓜滴灌每亩还不到 200 元。喷滴灌的推广面积在余姚市因此逐年扩大，被广泛应用于竹笋、西瓜、蔬菜、花卉等农作物的灌溉。

据介绍，喷滴灌并不单纯是节水抗旱措施，而是科学的灌溉技术，可使土壤的水分、空气、肥料等要素处于作物生长的适宜状态，在提高产量的同时提高产品品质。余姚市低塘街道剑山村钱成和种植了 200 多亩蜜梨，以往因土壤"大干大湿"造成大量裂果。去年 5 月果园安装了喷灌设施后，亩产达到 700 多 kg，增产 20% 以上，且蜜梨个大、皮色好，平均销售价达到 8 元 /kg，高出市场价 10%。

（记者　叶初江　龚宁）

报道3　让普通农户用得起喷滴灌

余姚推广"经济型"喷滴灌技术

（《浙江日报》　2008年8月10日）

余姚推广"经济型"喷滴灌技术，成本之低连以色列专家也称奇。

最近，余姚四明山镇唐田村的干部常常往余姚市水利局跑，和水利专家商量给村里的苗木基地再安装1 500亩"经济型"喷滴灌设施。因为当地村民看到，用上这种喷滴灌设施后，种植苗木的效益能翻一番。

余姚的"经济型"喷滴灌价格低廉，每亩只需要投入600元左右，而宁波、余姚等各级政府的补助达到总造价的2/3。也就是说，农民只要花200来元钱就够了。目前，余姚市喷滴灌推广面积超过3.8万亩，年可节水380万吨。今年以来已推广了7 000多亩，预计全年可推广面积超过1.4万亩，成为浙江省喷滴灌推广速度最快的地区。

喷滴灌可按作物的需要，适时、适量灌水，协调土壤、水、气、肥、热各要素，促进作物根系生长，是一项应用广泛的好技术。然而这项技术使用成本相对较高。省水利厅专家姜海军说，常见的喷滴灌设施每亩成本超过1 200元，长期以来主要在一些现代化农业企业里推广，普通农户很少使用。

如何解决"好技术太贵"的问题？余姚水利局教授高级工程师奕永庆带领攻关小组想出了各种办法降低成本，彻底改变了喷滴灌设施材料、零部件设计和使用模式。现在，这套喷滴灌设施已经将成本降低到平均每亩600元，而且使用寿命超过10年。听到这个信息，喷滴灌技术强国以色列的一位专家也称赞，能够把成本降到这么低，太神奇了。

输水管道占整个喷滴灌设施工程造价的一半。奕永庆用聚乙烯材料替代钢管，节省了近一半成本。在奕永庆办公室的桌子上，摆满了各种喷头、管道接头、水流过滤器等零配件。他说，这些年喷头也用工程塑料代替了原来的锌合金、铜等材料，成本只有原来的1/4，喷洒效果却一样好。考虑到一些农民文化程度不高，奕永庆和技术人员一起对管道接头重新进行了设计，农民不用学就会安装，大大降低了培训费用。

奕永庆还设计了操作简单的移动泵站取代固定泵站，节约了一半以上的泵站建设费用。在一些山坡地，奕永庆设计的喷滴灌可以巧妙地利用地势水压，实现无动力灌溉。

便宜的好技术，让政府部门补得起，农民朋友用得起。喷滴灌设施推广由此十分顺利。据了解，今后当地政府还将斥资数百万元，用于喷滴灌推广。

（记者　杨军雄）

报道 4　键盘轻轻一按，田间喜降甘霖

余姚市积极推广喷滴灌新技术

（《浙江科技报》　2003 年 8 月 26 日）

　　"键盘轻轻一按，田间喜降甘霖"。2001 年，余姚市水利局提出"推广经济型喷滴灌技术，促进效益农业发展"的新思路。他们利用小水库、小山塘的优质水、压力水，使小型水源工程焕发了"青春"，到去年底已建成喷滴灌工程 1 000 多亩。灌溉的作物有竹笋、西瓜、蔬菜、花卉，每亩投资为 400 ~ 800 元，其中大棚西瓜滴灌亩投入不足 200 元。实践证明，采用喷滴灌具有优质、高产、节本、增产等综合效益，具体表现为：

　　（1）鞭笋增收每亩 500 多元。竹山都是斜坡地，难以进行地面灌溉，历来是"靠天田"，喷滴灌却能适应高低不平的地形，解决"水库里有水，山上笋晒死——有水灌不到"这个难题。据鹿亭沿夹岙村调查，每亩增产效益 580 多元，这是农业新的经济增长点，所以山区农民对安装喷滴灌的积极性特别高。

　　（2）节省劳力。喷滴灌可以灌水、施肥、喷药，大大节省劳力。据朗霞干家路村大户介绍，可减少劳力 70%。在种子、化肥、农药、设施、劳力等各项成本中，唯有劳动力成本节省的空间最大，这是大户青睐这一新技术的主要原因。

　　（3）防止葡萄、蜜梨、西瓜裂果。长期干旱无雨，如大水漫灌或者突然下大雨，土壤含水量骤然增加，作物根系吸水过多、过快，就会出现葡萄、梨、西瓜等果实开裂，严重影响质量。而喷滴灌能使土壤保持适当含水量，满足作物需求，在提高产量的同时，还提高了品质。

　　（4）减少农药施用量。大棚内滴灌，使棚内湿度降低，减少病虫害发生，减少农药用量。用滴灌施药、施肥，实现"精准农业"，也减少了肥药施用的总量。临山镇"葡萄大王"干焕宜介绍，用了滴灌后，棚内作物病少了，已连续几十天不用药了，这直接促进了农产品的绿色化。

　　（5）缓解缺水矛盾。该市北部沿海地区没有湖泊且河网率低（5%），水资源最缺，加之水体污染严重，优质水更少。喷滴灌是最节水的灌溉，以少量的水，实现作物的增产增收。

（作者 奕永庆）

报道 5　喷滴灌："上山"又"入舍"

余姚的这项成果使每亩竹林增收三四百元

（《浙江科技报》　2006 年 6 月 23 日）

日前，余姚市水利局等单位承担的"经济型果蔬喷灌"项目获浙江省水利科技创新一等奖，该项目的主要负责人——余姚市水利局高级工程师奕永庆也在全省农业科技大会上荣获"浙江省农业科技先进工作者"称号，记者近日对这一创新成果进行了采访。

余姚是浙江省较早推广喷滴灌技术的地区，在 20 世纪七八十年代已推广 1 200 多亩，但因为造价较高（每亩 1 300 元左右）阻碍了其进一步推广。2001 年，余姚市水利局开展研究和推广"经济型喷滴灌"技术，通过应用新材料、研制新设备、设计新模式等系列技术创新实践，使每亩喷滴灌的工程造价降到 600 元上下，大大加快了推广的速度，经济型喷滴灌不但应用于平原蔬菜、西瓜、葡萄、蜜梨等果蔬，还应用到山区竹笋、杨梅、茶叶、板栗、花卉、苗木等多种作物，在余姚全市的推广总面积达 2.3 万亩，其中平原 0.8 万亩，山区 1.5 万亩。经济型喷滴灌技术之花开遍全市 21 个乡镇、街道的 73 个村，平均每亩净效益 500 多元，换句话说，每亩的投入成本一年可基本收回。

"喷灌上山"和"喷灌入舍"是余姚市推广经济型喷滴灌技术的亮点。"喷灌上山"是利用山区地形高差建自压喷灌，无需用电和水泵设备，是一种节能型的喷灌技术。陆埠镇孔岙村是余姚市第一个"千亩竹林喷灌示范村"，喷灌带来的增产效益非常显著，已推广喷灌技术的 1 200 多亩竹林每年每亩增加收入达 300 ~ 400 元，村里今年要再装700 多亩，明后两年各装 500 亩，让有水源条件的地方都用上喷灌。"喷灌入舍"则是余姚市养殖行业的创新应用，经济型喷滴灌在鸡场和兔场用于鸡舍、兔舍降温，成为养殖场和养殖大户避免高温损失最先进、最有效的途径。余姚舜丰畜禽养殖公司 2003 年因高温死亡种鸡、种鸭损失达 10 万多元，2004 年鸡舍顶棚安装喷灌头、棚内安装雾灌设备，投资 7 万多元，养殖场没有出现因高温死禽现象，当年减灾 10 多万元，养殖场主人称赞："喷灌真是好。"

中国工程院茆智院士认为，"这项技术为高效设施农业提供了一条切实可行的新途径"。水利部的一位领导考察后赞叹："把生态农业、节水农业、绿色农业、效益农业有机结合在一起，这方面的成功探索和实践在国内不多见。"据悉，该项技术已在宁波、绍兴、台州、湖州、金华和海南、云南、广东等地推广，取得了良好的经济效益和社会效益。

（记者　锡小平）

报道6   养殖场用上喷滴灌

余姚十年推广面积 3.8 万亩

（《浙江科技报》 2008 年 1 月 17 日）

余姚七年推广面积 3.8 万亩。余姚市最大的养猪场拥有 1.2 万 m^2 的猪舍，日常消毒工作十分繁重。以往，工作人员都用高压水枪往猪舍里喷药水，一来会使猪群受到惊吓，二来喷洒不均影响消毒效果。当猪场承包者得知喷滴灌这一新方法后，马上花钱装上了这一"新装备"，使用的效果非常好，不但喷洒均匀，而且成本降低。承包人后来在新猪舍启用时又毫不犹豫地选用了喷滴灌设备，"这样的好东西，我们花大钱也要装"。在余姚，养殖业成了喷滴灌应用的新领域，一些鸡场、兔场用喷滴灌消毒降温，取得了显著的经济效益。

一位承包 2 000 多亩土地的农场总经理在他的 2 000 个西瓜大棚内全部用了膜下微喷灌，当年增收 100 多万元，50 个承包农户平均每户多收 2 万多元。同时安装的 1 000 亩微喷灌也让玉米、西芹、芥菜等得到高产，加上喷灌结合施肥节省的 90% 劳力，一年共计增产节本效益为 140 万元。这位农场总经理感叹："搞现代农业没有喷灌不行。"

近七年来，余姚的喷滴灌技术应用面积达到 3.8 万亩，已成为我国南方喷滴灌面积最大的县（市），这一创新成果获得"浙江省水利科技创新一等奖"。据余姚市水利局奕永庆高级工程师介绍，目前喷滴灌工程的造价已从原来的 1 200 ~ 1 600 元 / 亩降到 600 ~ 800 元 / 亩，其中半移动的水带微喷灌模式亩投资不到 400 元，成为农民用得起的实用技术，受到了农民的广泛欢迎。喷滴灌技术在竹笋、葡萄、蔬菜、果桑等农作物上应用取得了非常好的效益。在茶园除霜防冻上，喷灌也发挥了很大的功效，让茶农惊叹不已。

（记者　锡小平）

报道7   竹笋、花卉、獭兔……统统用上喷滴灌

（《浙江科技报》 2008 年 6 月 10 日）

"到 2010 年，余姚的喷滴灌面积将增加到 10 万亩！"余姚市水利局高级工程师奕永庆的信心来自于这项技术为农民带来的实惠。

陆埠镇孔岙村的 4 000 多亩竹山已有 76% 装上了喷灌设备。村民说，有了喷灌后，鞭笋的长度从原来的不到 15 cm 增长到现在的 30 cm 以上，冬笋和春笋增产达 30% 以上，亩均增收在 600 元左右。

临山镇的干焕宜有近 30 年的葡萄种植经验。他说，安装滴灌后，他的 50 亩地一天可节水 100 m³；往常要打十三四次农药，现在只需要打两次，每亩药费从 250 元降到 30 元，人工费也省了 60 多元；施肥从两次减少到一次，每亩节省 80 元。另外，滴灌适合葡萄上部喜干、根部喜湿的特点，避免了沟灌引起的黑痘病、霜霉病等。

泗门、小曹娥等缺水地区的农户把喷滴灌装在辣椒、榨菜等蔬菜田里，使病虫害、烂根现象大为减少。

5 年前，陆埠镇一个獭兔养殖场首次用微喷灌给兔舍降温，把深井里的水经加压后在屋顶喷洒，使室内外温度差保持 5 ℃左右，消息传出，当地养殖场纷纷效仿，并把该技术用在场内喷药上。目前，余姚有 5 万 m² 养殖场装上了该设备，占到养殖面积的一半。

用喷灌技术给茶叶防冻是余姚人的又一个创举。在河姆渡镇 4 个茶园里，每逢寒潮来临，农户们就严阵以待，赶在日出前用喷灌把茶叶上的霜冲掉。淋洗时，茶树挂满冰凌，样子很可怕，但日出冰融，茶芽依然嫩绿，没有喷灌的茶园则一片通红，嫩芽已经被冻伤了……

有人计算过采用该技术后，余姚 3.8 万亩农田年可节支增效 1 900 万元，节水 380 万 m³。

（记者　俞新文）

报道 8　浙江省大力推广经济型喷滴灌工程

全省 1 000 多万亩缓坡山地将因节水而增收
（《浙江科技报》　2009 年 6 月 5 日）

日前，全省设施农业现场会在余姚市举行。这次由省政府组织召开的设施农业现场会是浙江省深入实施现代农业设施装备提升行动、加快推进浙江省设施农业发展的一个新起点。

浙江省设施农业起步于 20 世纪 80 年代，各地纷纷引进温室大棚和喷滴灌设施，由于成本高昂等，设施农业的产出效益不明显，成为困扰设施农业进一步发展的"瓶颈"。余姚市水利局的奕永庆高级工程师和技术人员从喷滴灌设施的"降价"入手，探索出了一条用经济型喷滴灌替代传统喷滴灌从而实现农业增长方式转变的道路，受到了省领导和有关部门的充分肯定。用传统的喷滴灌设备，每亩造价需要 1 200 ~ 1 600 元，进口设备则高达 2 000 ~ 3 000 元，而经济型喷滴灌设备每亩造价仅需 500 ~ 700 元，不到传统设备造价的 50%。经过多年的实践，经济型喷滴灌从平原田地的应用推广到了缓坡山地，从单纯的种植业推广到养殖业，取得了巨大的经济效益和社会效益。

有关专家指出，浙江省有缓坡山地 1 000 多万亩，只要有水就能增收，而节水型的经济型喷滴灌推广将成为浙江省农业新的增长点，是促进浙江省农业增效、农民增收的好方法。余姚走出了一条把先进的喷滴灌技术与浙江农业相结合的成功道路，这一经验已经到了大面积推广的好时机。

记者了解到，今年年初，省水利厅和省财政厅已下达百万亩喷微灌工程 2009 年项目实施计划，拨出 1 000 万元补助资金支持全省各地的喷微灌工程。宁波市人民政府也为喷滴灌工程建设每年拨出补助资金 1 500 万元。继去年 11 月省水利厅举办省、市、县水利设计人员喷滴灌推广培训班后，今年 4 月和 5 月，省水利厅又开展千名乡镇水利工程师培训，为喷滴灌推广提供人才和技术保障。余姚市政府决定，从 2008 年起，4 年安排专项资金 2 000 万元，到 2011 年推广面积达 10 万亩，政府补助推广经济型喷滴灌的资金比例达到 75%，促进农业增产、农民增收。

（记者　锡小平）

报道 9　　浙江百万亩农田用上低成本喷滴灌

（《浙江科技报》　2014 年 5 月 23 日）

2013 年度宁波市科技创新特别奖、科技创新推动奖和科学技术进步奖日前揭晓，由余姚市水利局奕永庆高级工程师等完成的"经济型喷滴灌技术研究与推广"项目荣获科技进步一等奖，在 10 个获奖项目中位列第二，也是唯一的一个农业项目。

据奕永庆介绍，到 2013 年底，全省经济型喷滴灌面积达到 110 万亩，已成为现代农业不可或缺的新设施。

从 2000 年开始，以奕永庆为主的团队就开始研究降低喷滴灌工程的造价，成功地打造出经济型喷滴灌技术成果并将其应用于农业生产中，把决定喷滴灌能否成功推广的关键因素——工程造价大大降低，从 1 400 ~ 1 800 元 / 亩降至 600 ~ 900 元 / 亩，新成果形成了新的设计理论和设计方法，实现了单元小型化、管径精准化、管材 PE 化、泵站移动化、喷头塑料化、微喷水带化、滴灌薄壁化、施肥简约化，一句话，经济型喷滴灌实现了有效的"最低成本"。

经过 10 多年的努力，奕永庆团队在余姚把喷滴灌广泛应用于竹笋、杨梅、茶叶、樱桃、铁皮石斛等山地作物以及蔬菜、葡萄、蜜梨、西瓜、草莓、水稻（育秧）等 30 多种平地作物，喷滴灌还扩展了用途，用于施肥、喷药、防霜防冻、淋洗沙尘等。除了用于植物，奕永庆团队还创新性地把喷滴灌应用于猪、羊、兔、鸡、鸭、鹅等畜禽场降温和防疫，用于鱼塘、石蛙场增氧，用于蚯蚓养殖场降温增湿等。

秦伟杰是余姚市康绿蔬菜合作社的负责人，承包土地近千亩，一年种三茬蔬菜，他通过实际应用为喷滴灌总结了四大好处：一是灌水质量好，比下雨、人工浇灌好，表土不板结，菜长势好，质量好；二是劳力（工钱）省，几年前每亩可省 200 多元，现在每亩可省 300 多元；三是用水省，每次灌水 5 ~ 7 m³/亩，不到沟灌的 1/3；四是经济效益好，每年遇到干旱，菜价涨了，收入反而能增加 1 000 多元 / 亩，有时甚至达到 2 000 多元 / 亩。

据统计，到 2013 年底，余姚市喷滴灌面积达到 12.8 万亩，占宜建面积的 41%，遥居中国南方喷滴灌面积大县首位。宁波全市推广面积 42.8 万亩，占全省推广面积的近 39%，居全省各市首位。

（记者　锡小平）

报道 10　经济型喷滴灌亩增效 500 元

（《农村信息报》　2006 年 6 月 21 日）

余姚朗霞街道的千亩梨园，前两年安装了经济型喷滴灌设备后，由于灌水及时，果实个大均匀，裂果少了，亩产蹭蹭地窜上了 300 kg。种植大户曹华安算了笔账："由于梨的品质上去了，每公斤售价也高了 4 毛，一亩地多收了 1 400 元呢。"

在余姚，已经有越来越多的农户像曹华安一样，用上了经济型喷滴灌设备。眼看着气温一天高过一天，不少兔农的心也越揪越紧，因为兔子特别怕热，兔场温度到了 35 ℃以上，兔子就会死亡。而余姚陆埠镇科农獭兔养殖场翁巧琴却不用为这事烦心，兔场温度一高，她只要拨弄一下开关，就能快速地给獭兔喷水降温。不仅使獭兔的死亡率从 12% 降到 3%，更可喜的是，母兔在高温期间也能繁育 1 ~ 2 代幼兔，兔场当年就增收 8 万元。这两年，养殖场的规模大，效益也更好了。翁巧琴乐呵呵地说："全靠了经济型喷灌。"

2001 年，余姚市水利局研究推广"经济型喷滴灌"技术，通过应用新材料、研制新设备、设计新模式等一系列技术创新，使工程造价降到每亩 600 元左右。

造价的降低，使得经济型喷滴灌在余姚迅速推广开来。在平原，应用于蜜梨、蔬菜、西瓜、葡萄等果蔬；在山地，则用于竹笋、杨梅、茶叶、板栗等经济林，遍及余姚的 21 个乡镇、街道的 73 个村，有 2.3 万亩作物用上了经济型喷滴灌。

余姚市水利局的同志告诉记者，喷滴灌不但节约灌溉用水，促进农产品优质、增产，结合施肥用药，还能为农户省下不少劳力和肥药成本，平均每亩增效达 500 元以上。

（记者　孙之卉）

报道 11　　这样灌溉实用实在实惠

（《农村信息报》　2008 年 9 月 10 日）

从杭甬高速公路东行 100 km，就到了全国节水增产重点县余姚市。在高速公路出口处，就能看到连片的大棚滴灌葡萄；往南眺望，数万亩喷灌栽培的毛竹、红枫、板栗在群山中长得郁郁葱葱；往北极目，上万亩采用了喷滴灌设施栽培的蔬菜和蜜梨生机勃勃；往东翘首，上千亩喷灌区的茶叶等青翠欲滴……余姚现有 3.8 万亩田地用上了喷滴灌，5 万多 m² 畜禽养殖场配备了微喷灌降温消毒设备，是我国南方喷滴灌面积最大的县（市）。

今年 8 月，副省长茅临生率省农业厅、水利厅、林业厅等部门的负责人实地考察经济型喷滴灌后指出：“余姚走出了一条先进灌溉技术与浙江农业相结合的成功道路，要对此进行总结，在全省加快推广，为推进设施农业、效益农业提供借鉴。”

一、农户投入 200 元，增收 1 500 元

在余姚市临山镇味香园葡萄基地内，记者见到了葡萄种植大户高国华。一说起经济型滴灌技术，高国华赞不绝口：“葡萄很容易发病，而且很大部分是空气湿度过高引起的，所以大棚内的空气湿度要低，但是根部土壤则要保持湿润。滴灌用在葡萄园里，真是再合适不过了。”他给记者算了一笔账：自从葡萄园安装了滴灌系统后，一是葡萄颗粒增大、糖度增加，裂果率大大降低，仅产量和卖相两点，每亩就比装滴灌前增加产值 1 000 多元；二是农药残留减少、施药成本降低，过去每季葡萄得喷洒 18 ~ 20 次农药，现在仅需 2 ~ 3 次，光农药费用就省下了 250 元；三是人工成本大大降低，用于灌水、喷药和松土的劳力大幅度减少，每亩可节省 250 来元。三项统计，亩产值增加了 1 500 元。“而我当初安装滴灌设施时，每亩平均投入 570 元，除去政府补助，自己只需掏 200 元，”他兴奋地说，“200 比 1 500，这绝对是一个低投入、高产出的好项目。”

记者了解到，在余姚，喷滴灌设施除广泛应用于葡萄、梨、蔬菜、竹林、花卉苗木等种植产业，在畜牧业上也得到了广泛应用。在余姚市城西绿色牧业养殖场里，记者看到场主黄家芳在用喷灌设施对猪场进行消毒。他接上水管，打开水泵，溶有消毒药剂的蒙蒙“细雨”便从猪圈上方徐徐落下，很快覆盖了整个猪圈，每个角落都没有遗漏。黄家芳介绍说，去年高温季节，尽管猪圈安装了冷风机，可还是被热死了 9 头怀孕的大母猪，损失近 10 万元；今年 5 月，他花 4 万多元给整个猪场的 5 000 多 m² 猪圈安装了经济型喷滴灌系统，和冷风机配合使用，在一个小时内可降低室温 8 ℃左右。目前高温季节已过，猪场不仅没有发生一例类似事故，还为他省下了大量喷洒药水的人工成本。

二、花一半的钱，做同样的事

农民的热情源于技术的实用和价格的合理。据记者了解，目前国内各地喷滴灌设施的工程造价基本上在每亩 1 200 ~ 1 400 元，主要在一些现代化农业园区里推广。余姚采用了什么技术，能够把造价降低到 600 元以下，最低的甚至只要 200 来元，让一般农户都能用得起这项"贵族化"的技术呢？在余姚市水利局的办公室内，该局高级工程师奕永庆为记者解开了谜团。

"你看，这是目前其他地方普遍采用的主管道，管壁厚度为 5.6 mm，直径为 200 mm；这是我们采用的主管道，管壁厚度为 2.9 mm，直径为 75 mm，仅此一改，主管道就省下了 80% 左右的材料成本。"奕永庆告诉记者，输水管道占整个工程造价的一半，经济型喷滴灌管的设计，取决于科学的轮灌面积设计，"一般都设计轮灌面积为 50 亩，这就对管道的厚度和直径要求较高。我们通过调查了解到，对绝大多数种植户来说，一次轮灌面积 10 亩就能满足其要求，所以管径和管壁的数值可以低一点。我们对主管道、分支管道的水压都进行过计算，经济型喷滴灌的使用效果完全和非经济型的一样，地下管道使用寿命也能达到 30 年以上。"

奕永庆带领的余姚市水利技术人员还通过一系列技术设施，在保证使用效果的前提下，最大可能降低成本，做到灌区小型化、泵站移动化、管道塑料化、主管河网化、管带薄壁化和微喷水带化，得以使一次性投入大大减少。如此一来，在保证使用效果的前提下，经济型喷滴灌设施每亩平均一次性投资才 600 元左右，仅为普通喷滴灌设施的一半。花一半的钱就能办同样的事，余姚的经济型喷滴灌走进普通农家便不足为奇了。

三、政府补得起，农民用得起

和一般农户单纯从投入产出来计算效益相比，余姚市各级政府高度重视喷滴灌节水技术。经济型喷滴灌设施的出现，大大加快了当地喷滴灌技术的推广步伐。

余姚水资源较为紧张，尤其是榨菜主产区的泗门等镇，每年都要在榨菜的移栽季节进行抗旱，前几年还向上虞买过水。早在 1974 年，余姚就引进了喷滴灌技术，但是由于造价较高等，直到 2000 年也只推广了 1 000 多亩。2000 年以来，余姚已新建喷滴灌种植面积 3.8 万亩，5 万 m² 畜禽场用上微喷灌技术，年净增收 2 000 万元，年节水 380 万吨。"这得益于经济型喷滴灌技术的面世，由于总体造价较低，一方面政府补得起，另一方面农民也用得起。"余姚市副市长郑桂春介绍说，目前，宁波市和余姚市两级对山区喷滴灌工程的补贴达到了造价的 85%，平原补贴 65%。余姚市计划今后每年安排 500 万元专项推广资金，到 2011 年扩大经济型喷滴灌种植面积 6.2 万亩，总面积达到 10 万亩；新发展养殖场微喷灌 10 万 m²，总规模达到 15 万 m²。

一些乡镇也纷纷加大了推广力度。从去年开始，泗门镇就出台了在上级补助的基础上每亩经济型喷滴灌设施增加补助 100 元的政策，进一步提高了农民积极性。该镇蔬菜种植大户秦伟杰告诉记者，去年他投资 30 万元给 600 亩蔬菜基地安装了喷滴灌设施，三级政府部门共补助 22.5 万元，自己仅花了 7.5 万元，"一季蔬菜就收回了成本"。今年他准备给所有的蔬菜基地都装上经济型喷滴灌设施。

（记者　袁卫）

报道 12　　宁波推广喷滴灌　解决农田"喝"水难

受益面积 4.5 万亩，年节水 1.4 亿 m³

（《农村信息报》　2009 年 1 月 10 日）

　　首次把南方地区喷滴灌亩均造价降到千元以下；首次把喷滴灌技术推广到竹笋、花卉和养殖业；首次作为基层代表登上国际讲坛，经验在全省推广……日前在余姚举行的宁波市农业节水现场会传出信息，宁波节水灌溉面积已达 228 万亩，占有效灌溉面积的 83%，其中喷滴灌面积 15 万亩，位居全国前列。

　　从 2000 年开始，宁波市在余姚小路下村尝试节水技术，在 523 亩果园和蔬菜田里安装喷滴灌设施，不仅解决了缺水问题，而且农产品的产量和品质大幅提高，每亩葡萄的产值从过去的 2 000 元左右猛增到上万元。

　　同时，近年来宁波市致力于经济型喷滴灌技术和设备的研究，把每亩造价从原来的 2 000 多元压缩到 600 元左右，得到以色列专家的充分肯定，成为南方地区推广喷滴灌的"发轫点"。

　　近两年，宁波市已累计投入 7 700 万元，实施 40 个农业节水项目，受益面积 4.5 万亩，形成了大田喷灌、大棚滴灌和大棚微灌等模式。据测算，喷灌区用水有效利用率已达到 85%，大大高于渠灌的 55%，该市农业用水量因此从 2004 年的 8.87 亿 m³ 下降到 2008 年的 7.4 亿 m³。使用喷滴灌设施后，劳力付出、水肥等成本亩均减少 500 元以上，同时能减少茶叶、花卉等农作物的霜冻损失，促其增产 20% 以上；另外，喷滴灌还减少了农业污染。

　　据悉，从今年开始的 3 年里，宁波市还将建设喷滴灌基地 10 万亩，同时加大 80 万亩粮食功能区的节水灌排设施建设，使这些农田达到 20 年一遇排涝标准。

（记者　何虹）

报道 13   经济型喷滴灌技术领先国内

投资减少一半，蔬果竹笋亩均增收 500 元以上
（《宁波日报》 2004 年 2 月 15 日）

龙头一开，塑料管内喷出细细的水柱，不到 10 分钟，5 亩蔬菜田就灌溉完毕。余姚临山镇兰海村的戚苗根去年投入 3 000 多元安装的喷灌系统帮了他大忙：除了每亩增收 2 000 元左右，还节省了大量的劳力和农药。目前，由该市水利部门主持的经济型喷滴灌技术通过专家的鉴定，认为已经达到了国内领先水平。

20 世纪 70 年代我市就出现了喷灌设施。多年来由于观念、投入等，其推广工作长期处于停滞状态，多数工程已经废弃。随着消费者对农产品品质要求的不断提高和劳力、农药成本的上涨，加上灌溉水源的日趋紧张，这项技术再次受到重视。考虑到农户当前的承受能力，从 2001 年开始，我市在全省率先开展对投入少、产出高的经济型喷滴灌技术的研究和推广。据统计，余姚至今已建成这项技术推广点 62 个，面积 6 400 余亩，其中只在去年就有 5 000 亩。

与以往的喷滴灌设施不同，经济型技术根据实际，缩小了灌区规模，山区利用小水库自压进行喷灌，平原则收集雨水作为水源，用河道代替主管道，用塑料管和移动机组代替了钢管和泵站，并减小了管道的直径，从而达到节约成本的目的。目前这项设施的亩均投入已经下降至 600 余元，减少了一半以上。

这项技术的效益十分明显。余姚现有近 3 000 亩竹笋山安装了该设施。经测产对比发现，亩均常年增收在 500 元以上，遇到像去年的严重干旱的状况，收入相差多的达近 2 000 元。而常规蔬菜和水果由于产量和品质的提高也普遍可增收 1 000 元以上。

更重要的是，喷滴灌技术大大减少了农药的喷施量，减少了劳力成本。临山镇葡萄种植大户干焕宜介绍，装了喷滴灌设施后，葡萄的病虫大量减少，每年的喷药次数从 15 次减少到 4 次，不仅减少了支出，还提高了产品品质，达到了绿色产品的要求。另外，经有关专家初步测算，使用该项技术后，平均每亩农田的灌溉水量能减少 100 m^3 左右。据悉，今年我市将大面积推广这项技术。

（记者　罗涟浩）

报道 14   大力推广经济型喷滴灌技术

（《宁波日报》 2004 年 4 月 1 日）

"实施经济型喷滴灌，与现行的地面漫灌或沟灌相比，每年每亩可节水 100 m^3。这

对拥有 350 万亩耕地的宁波市来说意义多么重大。"前天，来自余姚的水利专家、市人大代表奕永庆在市十二届人大常委会第九次会议上为节水献良策。

"喷灌是把水加压后由管道送到田间，再由喷头射到空中，形成细小水滴，像降雨一样洒落，是典型的'人工降雨'。滴灌则是用直径 10 ~ 20 mm 的塑料管送水到作物根部，让水一滴一滴渗入土壤，形象地说是'给作物挂盐水'。"奕永庆形象地介绍了喷滴灌技术。据测算，由于喷灌可以根据作物的需要均匀灌水，使土壤充分湿润而不产生渗漏和地面径流，水利用率达到 70% ~ 85%，与地面漫灌或沟灌相比节水 30% ~ 50%。而滴灌只湿润作物根部土壤，是局部灌溉，所以比喷灌更省水，比传统地面灌溉节水约 70%。

据介绍，经济型喷滴灌与普通喷滴灌相比还有成本低的优点。应用经济型喷滴灌技术，平均每亩耕地的造价为 638 元，比普通喷滴灌工程造价降低了 50%。

（记者　龚哲明）

报道 15　经济型喷滴灌技术登上国际讲坛

（《宁波日报》　2005 年 10 月 4 日）

日前在北京举行的第 19 届国际灌排大会上，我市水利专家奕永庆撰写的《经济型喷滴灌技术研究与推广》成为全省唯一入选的论文，被组委会安排在本届大会上作了交流发言，引起了与会各国水利专家的浓厚兴趣。

20 世纪 70 年代我市就出现了喷灌设施，但到了 20 世纪 90 年代末，所有工程已经废弃了。随着消费者对产品品质要求的不断提高和劳动力、农药成本的上涨，加上灌溉水源的日趋紧张，这项技术再次受到重视。考虑到农户当前的承受能力，从 2001 年开始，我市在全省率先开展对投入少、产出高的经济型喷滴灌技术的研究和推广。至今，全市推广面积累计超过 2 700 hm²，处于全省领先地位。其中，余姚已建成这项技术推广点 62 个，应用面积达 1 533 hm²，每年助农增收节支 2 000 万元左右。

与以往的喷滴灌设施不同，经济型喷滴灌技术根据实际，缩小了灌区规模，山区利用小水库自压进行喷灌，平原则收集雨水作为水源，用河道替代主管道，用塑料管和移动机组代替了钢管和泵站，并减小了管道的直径，从而达到节约成本的目的。目前，这项设施每公顷投入已从过去的 1.8 万元下降到 3 000 ~ 7 500 元。

这项技术在我市竹笋、杨梅、茶叶、花卉等产业中得到了广泛应用，增效相当明显。余姚现有近 600 hm² 竹笋山安装了该设施。经测产对比发现，每公顷常年增收在 7 500 元以上，遇到像去年的严重干旱的状况，收入相差多的达近 3 万元。而蔬菜和水果由于产量和品质的提高，每公顷普遍可增收 1.5 万元以上。

更重要的是，经济型喷滴灌技术大大减少了农药的喷施量，减少了劳动力成本。临山镇葡萄种植大户高田华应用了经济型喷滴灌技术之后，葡萄产量提高了 20% 左右，每年的喷药次数从 15 次减少到 4 次，上品果率也由 40% ~ 50% 提高到了 60% ~ 80%，每公顷增收超过 3 万元。另外，经有关专家初步测算，使用该项技术后，平均每公顷农田的灌溉水量能减少 1 500 m^3 左右。

（记者　罗涟浩　陈振如）

报道 16　　宁波喷滴灌技术将在全省推广

茅临生为《经济型喷微灌》作序
（《宁波日报》　2009 年 11 月 11 日）

首次把南方地区喷滴灌亩均造价降到千元以下；首次把喷滴灌技术推广到竹笋、花卉和养殖业……如今这项技术将在浙江省全面推广。日前，综合宁波市喷滴灌技术的《经济型喷滴灌》一书出版，副省长茅临生专门为此书作序。

2000 年，余姚市小路下村模仿国外现代农业先进技术，尝试在 523 亩果园和蔬菜田里安装喷滴灌设施，不仅解决了缺水问题，每亩葡萄的产值也从过去的 2 000 元猛增到 1 万元。近年来，该市致力于经济型喷滴灌技术和设备的研究，形成了大田喷灌、大棚滴灌和大棚微灌等模式，把每亩造价从原先的 2 000 多元压缩到 600 元左右。

目前，全市喷滴灌面积达 15 万亩，居全国前列。据测算，喷灌区的用水利用率已达到 85%，大大高于渠灌 55% 的用水利用率。使用喷滴灌设施后，农民劳力付出明显减少，亩均成本减少 500 元以上，同时能减少茶叶、花卉等农作物的霜冻损失，促其增产 20% 以上。此外，喷滴灌还能提高水肥效益，提高农产品品质，减少农业污染……

专家认为，喷滴灌是现代农业的重要标志。浙江省人均水资源总量低于全国平均水平，发展节水型农业是大势所趋，而喷滴灌技术的发展对拓宽农业发展空间和提高水、肥料、农药利用率，提高农产品品质、降低成本，均有很大的作用，希望各地能积极推广这项技术。

《经济型喷滴灌》一书由全省县级水利系统中唯一的教授级高级工程师奕永庆编著。

（记者　罗涟浩）

报道 17　　大棚雨水灌溉示范区在黄家埠建成

（《余姚日报》　2001 年 11 月 14 日）

过去农家屋檐下用来采集"天落水"的装置，如今被"移花接木"安装在大棚上了，这是笔者昨天在黄家埠镇科技示范园看到的一件新鲜事。据介绍，应用这项技术可以使大棚内作物的灌溉用水实现"自给自足"。

在该镇新建不久的大棚雨水灌溉示范区内，三栋连体大棚交接处的端口已被密封并经管与 10 个大型储水罐相连通，利用先进的滴灌技术，构成了一套简易的大棚雨水灌溉系统。据了解，这个集试验、示范于一体的科研项目是由市水利局专家奕永庆主持设计的，在运行一段时间后，通过对单位面积采集的雨水收支情况进行量化的检测、分析和计算，就能获得适合本地实际的大棚雨水灌溉技术的第一手资料。此项技术的推广应用，不仅可以节约大量宝贵的水资源，有效解决离水源较远的设施栽培地灌溉用水难的问题，而且由于直接采集的雨水具有含氧量高、污染少等特点，可以提高大棚作物的产量，并为生产无公害蔬菜提供有利条件。

（记者　郑杰锋　诸渭芳）

报道 18　蔬菜喝天落水　大家吃放心菜

大棚雨水滴灌技术受农户欢迎

（《余姚日报》　2002 年 2 月 17 日）

春节前，记者在泗门、老方桥等地采访时看到，大棚蔬菜可以不用人工浇水了，许多大棚外面都装上了一种新的灌溉工具。据当地村民介绍，这是市水利局高级工程师奕永庆去年推广的一项经济型喷滴灌技术。这种技术实施的目的就是让蔬菜喝天落水，让大家吃放心菜。

据奕永庆介绍，这项技术称为大棚雨水滴灌，也就是在蔬菜大棚外建一雨水池，雨天时把大棚上的雨水收集在雨水池中，再通过滴管把水引向大棚内，喷灌或滴灌棚内蔬菜。这也是一种用洁净水浇灌的新办法，是配合我市无公害蔬菜生产的一项重要措施。而且这种方法成本不高，平原地区每亩只需 300 ~ 500 元，喷灌时比平常节水 50%，滴灌时可节水 70%，而且还省不少工。老方桥镇有一西瓜种植户，20 多亩西瓜地平常总要雇四五个人浇水，而应用这项技术后，两个人就解决了这些西瓜田的灌溉问题。

目前，我市在泗门、老方桥、朗霞、黄家埠等乡镇都有农户应用此项技术，去年发展总面积达到 340 余亩。

（记者　刘文治）

报道19　　"喷灌"让鹿亭笋农笑开怀

亩增产125 kg　亩增收580元

（《余姚日报》　2003年3月12日）

昨日，记者在鹿亭乡采访时获悉，该乡农办对沿夹岙村安装喷灌的6户典型农户的调查资料表明，13.5亩竹林，仅鞭笋一项的亩产量就比安装喷灌前增产125 kg，亩增收达580元。喷灌技术成了该乡提高山农收入的又一途径。据悉，今年全市规划建立的2 000亩竹笋喷灌基地又将有1 500亩"落户"鹿亭乡。

鹿亭乡现有竹林面积3.8万亩，竹笋是其主导传统农产品之一。近几年来，该乡按照"传统农业抓提高，新兴产业求规模"的思路，已分别建立了"三笋"基地1万亩，注册了余姚市"麟角"牌冬笋、"凤尾"牌鞭笋商标，使笋农的经济效益有了明显提高。

由于竹笋抗旱能力弱，特别是三伏天，气候长期干旱严重影响冬鞭笋的产量与质量。为此，该乡农办在市农林局、市水利局有关人员的帮助下，于2001年在石潭村建立了30亩的竹笋喷灌试验基地，并取得了较好的效益。去年该乡又"乘胜追击"，投资14万元在沿夹岙村建立了200亩的喷灌基地，利用附近小山塘水库进行适时灌溉。"竹山安装喷灌真是好，前几年每亩才百余斤，今年阿拉冬笋每亩有300多斤，收入也翻了一番。"沿夹岙村村民方道吉兴奋地说。

（记者　陈振如　凌艳　朱伟士）

报道20　杨梅林"喝上自来水"

（《余姚日报》　2003年6月15日）

"突突""突突"，水不断从管道里喷向四周，经历了20多天干旱的杨梅林"喝"上了"自来水"。这是记者近日在市万亩优质种杨基地（浙江省林业特色基地）旅游观光示范区参观时所看到的。据了解，给杨梅林安装喷灌设施，在全省尚属首次。

位于东北街道的市万亩优质莠茅种杨梅基地现有杨梅1万多亩，其中杨梅旅游观光示范区1 000亩。为解决干旱少雨影响杨梅果实迅速膨大的问题，市农林局从去年开始就提出了建立喷灌设施的设想。经过实地踏勘后，市水利局有关专家利用穴湖水库的便捷水源，为安装杨梅喷灌设计了路线图。5月中旬以来，我市出现了连续20多天的干旱天气，给正处于果实膨大期的杨梅林安装喷灌设施就显得尤为迫切。5月28日，市农林局、市水利局和东北街道三方联动，投资4万多元，在该基地的旅游观光示范区建立了100亩的喷灌示范区，让杨梅林"喝上自来水"。

据有关专家介绍，通过建立喷灌设施还可以解决杨梅花芽分化及形成期经常遇到的干旱问题，促进花芽形成，改善花芽质量，从而平衡杨梅大小年的产量。

（记者　陈振如 汪国云）

报道 21　　大棚西瓜滴灌"滴"出高效益

（《余姚日报》　2003 年 8 月 29 日）

持续一个多月的干旱令今年的瓜农们减产减收了不少。可是，滴灌设施却让西北街道丰乐村的几户瓜农着实乐了一把。记者 8 月 19 日在该村采访时，西瓜种植大户徐顺昌笑呵呵地说，今年夏季西瓜亩产量平均高达 3 500 kg，40 亩地总产值高达 20 多万元，是往年的 2 倍还多。据了解，在该村像徐顺昌一样的西瓜种植大户共有 3 户，滴灌安装面积为 150 亩。

为了降低劳动强度和生产成本，今年西北街道丰乐村几户西瓜大户要求安装滴灌设施。今年 2 月，西北街道邀请市水利局专家奕永庆等为瓜农们安装了滴灌设施，总投资不到 3 万元。

在西瓜大棚里安装滴灌设施后，最大的好处便是瓜农们节省了工时。徐顺昌告诉记者，与去年同期相比，减少雇工支出近 3 000 元。与此同时，滴灌还使西瓜产量增加不少，亩产量可提高 500 ~ 1 000 kg。此外，膜下均匀灌溉还有助于降低大棚内的湿度，从而减少了病虫害的发生，大大提高了西瓜的品质。

（记者　陈振如）

报道 22　　全市 2 500 亩竹山装上喷滴灌

每亩鞭笋比原来增收 580 元左右

（《余姚日报》　2003 年 9 月 6 日）

近期，雨水不多导致许多地方鞭笋减产，然而大隐镇芝林村 200 亩安装了喷滴灌设施的竹山鞭笋却大幅度增产，鞭笋平均亩产量达到 105 kg 左右，比常规栽培增产 73 kg，而且所产鞭笋壮、白嫩、味鲜美、可食率高，尽管出售价格比常规栽培的鞭笋高出不少，小贩们仍争着上门收购。

我市有关部门于 2000 年 7 月指导马渚镇罗大岙村农户俞建江在竹山中进行喷滴灌安装试验，根据竹笋生长规律，利用山边小河水源进行定时浇灌，使竹山在高温干旱季节中仍然保持泥肥土松、湿润低温状态，结果突破了长期以来鞭笋每逢高温干旱季节停止生长的难题，为全市建设高标准冬鞭笋生产基地提供了经验。

据林技人员测定，在鞭笋所需的营养成分中，90% 左右是水，水分供应的充足与否决定着鞭笋产量的高低和品质的好坏。我市山区水资源丰富，山塘小水库较多，这些山塘小水库过去主要用来灌溉山田，随着农业产业结构的调整，山田用水逐渐减少，这为竹山灌溉创造了条件。

因此，近年来，我市把竹山安装喷滴灌设施作为进一步调整产笋结构、提升竹山栽培管理水平的一个重要举措来抓，两年多来，全市已有 2 500 亩竹山安装了喷滴灌设施，名列宁波市各县（市、区）首位，涉及鹿亭、陆埠、大隐、东南等乡镇（街道）近 600 户农户。鹿亭乡沿夹岙村 200 多亩竹山都是斜坡地，难以进行地面灌溉，历来"靠天养笋"，安装喷滴灌设施后，这种情况得以彻底改变。

据有关部门调查，安装喷滴灌设施后，每亩鞭笋比原来增收 580 元左右。

（记者　沈立铭　陈福良）

报道 23　　河姆渡 400 亩茶园喝上"自来水"

（《余姚日报》　2005 年 10 月 30 日）

在市、镇两级农技专家的帮助指导下，近日河姆渡镇又有 2 家茶场的 100 亩优质茶园安装了喷滴灌设施。看着自己的茶园喝上了"自来水"，茶农金英土笑得合不拢嘴："这下，我的茶园再也不怕干旱和霜冻了！"据悉，眼下河姆渡镇安装喷滴灌设施的茶园面积已达 400 亩，约占该镇茶园总面积的 1/5。

为了有效缓解旱情对高山茶园中茶树生长的影响，进一步提高茶叶的发芽率和改善茶叶的品质，去年年初，河姆渡镇聘请市水利局专家奕永庆等为技术顾问，开始着手对部分茶园实施优质化改造，安装喷滴灌设施。去年下半年，该镇投资 20 余万元首先给镇内 3 家茶场的 300 亩茶园安装该设施后，茶园的抗旱能力大大提高。今年仅一季秋茶，每亩就增产茗茶 1.5 kg 以上。按当前秋季茗茶平均价格 500 元 /kg 计算，每亩可增加收入 750 元以上，一年就可收回每亩 700 余元的喷滴灌安装成本。

此外，该镇茶农在今年上半年通过对比试验发现，茶园安装喷滴灌后，还可以有效缓解春霜对茶叶的"伤害"，保证茶树的发芽率和发芽质量。

（记者　陈福良　张忠）

报道 24　　经济型喷滴灌：奏响农业节水增收凯歌

（《余姚日报》　2005 年 8 月 18 日）

7 月一个烈日当空的下午，西北街道群立村一处靠近公路的田头，聚集着一大群人，他们忍着难耐的酷暑，正兴致勃勃地围着一台机器商讨比划着。原来他们都是从四面八方赶来参加街道举办的"移动喷滴灌现场会"的蔬菜种植大户，摆在他们面前的就是我市水利部门正在全市农村大力推广的移动喷灌机。"移动喷灌机使用方便，每亩成本只有 100 元，但节水、增收效果十分显著，大家想购买的话，还能得到政府的补助……"正在一遍遍向种植户们讲解的是刚刚从小曹娥种植大户的田头赶回来的市水利局的节水专家、省劳动模范奕永庆。

作为农村水利工作的重头戏，我市水利部门从 2001 年开始研究并推广经济型喷滴灌，不到 5 年时间，这一农田节水灌溉技术便从专家案头走向农民的田间地头，结出农业节水、增收的累累硕果。

一、从普通喷灌到经济喷滴灌

我市早在 20 世纪 70 年代中期就开始建设农业喷灌工程。1977 年，当时的县茶场喷灌工程被列入国家水利部重点科研项目，全市包括茶场在内建成固定喷灌面积达 1 270 亩。由于土地分散经营等原因，这一节水灌溉工程发展到 20 世纪 80 年代中期停止。2000 年，我市掀起建设现代农业示范园区的热潮，代表农业先进灌溉技术的喷滴灌推广工作再次列入政府部门的议事日程。当年，市水利局首先在小路下村农业园区内安装了喷灌、滴灌、微喷灌设备 500 多亩，尽管安装喷灌后的农作物显著增产、增收，但习惯于精打细算的农民一算每亩达 1 200 ~ 1 600 元的成本，便对此望而却步。由于这一喷灌模式与农民的经济发展水平不相适应，在全市进一步推广便举步维艰。

2001 年，市水利局提出了"发展经济型喷灌、促进效益农业发展"的新思路，围绕降低成本这一中心，以奕永庆为主的水利工程师根据技术经济学原理，开展了一系列的研究工作。经过市场调研和技术论证，水利工程师选定了韧性好、不易爆裂又容易弯曲的 PE 管代替原有的钢管，这一代替就把喷灌的管道成本降低了 40%。

有了新型制管材料后，专家们又在喷灌的设计上下足了功夫：以河道代替主管道、以移动机组代替泵站，一系列的研制工作很快达到预期的目标：新型喷滴灌与原有的相比至少节约一半成本，经济型喷滴灌由此得名。这一课题于去年 1 月通过省水利专家的论证，成为当年在全省推广的农业节水增收项目。

二、受惠农民赞不绝口

为了亲身感受经济型喷滴灌的节水、增收效果，日前，记者走向了率先享受这一技术成果的我市一批种养户的田间地头。位于小曹娥镇最北端的"一号水库"农场，宁波久久红食品有限公司董事长姚金林经营着一个占地 2 200 余亩的农场，他一脸欣喜地告诉记者：未使用移动喷滴灌前，他的 2 200 余亩经济作物全部实行沟灌，一个工一天最多只能灌溉 10 亩农作物。去年农场购置了 5 台移动喷灌机组后，每个工每天至少能灌溉

100亩，仅此一项，他每年就省下人工工资20万元；种地最怕缺水，沟灌需要充足的水源，而喷灌的用水量仅为沟灌的1/3。今年从5月下旬开始，农场连续有100来天没有下过一场较大的雨，但由于实行了喷灌，罕见的干旱不但没有对农作物造成影响，而且他种植的辣椒、毛豆、西瓜，平均亩产比未使用喷灌前提高40%～50%。由于农作物"喝水及时均匀"，实行喷灌后，老姚的400亩甜玉米颗粒饱满、色泽鲜亮，被附近一家速冻食品厂以高出市场20%的价格全部收购。除去700亩大棚西瓜，老姚的这片农场去年四季经济作物的总收入只达100万元，而今年上半年老姚除西瓜外的农作物的收益已超过了这一水平。

朗霞街道的千亩蜜梨基地，也于去年4月全部安装了喷滴灌，基地主人之一、省蜜梨协会会员曹华安说，安装了喷滴灌后，他的梨园亩产提高了1/3，除了增产增收，部分梨园还于去年8月底套种了包心菜，每亩净增收入1 800元。

除了广泛应用于农田灌溉，经济型喷滴灌还被称作"简易空调"，成为养禽户的新宠。位于西北街道的舜丰养殖公司，于去年5月投入7万元，在占地83亩的养殖大棚内外分别安装了雾化喷头和微喷灌，在气温超过35 ℃的高温天气，每天给鸡鸭大棚进行六七次井水喷水降温，一次喷水降温能使棚内的温度降低6～7 ℃，养殖场以往一到高温季节，常常出现大批死禽，有了喷灌降温设施后，棚内终日凉爽宜人，鸡鸭的产蛋率和孵化率均明显提高，去年因此增收达10万元。

在节水增收的同时，经济型喷滴灌还能有效降低农作物农药、化肥的施用量。据临山镇一位葡萄种植大户介绍，使用经济型喷滴灌后，他的葡萄园每亩的农药成本从280元降到30元，化肥、农药的成本减少了，葡萄也更符合消费者的"绿色要求"。

三、政府推介不遗余力

据水利专家测算，一亩经济型喷滴灌每年比传统的沟灌节水70～100 m^3，相当于2人一年的生活用水量，而且一亩经济型喷滴灌却能为农民多增加300～1 000元的收入。为了让更多农民受惠，近年来，我市将经济型喷滴灌作为水资源可持续发展及农民增收的重要项目在全市农村大力推广，在做好示范宣传工作的同时，还拨出专项资金补助使用喷滴灌的农户。如今，从四明山腹地到杭州湾畔，从飘香的果园到现代化养殖场，全市所有的乡镇都有农户用上了喷滴灌。全市累计使用这一节水灌溉技术的农田已超过2万亩，从而使我市成为长江以南使用喷滴灌最多的县市，受到了上级水利部门的关注。仅上个月，市水利局就接到来自全市各乡镇农户的100多套移动喷滴灌机组的购置预约，相信这一技术能为越来越多的农民带来丰收的喜悦。

（记者　金素莲）

报道 25　　"果蔬园区节水自动喷灌系统"了不起

（《余姚日报》 2005 年 9 月 26 日）

"这项课题的研究成果整体上达到了国内领先水平。"昨天，在由宁波市科技局组织的科技鉴定会上，省、宁波、市三级专家一致对"果蔬园区节水自动喷灌系统研究与示范"课题作出了如是鉴定。据了解，其研究成果在我市已取得显著示范应用成效，目前全市喷滴灌技术应用总面积达 2.3 万亩，累计受益 4.6 万亩，助农增加收入 2 235 余万元。

为加快高效节水灌溉技术的推广应用，节约资源消耗，降低生产成本，促进农业增效、农民增收，泗门镇农办、市机电排灌站和浙江水利电力专科学校于 2000 年开始组织实施了"果蔬园区节水自动喷灌系统研究与示范"课题，并上报宁波市科技局立项。以市水利局教授级高级工作师、省劳动模范奕永庆为技术骨干的课题研究组，创造性地把计算机控制、气象遥测、墒情遥测等信息技术结合应用于大田喷滴灌工程，实现了"鼠标轻轻一点，田间喜降甘霖"。据悉，至今这一成果吸引了国内外数千名水利专家、水利技术推广人员等前往参观。

与此同时，该课题组成员还在实践中摸索出了一套经济实用型喷滴灌技术和节水增效灌水方法。通过对新技术、新材料和新设备进行优化组合，奕永庆设计出了多种喷滴灌系统新模式，将工程造价从每亩 1 200 元降至 200 ~ 500 元；通过试验研究，他们还提出了杨梅、竹笋、葡萄、榨菜等 9 种果蔬作物的节水灌溉方法，实践了精准灌溉技术。这些技术在我市杨梅、茶叶、水果、花卉等产业中得到了广泛应用，增效相当明显。临山镇葡萄种植大户高国华应用了经济型喷滴灌技术之后，不仅葡萄产量提高了 20% 左右，而且上品果率也由 40% ~ 50% 提高到了 60% ~ 80%，每亩增效超过 2 000 元。

此处，他们还建立了与其他河网隔离的集雨水河道，拦蓄田面降雨径流用于农田灌溉，填补了国内雨水资源利用空白。据了解，目前泗门镇已建立集雨河道 200 多 km，集雨容量超过 40 万 m^3，可供 5 万亩农田利用喷滴灌系统浇灌一次。这不仅为抗旱提供了坚实的基础，而且利用无污染的"天落水"浇灌果蔬作物有利于实现绿色无公害生产，进一步提高了产品品质和市场竞争力，促进农业增效、农民增收。

（记者　陈振如）

报道 26　　用喷滴灌设施装备农业

（《余姚日报》　2007 年 2 月 9 日）

今年中央一号文件提出：发展现代农业是建设新农村的首要任务，并确定基本思路是"用现代物质条件装备农业"。喷灌、滴灌是先进的灌溉技术，但由于每亩 1 200 ~ 1 400 元的造价"门槛"太高，阻碍了这项新技术的推广。市水利局 2001 年开始研究和推广"经济型喷滴灌技术"，经过技术创新，形成了全新的设计模式，可称为"余姚喷灌"，造价 500 ~ 600 元 / 亩，并在 21 个乡镇、街道建设了示范工程 114 个，受益面积 2.4 万多亩，其中山区 1.6 万亩、平原 8 000 亩。这项技术应用于竹笋、杨梅、茶叶、花卉、蜜梨、西瓜、蔬菜、葡萄等作物，亩效益在 300 ~ 1 000 元。同时，我们还创新工作方法，把这项技术应用于鸡场、獭兔场、野鸭场的降温、防病、物理消毒，也取得了显著成效。目前余姚已成为我国南方喷滴灌面积最大的县市。实践证明，喷滴灌不仅能使种植业、养殖业达到优质、高产的目的，而且降低劳力、农药、肥料等成本，因此是最直接增加农民收入的实用技术，是现代农业的基础设施。

我市现有耕地面积 47.8 万亩，还有竹山 25.6 万亩、杨梅 8.4 万亩、花卉 2 万亩、茶叶 5 万亩、水果 6.8 万亩，这是山区农民的主要收入来源。但山区是坡地，无法常规灌溉，"靠天山"严重制约农民收入提高，所以实现"喷灌上山"增产增收效益十分显著。目前我市喷滴灌面积还不足 3%。余姚市"十一五"水利规划计划发展喷灌 10 万亩。为此建议市里把发展喷滴灌列为农民增收的实事工程，安排财政专项资金，用喷滴灌设备装备农业，以水利现代化推进农业现代化，走出一条有余姚特色的农业现代化发展之路。

注：本建议由时任余姚市委书记王永康推荐发表。

（作者 奕永庆）

报道 27　　喷滴灌节能增效显身手

禽舍降温　竹笋增产　果蔬添"绿"

（《余姚日报》　2007 年 7 月 11 日）

7 月 9 日上午 10 时许，随着"吱！"的一声，市舜丰畜禽养殖有限公司鸡舍旁水井边的一台小型电动机立即启动，片刻，安装在鸡舍顶上的微喷灌和鸡舍内的雾喷灌开始"喷水吐雾"，从天而降的"甘露"使鸡舍内的种鸡"喜出望外"，"咯咯，咯咯"的叫声随之减少……此时，鸡舍外的实测温度为 39 ℃，而鸡舍内的温度表仍停留在 30 ℃。

总经理毛济敖告诉记者，以前该公司采用喷雾器人工喷雾办法降温，但最终结果是"杯水车薪、顾此失彼"。2003 年因高温而死亡的种鸡达 1 700 只，其中最多的一天死了 486 只，损失 10 多万元。2004 年 5 月，该公司投资 7 万余元全场安装了微喷灌。这年夏天种鸡仅死亡了 10 余只，当年就将安装成本收回。

从毛济敖的介绍中记者还了解到：采用经济型喷滴灌降温，水源来自自行挖掘的井水，仅靠两台功率为 4 kW 的小型电动机就可达到目的，一天的平均成本不过七八元电费。如果换用大功率排风扇等其他降温设备，安装费用和电费分别是前者的 5 倍和 10 倍，而且通风程度还不如经济型微喷灌。

据主管经济型喷滴灌技术推广工作的市水利局教授级高级工程师奕永庆介绍：该技术兴起于 20 世纪 70 年代。2001 年，在泗门镇小路下村建成 520 亩自动化经济型喷滴灌工程的基础上，市水利局提出了"推广经济型喷滴灌技术，促进效益农业发展"的新思路。并通过技术改进，将每亩的安装费用从原来的 1 200 ～ 1 400 元降低到 400 ～ 800 元，其中西瓜等果蔬大棚还不到 200 元。

凤山街道永丰村建成"大棚雨水滴灌系统"后，真正实现了"给蔬菜喝天落水，让大家吃放心菜"，成为了绿色农产品生产的重要措施。种植大户孙仁源说："水清洁了，棚内番茄等蔬菜的病虫害也少了。"此外，雨水含氧量高，还促进了农作物根系生长，实现了增产。朗霞街道千亩蜜梨园在 2004 年安装经济型喷滴灌后，果实个大，裂果减少，亩均增产 300 kg，价格每千克提高了 0.4 元。

我市山塘水库众多，农业产业结构调整后，水稻等作物种植较少。为此，水利部门针对山塘水库水量相对过剩这一现状，利用山塘水库与山地之间的自然落差，将山塘水库之水引向竹山。陆埠镇孔岙村自 2002 年至今已在竹山安装经济型喷滴灌 2 200 亩，竹山喝上"自来水"后，毛笋产量可比过去翻番，鞭笋产期延长至 5 个月。来自该村的一项调查数据表明：安装该设施后，竹山每年亩均可增收 504 元。

经济型喷滴灌工程的优越性，激发了我市乡镇、街道农民的安装积极性。截至今年 6 月底，全市安装该设施的总面积已达 2.86 万亩，其中山区 2 万亩，而且应用范围和领域逐步从山区扩大到了平原、从种植业扩大到了养殖业。国家水利部最近提供的信息表明：目前，我市已成为我国南方地区应用经济型喷滴灌最普遍的县（市）。

（记者　陈福良）

报道 28　四明山镇花木喝上"自来水"

（《余姚日报》 2007 年 8 月 14 日）

近日，投资近 100 万元的四明山镇唐田村总面积 1 300 亩的花木喷灌基地一期工程已完工，即将投入使用，届时可以解决唐田村花木基地旱季的供水难题，提高花木的生长速度，提升花木产业经济效益。

近年来，随着四明山镇花木产业的不断发展，唐田村各农户把承包山的部分荒山、田头地角都开垦种植了红枫、樱花等苗木品种，花木种植面积已达 4 500 多亩。由于花木种植基地平均海拔在 650 m 以上，花木生长速度直接受到气候条件的影响，特别是在干旱季节，缺水对花木生长影响尤为严重。由于干旱，当年种下的苗木，有的不能发芽抽叶，造成死苗，有的则生长缓慢。如何克服和解决花木生长过程的干旱问题，成为该镇当前农村水利工作的一大新课题。鉴于唐田村花木种植面积集中，连片面积达 3 600 多亩，原集体修建的山塘水库又在灌区以上位置，只要对这些山塘水库做一次修整，即可作为灌溉水源，是搞喷灌比较理想的基地之一。为此，该镇在唐田村试点，在花木基地安装喷灌设施，以解决花木供水难问题。据悉，不久后，二期工程也将动工，届时将在唐田村再扩建 1 300 亩花木喷灌基地，从而更好地提高花木经济效益，增加花农收入。

（记者　吕芳　王攀）

报道 29　喷灌雨露更壮苗

（《余姚日报》 2007 年 11 月 16 日）

11 月 13 日，在泗门镇万圣村的一丘榨菜田里，人头攒动。来自泗门、临山、小曹娥等镇的十多家农业合作社社长和当地农民，目不转睛地盯着榨菜地里突然冒出的阵阵水雾……"真神啊！"人群中不时发出啧啧的称赞声。

原来，这里正在举行农业节水微喷推广现场会。

在大片刚刚种好的榨菜苗地里，铺着一条条黑色水带，小型抽水泵启动后，从皮管的小孔里喷出排雾，不一会，田野上就下起了蒙蒙细雨。刚刚种下的榨菜秧苗在细雨的滋润下显得格外嫩绿。

据了解，每年这个时候，正是我市姚北地区农户种植榨菜的农忙期。往年，为保证榨菜苗移植的成活率，农户在移植时，经常挑水浇苗，费工费力。

市水利局高级工程师奕永庆介绍说，这种喷灌模式设备简单，适宜一家一户小规模使用。农户只要买几根百米长的喷水带，配上农家已普遍有的汽油小水泵就可以实现"人工降雨"，每亩投资仅 200 多元。因此，节水微喷技术在我市蔬菜种植区可以大面积推广。

万圣村经济合作社社长宋鑫土兴奋地说："喷灌这东西，真是方便、实用，而且省劳力，灌溉均匀且节水，真正为阿拉老百姓带来了方便。一般 15 ～ 30 分钟就可以喷灌一亩地，成本仅为人工浇水费用的三分之一。"

据了解，市水利局从 1999 年以来研究和推广"经济型喷灌技术"，到去年底我市推广面积已达 2.8 万亩，成为全国南方喷灌面积最大的县（市）。今年，宁波、余姚两级财政又提高了支持力度，进一步调动了广大农民的积极性，截至 10 月底，全市今年新发展喷灌面积已突破 9 000 亩。

（记者　张波　鲁银华）

报道 30　农业技术推广：要从"贵族化"走向平民化

（《余姚日报》　2008 年 6 月 24 日）

最近，浙江省副省长茅临生在我市水利局报送的《促进农民增收和水资源节约的创新实践——余姚市经济型喷滴灌技术和应用效益》一文上作出批示，认为我市经济型喷滴灌技术应用的经验应予总结推广。

总结我市经济型喷滴灌技术创新、推广，取得实效的经验，一个最重要的原因就是不断总结经验教训，逐步从"贵族化"走向了"平民化"。正像茅临生副省长指出的那样："创业富民、创新强省发展现代农业，既要有敢想敢干的创新精神和运用先进技术的意识，又要有从实际出发，从农民的实际出发推进工作的扎实作风"。

喷滴灌是根据作物需要，对作物适时、适量供水的一项技术，它不仅可以节约灌溉水量 50% 以上，而且能消除大水漫灌所带来的一系列弊病，具有促进作物品质优化、产量增加、成本降低、效益提高等综合效益，亩增收在 300 ~ 1 000 元，平均 500 多元。但是，就是这样一项先进的农业技术，我市在推广应用中也走过不少弯路。

早在 1975—1984 年，我市就曾经建设了 1 287 亩喷滴灌设施，但在此后 15 年间却没有新的发展，有关部门在查找喷滴灌技术之所以"搁浅"的原因时，发现主要是造价的"门槛"太高阻碍了这项新技术的推广。从 2000 年开始，市水利部门吸取历史上的经验教训，适应社会主义市场经济规律，优化设计方法，应用新材料，研制新设备，创新系统模式，使喷滴灌工程造价从 1 200 ~ 1 600 元/亩降低到 600 ~ 700 元/亩，降幅在 50% 以上，使喷滴灌技术从"贵族化"走向"平民化"，突破了技术推广的瓶颈，受到广大农民群众的欢迎，短短几年间，总推广面积达到 3.8 万亩。同时，建设成畜禽喷滴灌 5 万 m^2，遍布 21 个乡镇、街道，每年可净增农民收入 2 000 多万元，节约水资源 400 万 m^3。近期，市水利局还提出了加快喷滴灌技术发展的计划，计划到 2011 年，全市喷滴灌面积达到 10 万亩。

农业，既是基础产业，又是风险性较大的弱势产业，农业产业要实现全面协调可持续发展，必须依靠科技进步，因此农业科技推广工作既是一项长期性任务，又具有紧迫性。经济型喷滴灌技术创新推广取得成功的实例，给我们带来了许多启示：一是技术上的先进性必须与经济上的合理性相结合。有一位学者曾经提出："让哲学从哲学家的课本里走出来。"农业科技要成为农民用得起、政府贴得起的实用技术，首先，必须让它们从工程师、农艺师的"手册"里走出来，走向广阔的田野，走向绵延的山区，走进现代化的养殖场。而这一切要以"农民用得起"为基础，否则即使再先进的技术，也只能束之高阁，难以在实践中发挥作用。其次，要始终坚持创新这一理念。以经济型喷滴灌为例，之所以能够从"贵族化"走向"平民化"，就是因为优化了设计方法，应用了新材料，研制了新设备，设计了新模式，使喷滴灌造价大幅度降低了。其他农业技术也是同样道理，只有不断创新发展理念，不断进行技术创新和成果应用，才能实现资源和效益的最佳化。再次，要进一步加大财政支持力度。任何新技术、新机械的推广应用都离不开政府的支持，而依靠先进农业科技促进"农业增效、农民增收"本身就是各级政府义不容辞的责任。当前，我市社会主义新农村建设和现代农业发展正处在一个关键的阶段，创新、应用和推广各类先进农业科技的任务十分繁重，迫切需要各级政府进一步加大财政支持力度，各乡镇、街道和市级有关部门要形成合力，对推广应用价值高、农民群众需求大的先进农技（农机），要作为民生工程切实抓紧抓好，进一步加大财政支持力度，努力使新技术加快转化为现实生产力，促进我市经济社会又好又快发展。

（记者　沈华坤）

报道 31　　茅临生来余姚视察早稻收购和喷滴灌推广工作

（《余姚日报》　2008 年 8 月 8 日）

昨天，副省长茅临生来我市视察早稻收购工作和经济型喷滴灌技术应用工作。茅临生指出，余姚的经济型喷滴灌技术应用在全省处于领先地位，下一步要全面总结，扩大使用喷滴灌技术的种植业和养殖业面积，并在全省加快推广。宁波市副市长陈炳水，宁波市政府副秘书长柴利能，我市领导王永康、陈伟俊、张国锋、诸晓蓓、郑桂春等陪同视察。

当天下午，茅临生又先后到朗霞街道月飞兔业养殖场、华安千亩梨园以及临山镇的江南葡萄农庄进行视察，并与临山味香园葡萄专业合作社的葡萄种植大户座谈，了解经济型喷滴灌技术的应用情况。据悉，我市从 2000 年开始研究和推广农业经济型喷滴灌技术，使喷滴灌工程的造价从原来的每亩 1 200 ～ 1 600 元下降到 600 元左右，并广泛应用于葡萄、梨园、山区竹笋、杨梅、茶叶、果桑等作物，目前，应用总面积达 3.8 万亩，还推广到兔、鸡、鸭、猪等畜禽养殖业，既优化了农产品品质，也提高了产量，每年可为农民增加收入约 2 000 万元，我市由此成为我国南方应用喷滴灌技术面积最大的县（市）。

茅临生在视察后指出，经济型喷滴灌技术是节水技术与农业生产相结合的一个很好的例子，余姚在这方面走出了一条成功的路。经济型喷滴灌技术的应用是转变浙江省农业增长方式的重要切入点，是促进农业增效、农民增收的好方法，今后余姚要从思想认识、资金投入、技术问题等各个方面对这项技术进行总结，进一步扩大使用喷滴灌技术的种植业和养殖业面积，并在全省加快推广，为全省推进设施农业、效益农业提供借鉴。

（记者　胡建东）

报道 32　　市政府召开第十四次常务会议

审议并原则通过《余姚市 2008—2011 年经济型喷滴灌发展计划》

（《余姚日报》　2008 年 8 月 23 日·节选）

昨天上午，市委副书记、市长陈伟俊主持召开市政府第十四次常务会议，审议并原则通过了《余姚市政府投资项目管理办法》《余姚市 2008—2011 年经济型喷滴灌发展计划》。

会议指出，经济型喷滴灌技术是一项潜力很大的节水技术，是创新强市在农业领域的生动体现，是惠农强农的有效载体。在当前水资源短缺问题日益突出的新形势下，大面积推广经济型喷滴灌，不仅可以节约水资源，缓解缺水矛盾，而且可以增加千家万户农民的收入。会议要求各地各部门从建设节约型社会的高度，切实抓好喷滴灌技术的推广和应用。

根据计划，从今年到 2011 年，我市将新建经济型喷滴灌 6.2 万亩，总面积达到 10 万亩，占全省规划发展面积的 30%，新发展养殖场微喷灌 10 万 m^2，总规模达到 15 万 m^2，使喷滴灌技术的推广和应用走在全省前列。

（记者　胡建东）

报道 33　　今后四年全市将新增喷滴灌面积 6.2 万亩

（《余姚日报》　2008 年 10 月 10 日）

记者从近日召开的全市喷滴灌工作会议上获悉，今后 4 年，我市将根据分期实施的原则，全市要新增喷滴灌面积 6.2 万亩，新建畜牧场喷灌 10 万 m^2，力争到 2011 年，使全市喷滴灌推广面积累计达到 10 万亩。

据了解，我市自 2000 年开始研究和推广"经济型喷滴灌技术"以来，通过优化设计，应用新材料、研制新设备，创新系统模式，降低工程造价，突破了该技术的推广"瓶颈"，现已广泛应用到山区竹笋、杨梅、茶叶以及平原蔬菜、梨园、葡萄等作物，受益面积 3.8 万亩，每年可直接为农民增加收入 2 000 万元。同时，该技术还推广到兔、鸡、鸭、猪等畜禽养殖场的降温和禽畜疾病防治，面积达 5 万 m^2，丰富了设施农业的内容。目前，我市已成为中国南方喷滴灌面积最大的县（市）。

会议指出，经济型喷滴灌工程是直接促进农业增效、农民增收的实事工程，是加快现代农业发展的"加速器"。全市各乡镇、街道要按照计划，确定专人，积极稳妥地将喷滴灌实施计划任务落实到村、分解到户。各相关部门也要加强配合，形成合力，确保全市喷滴灌推广任务圆满完成。

　　据悉，今后4年全市喷滴灌设施建设的总投资预计将达3 900万元，市财政已安排落实2 000万元专项资金用于喷滴灌技术的推广和应用。

（记者　鲁银华）

报道34　　全省经济型喷滴灌现场会在余姚举行

（《余姚日报》　2008年11月29日）

　　昨日，全省经济型喷滴灌现场会在我市举行，通过学习"余姚经验"，分解落实明年在全省推广5万亩经济型喷滴灌面积的目标任务。来自全省各地（市）和25个经济型喷滴灌试点县（市）的水利部门负责人和水利专家参加会议。

　　据介绍，我市自2000年开始研究和推广经济型喷滴灌技术，用喷滴灌设施装备农业，以水利现代化推进农业现代化，走出了一条具有余姚特色的农业现代化发展之路。截至目前，我市的经济型滴灌技术已广泛应用到山区竹笋、杨梅、茶叶以及平原蔬菜、梨园、葡萄等作物，受益面积3.8万亩，年可直接增加农民收入2 000万元。同时，该技术还推广到兔、鸡、鸭、猪等畜禽养殖场的降温和防疫，面积达5万 m^2，丰富了设施农业的内容。我市已成为中国南方喷灌面积最大的县（市）。去年，该技术成果获得了"浙江省水利科技创新一等奖"。

　　当天上午，与会代表还实地参观考察了临山江南葡萄庄园、泗门康绿蔬菜基地和丈亭万亩杨梅基地的经济型喷滴灌设施。参观考察中，与会代表对我市推广应用经济型喷滴灌技术促进农业"双增"取得的成效给予高度评价。

（记者　鲁银华　张建国）

报道35　　茅临生来我市调研时指出：
加快经济型喷滴灌推广　促进农业发展方式转变

（《余姚日报》　2008年12月5日）

　　根据省委学习实践科学发展观活动的安排部署，昨日副省长茅临生来我市调研经济型喷滴灌技术推广工作。他指出，要认真总结余姚的成功经验，把加快经济型喷滴灌技术推广作为全面落实科学发展观，促进全省农业发展方式转变的重要举措来抓，努力走出一条具有浙江特色的农业现代化发展之路。

当天，茅临生在宁波市副市长陈炳水，我市领导王永康、陈伟俊、郑桂春等陪同下，实地考察了临山镇禽畜养殖场和泗门镇康绿蔬菜基地的喷滴灌设施，观看了喷滴灌现场演示。随后，他主持召开座谈会，听取了我市经济型喷滴灌技术推广工作的情况汇报，并与我市基层干部、种养大户进行座谈交流，共商经济型喷滴灌技术推广大计。

我市是中国南方喷灌面积最大的县（市），从 2000 年开始研究和推广经济型喷滴灌技术，目前该项技术已广泛用于山区竹笋、杨梅、茶叶以及平原蔬菜、梨、葡萄等作物，受益面积 3.8 万亩，并推广到畜禽养殖场进行降温和防疫，面积达 5 万 m^2。今后 4 年，我市还将投入 3 900 万元，新增山林、农田喷滴灌面积 6.2 万亩，养殖场喷灌面积 10 万 m^2。

茅临生对我市大力推广经济型喷滴灌技术取得的显著成绩给予充分肯定。他说，党委、政府高度重视，各部门协调配合，技术研究取得新突破，这些都是余姚经济型喷滴灌技术推广取得成功的重要经验。他希望我市进一步总结经验，供全省各地学习借鉴。

茅临生说，当前，大力发展喷滴灌的主客观条件已经具备，具体体现在，一是各级党委、政府都把发展现代农业提到重要议事日程；二是由于劳动力成本提高，农民对机械化和设施化的要求越来越迫切；三是浙江经济发达、资本雄厚，有实力发展现代农业；四是喷滴灌设施具有精准供水、节水、省工、标准化生产、减灾防灾等功能，效益十分显著。可以说，有了这些客观条件，再加上农民有需求，经济型喷滴灌已经到了新的发展阶段。

茅临生强调，余姚的实践证明，经济型喷滴灌是效益农业的新设施、农业现代化的推进器，是促进农业发展方式转变的切入点。全省各地一定要站在贯彻党的十七届三中全会精神、全面落实科学发展观和执政为民、扩大内需的高度，大力推进经济型喷滴灌技术的推广应用。要紧紧围绕农业增效、农民增收、农村发展的目标，通过学习推广余姚的成功经验，从经济、技术、管理、政策、基础设施、政府服务等方面，不断创新推广工作机制，使"余姚之花"开满浙江、开遍全国，走出一条具有浙江特色的农业现代化发展之路。

（记者　鲁银华）

报道36　农业节水关注"余姚经验"

（《余姚日报》　2008 年 12 月 24 日）

12月22—23日，宁波市农业节水工作现场会在我市举行。来自宁波各县（市、区）的水利部门负责人和水利专家参观了我市临山镇葡萄滴灌工程、泗门镇蔬菜喷灌工程、城西牧场微喷灌工程和丈亭镇杨梅喷灌工程，并听取了我市"加快喷滴灌技术推广，促进农业节水增效"的经验介绍，对我市推广应用经济型喷滴灌技术促进农业"双增"取得的成效给予高度评价。

据介绍，我市自2000年开始研究和推广经济型喷滴灌技术，用喷滴灌设施装备农业，经水利现代化，走出了一条具有余姚特色的农业现代化发展之路。目前，我市已成为中国南方喷灌面积最大的县（市）。

现场会要求宁波全市各地认真学习"余姚经验"，大力推广经济型喷滴灌技术，进一步促进农业增效、农民增收。

（记者　鲁银华）

报道37　微喷灌——畜牧产业的助推器

（《余姚日报》　2009年8月18日）

日前，在相关上级主管部门的指导和帮助下，余姚市康宏畜牧有限公司又在其新建的猪场安装微喷灌设施16 000 m²，准备借助微喷灌这一科技，为畜牧养殖产业进一步提高经济效益打下扎实的基础。

创建于1999年10月的余姚市康宏畜牧有限公司，猪场占地面积55亩，建筑面积14 500 m²，年可出栏商品肉猪15 000头，销售收入2 500万元，连续6年被评为宁波市绿色畜产品基地、宁波市农业龙头企业、宁波市菜篮子工程储备基地。

2007年开始，该公司在余姚市水利局和市畜牧局的指导下进行牧场微喷灌安装，7月该公司第一期在两幢2 000 m²肉猪舍里安装了微喷灌做试验。经过微喷灌技术的应用，首先对消毒进行了改革，传统的猪场消毒一般是每周2～3次，每次需要用时2小时，职工的劳动强度相当大，对猪群的生长影响非常大。使用微喷灌后，消毒改为1天1次，每次只需5分钟。而且消毒的时候，猪群非常安静，职工劳动强度也明显降低。由于微喷灌消毒喷洒到位，由原来的平面消毒变为现在的立体消毒，消毒密度提高，有效地控制了病原微生物的生长繁殖及传播，进一步有效地控制了猪场疫病风险。

通过一个月的运作，猪场微喷灌受到了全场工作人员的欢迎。接着第二期12 000 m²猪舍全部安装调试完毕，达到全场微喷灌全面运用。

余姚市康宏畜牧有限公司经过两年的微喷灌技术应用，经济效益显著提高，实现了"三省"：首先是用工省。微喷灌安装以后消毒防疫用工比以前减少735工时，仅此一项可减少用工成本4.5万元。其次是用药省。根据该场微喷灌应用的情况，在2007年以前猪场平均防疫治疗费用70元/头，微喷灌技术应用后，2008年全年统计平均防疫治疗费用55元/头，2009年1—7月防疫治疗费用45元/头，呈逐年下降趋势。最后是饲料省。高温季节猪热应激严重，生长缓慢，给猪场造成了较为严重的经济损失，该场通过微喷灌洒水雾，夏季猪场的室内温度可降低6～8 ℃，采食量明显增加，猪的生长速度加快，出栏也快，按每头猪 100 kg 计算，每头猪可节省饲料 20 kg，按平均饲料价格 2.8 元/kg，每头猪可减少成本 56 元。以上三项就为该场增加效益 55 万元。

（记者　张辉）

报道 38　　喷滴灌技术让果蔬节约用水

（《余姚日报》　2010 年 6 月 3 日）

日前，笔者在丈亭镇俞家岙花木场里看到，细细的水流从滴管中缓缓喷出，并以稳定的小流量均匀洒在盆花上，众多花卉在水雾中争奇斗艳。这是该花木场正在用喷滴灌设施给花木浇水。据花木场俞国庆介绍，场里应用喷滴灌节水灌溉技术后，不仅节约了水资源，更重要的是提高了花木质量，增加了经济效益，每亩可增收 800 元。

面对日益缺乏的水资源，丈亭镇早在 2004 年就开始在花卉、杨梅、毛竹等农业产业中大力推广应用喷滴灌技术，并因地制宜推广多种形式的节水高效农业配套措施，实现节水增效的目标。据统计，截至去年年底，该镇共建成农业节水灌溉基地 4 960 余亩，已完成宜建喷灌计划要求的 41%，喷滴灌工程建设完成情况在全市各乡（镇、街道）中处于前列。

据了解，喷滴灌不单纯是节水措施，更是科学的灌溉技术，可使土壤的水分、空气、肥料等要素处于作物生长的适宜状态，在提高产量的同时，还可提高作物品质。如今，在丈亭镇，越来越多的农民选择给自家的花卉苗木、蔬菜瓜果"打点滴"。

（记者　吕玮）

报道 39　　喷滴灌助榨菜丰产丰收

黄潭蔬菜产销专业合作社

（《余姚日报》　2010 年 4 月 16 日）

眼下正是榨菜收割的大忙季节，这几天，位于夹塘村的黄潭蔬菜产销专业合作社万元亩值示范基地内一片繁忙，几十名工人正忙着在基地内收割榨菜，平均亩产达 4 300 kg 的产量让合作社负责人魏其炎的脸上充满了喜悦。

由于受连续雨水低温影响，今年的榨菜产量普遍较低，榨菜质量也比往年要差，许多田块还未到收割时间，榨菜就已开始落叶发黄。然而，在黄潭蔬菜产销专业合作社的榨菜地里却看不到这些景象，正待收割的榨菜菜叶嫩绿，一个个榨菜头青翠饱满，魏其炎说："这些都是合作社采用喷滴灌技术取得的成效。"

去年，黄潭蔬菜产销专业合作社共种植榨菜 350 亩，合作社充分利用喷滴灌这一农业设施，有效地应对了不利的气候条件。合作社利用天气晴好的有利时机，给榨菜施肥，再配以喷滴灌，使榨菜充分吸收养分，吃好"营养餐"。而广大农民往往选择在下雨前给榨菜施肥，等到大雨一下，榨菜来不及吸收肥料，肥料就被雨水冲走，造成减产减收。

魏其炎高兴地告诉笔者，今年合作社的榨菜平均亩产要比其他田块高出 1 500 kg 左右，按照今年榨菜平均收购价 0.7 元 /kg 来计算，亩均增收千元以上。仅此一项，合作社今年就增加收入 35 万元。

（通讯员　杨怀铭）

报道 40　我市喷滴灌面积突破 10 万亩

（《余姚日报》　2011 年 12 月 17 日）

昨日上午，三七市镇德氏家茶场负责人王荣芬打开自动喷雾灌系统，20 多亩大棚黄金芽苗圃内顿时下起"毛毛细雨"。王荣芬告诉记者，自去年装上喷雾灌后，茶苗成活率由过去的不到 50% 提高到 80%，而且省工节本，效果明显。

据了解，近年来，该茶场投入大量资金，先后在 500 多亩茶叶基地里全部装上了喷滴灌设施，效益一年比一年好。

市水利部门的资料显示，我市自 2000 年开始研究经济型喷滴灌技术以来，经过技术创新和优化设计，截至目前，全市喷滴灌推广面积已达到 10.6 万亩，占宜建面积的 34%，遥居全国南方喷滴灌面积大县首位。特别是 2009 年我市被列入全国小型农田水利建设县后，中央、宁波和我市三级财政进一步加大政策扶持，近三年中，每年安排 2 000 万元专项建设资金，其中 80% 以上用于发展喷滴灌，对农民的补助比例高达 85%。

目前，我市经济型喷滴灌已广泛用于蔬菜、葡萄、竹笋、茶叶、樱桃等 30 多种作物，不仅用于抗旱灌水，还用于施肥喷药、除霜防冻。同时，我市通过积极创校报，把喷滴灌技术推广到畜禽养殖场，用于喷水降温和喷药消毒，安装面积达 28 万 m^2，占全市规模化养殖场的 95%。

统计数据显示，我市推广经济型喷滴灌技术十年来，已累计受益 42 万亩，帮助农民增加净收入 3.2 亿元，同时节约水资源 4 200 万 m^3。

（记者　鲁银华）

报道 41 让每一滴水都发挥最佳效益

——我市推广经济型喷滴灌技术纪事

（《余姚日报》 2013 年 1 月 10 日）

地里的作物"渴"了、缺营养了，只要轻轻一拧水龙头，带有有机肥的水珠便像薄雾一样均匀地洒在每一棵作物的根部或叶面。这是记者日前在泗门镇的余姚市康绿蔬菜专业合作社看到的景象。合作社社长秦伟杰告诉记者，从 2007 年开始，该合作社就在蔬菜基地里安装了微喷灌设施，大棚一年可育秧 5～6 茬，每茬秧苗的产值达到 4.5 万元，利润 1.05 万元，也就是说，基地每亩土地的年产值可达 22.5 万元，利润 5.25 万元。"这是经济型喷滴灌技术带来的好处。"秦伟杰说。

推广经济型喷滴灌技术，是我市水利科技工作者立足现代农业发展实际，创新节水灌溉模式的一种全新实践，具有优质、增产、节本、省工等效益，目前，这一技术已在全省范围内推广，累计助农增收近 22 亿元。多位中国科学院、中国工程院院士在我市实地考察、调研后一致认为，我市的这一技术已处于国际领先水平。

创新，破解资源缺乏难题

市水利局教授级高级工程师奕永庆告诉记者，我市人均水资源占有率不到全国平均水平的三分之一，对现代农业发展造成了瓶颈制约，同时，我市又面临农业面源污染治理等难题。怎样让每一滴水都发挥最佳效益？我市水利科技工作者在充分借鉴国内外节水灌溉经验的基础上，结合我市农业发展实际，通过设计创新和应用创新，在经济型喷滴灌技术推广应用上迈出了坚实的脚步。

奕永庆说，经济型喷滴灌技术可概括为"六化"技术，即单元小型化，每座泵站灌溉面积设计为 150 亩左右，充分利用水源条件，干管直径控制在 110 mm 以内，仅此一项每亩可降低管道成本 300～900 元，同时能利用现有低压电网，又可节约新建高压线、配变压器的成本每亩 200～300 元；管径精准化，避免因管径过长或壁厚造成浪费；泵站移动化，既不占用耕地，又防止泵站设施被盗；管材 PE 化，价格仅是钢材的二分之一，是目前最理想的喷滴灌地埋管材；喷头塑料化，价格仅为金属喷头的四分之一，而使用寿命与金属不相上下，且能避免失窃；微喷水带化，用微喷水带代替常规的微喷头，亩造价仅 300～500 元，不易堵塞，可使用 2～3 年，且使用后可收藏，不影响农机作业。

除了设计创新，我市的经济型喷滴灌技术还以应用创新提升经济效益和社会效益，就是把喷滴灌设计广泛应用于榨菜、杨梅、竹笋、葡萄、蜜梨等高效经济作物和水稻育秧，还可应用到畜禽、石蛙等养殖场，具备作物施肥喷药、除霜防冻、淋洗沙尘和畜禽养殖场降温、防疫、沼液施肥及鱼塘增氧等功能。仅以我市为例，每年就可节水 1 210 万 m³，增收 9 549 万元。

推广，助农增收效益显著

2010 年 2 月，临山镇味香园葡萄专业合作社党支部书记陈正江等 7 户农户在杭州湾畔的围垦海涂上栽种了 250 亩葡萄，由于是盐碱地，一开始葡萄苗成活率不到 20%。陈正江焦急地找到奕永庆，在奕永庆的指导下，海涂葡萄园安装了膜下微喷灌，结果葡萄成活率提高到 98% 以上，结出的葡萄个大、味甜、色泽好，亩产值达到 5 000 多元，而且每亩节约施肥成本 3 000 多元。陈正江感激地说："经济型喷滴灌技术就是阿拉的'财神'"。

马渚镇四联村水果种植大户陈钧魁对此也深有体会。没有安装喷滴灌设施前，他种的水果几乎"全军覆没"，自从安装了喷滴灌设施，他承包的 110 亩水果亩产值达到 2.8 万元，仅施肥、浇灌、排水等工序，每亩就节约成本 2 000 多元，而且旱涝保丰收。

陆埠镇石蛙养殖场主人鲁爱玉一开始养殖石蛙时，由于水温、湿度等不易控制，石蛙逃的逃、死的死，损失惨重。在技术人员的指导下，她投资 6.2 万元，安装了喷灌设施，建成了 2 500 m² 的 5 个养殖大棚，既为石蛙提供了舒适的环境，又有效防治了病虫害，今年已出售商品蛙 70 000 多只、种蛙 2 000 多对，产值达到 2 000 多万元。鲁爱玉感慨地说，喷灌设施真是只花一钱、可得百倍利啊。

目前，我市已累计推广经济型喷滴灌面积 53.8 万亩、畜禽养殖场 127 万 m²，累计助农增收 4.32 亿元。这一技术在全省推广后，已累计为农民增收近 22 亿元。

由于经济型喷滴灌技术带来了实实在在的好处，我市农民尤其是大户安装喷滴灌设施的积极性空前高涨，黄家埠镇康宏畜牧场的负责人发自内心地说："这样好的东西，即使政府不补助阿拉也要装。"

（记者　沈华坤）

报道 42　节水节肥增收

我市大力推广经济型喷滴灌技术
（《余姚日报》　2013 年 8 月 15 日）

昨天，市水利局教授级高级工程师奕永庆再次来到位于泗门镇的余姚市康绿蔬菜专业合作社，指导社员科学应用喷滴灌技术防暑降温。由于应用了喷滴灌技术，在今年持续高温干旱天气面前，康绿蔬菜专业合作社生产基地里的蔬菜与合作社一样，为抗旱夺丰收打下了基础。

推广农业节水技术，是提高水资源利用率、促进农业可持续发展的重要措施之一。我市从 2000 年开始，以"政府补得起、农民有效益"为出发点，根据技术经济学原理，采用优化设计办法，应用新材料、设计新模式，形成了"经济型喷滴灌"设计理论和设计模式，实现了灌溉单元小型化、管材 PE 化、管径精准化、干管河网化、泵站移动化、喷头塑料化、微喷水带化、滴灌薄壁化。由于新型的滴灌设施造价不足常规的一半，降到 600 ~ 800 元 / 亩，因此受到广大农民的欢迎，广泛应用于山区竹笋、板栗、红枫、樱花和平原蔬菜、葡萄、蜜梨、西瓜等经济作物种植区，并创新性地应用于猪、鸡、鸭、鹅、羊等养殖场，成为现代农业的重要基础设施。这项技术成果获得省水利科技创新一等奖，并被中国工程院院士鉴定为处于国际领先水平。2009 年 4 月，省政府在我市召开现场会，推广这一先进技术。

目前，我市已累计推广经济型喷滴灌技术经济作物面积达 53.8 万亩，畜禽养殖场 127 m^2，累计节水 5 600 多万 m^3，节约肥料和农药各 25%，累计创造直接经济效益 4.12 亿元；宁波累计推广 171.2 万亩，畜禽养殖场 205 万 m^2，累计助农增收 13.5 亿元。从 2008 年开始，这一先进技术被省政府在全省范围内推广，累计推广经济作物面积 281 万亩，畜禽养殖场 235 万 m^2，助农增收 21.92 亿元。此外，该技术还受到了意大利、沙特阿拉伯等设施农业发达国家和地区的肯定。

（记者 沈华坤）

报道 43 经济型喷滴灌助农增收 36 亿元

目前已在全省推广百余万亩，节约建设资金 9.1 亿元

（《余姚日报》 2014 年 5 月 11 日）

日前，省水利厅发出文件，要求全省各地加大经济型喷滴灌技术推广力度，为节约水资源、助农增收创造条件。

据省水利厅统计，到目前为止，全省经济型喷滴灌推广面积已达到 110 多万亩，平均每亩降低造价 735 元，共节约建设资金 9.1 亿元，累计助农增收 35.7 亿元。亩节水 100 m^3，累计节水 3.9 亿 m^3，节水量相当于 39 个西湖的蓄水量。而作为这一创新技术发源地的我市，目前喷滴灌面积已达 12.8 万亩，占宜建面积的 41%，畜禽场安装喷灌设施 36.5 万 m^2，占规模化畜禽场的 96%，共节约建设成本 1.1 亿元，累计助农增收 6.3 亿元，节水 6 824 万 m^3，面积和效益均居南方县（市）首位。

经济型喷滴灌是由市水利局教授级高级工程师奕永庆创新开发的，比常规喷滴灌降低建设成本 54%，并率先应用于竹笋、杨梅、葡萄等 30 多种作物，创新应用于畜禽养殖场，以及鱼、石蛙、蚯蚓养殖场等，除了浇灌，还可用于作物施肥、施药、除霜防冻、淋洗沙尘、降温增氧等。

从 2008 年开始，省政府在全省推广这一创新技术，国家水利部也先后派出两批专家到我市调研，确认经济型喷滴灌是适宜在全国大面积推广的三项喷滴灌之一。

（记者 沈华坤）

第六章　喷滴灌材料和设备选型

第一节　PE管和钢管

一、聚乙烯（PE）管

在喷滴灌工程中管道成本约占50%以上，所以正确选择管材对降低工程造价具有决定性的意义，管材选择从材质、直径、耐压三方面考虑。

（一）材质

聚乙烯（PE）管，具有"韧柔性"，不易破损，应作为首选。

PE管分为PE63级、PE80级、PE100级，表示最低抗开裂强度分别为6.3 MPa、8 MPa、10 MPa，即传统所述的63 kg/cm^2、80 kg/cm^2、100 kg/cm^2，目前常用的是PE80级和PE100级。相对而言PE80级"柔性"多些，故直径≤63 mm的管子常用，PE100级"刚性"高些，故直径>63 mm的管子常用。PE100级耐压度高25%，但价格仅高4%左右（300～400元/吨），故大口径管选用PE100级是经济的。例如：同是0.6 MPa、DN110 mm的管子，PE80级材料壁厚5.3 mm、重量1.8 kg/m，而PE100级材料的壁厚4.2 mm、重量1.5 kg/m，每米重量相差0.3 kg，价格相差6元，且管壁薄，内径大，过水断面也大，可减少水流阻力。换一个角度，同样壁厚的管子，采用PE100级材料耐压比PE80级提高一个级差，例如：PE80级、DN90管子，壁厚4.3 mm、耐压0.6 MPa，改用PE100级材料，壁厚不变，而耐压提高到0.8 MPa。

管道材质选择重点要关注的是新料还是"回料"，这主要取决于订货的价格，例如新材料的原料价格为1.2万元/吨，企业正常的加工费为0.4万～0.5万元/吨，则正常的产品出厂价应为1.6万～1.7万元/吨，即16～17元/kg，这是很透明的。如果订货时以压低价格为"胜利"，那么实际是迫使企业掺回料，付出质量的代价。

对已生产出的管子如何鉴别是全新料还是加了回料？有经验的可以目测：新料产品一是内壁外壁光泽好，乌黑发亮；二是表面光滑，斑点极少。但这是感性的、定性的；应采用理性的、定量的分析，可采用"氧化诱导仪"，新料的抗氧化时间长，每热熔加工一次，抗氧化时间就减少数分钟，根据测出的产品氧化诱导时间就可以鉴别出原料的质量，用数据说话，一目了然。国家标准中规定，在200 ℃条件下，氧化诱导时间≥20 min。

这是最低要求，好的材料达到 50 min 以上。

（二）直径

管子的产品标准和商品规格都是以外径确定的，这是为了简化管道附件的规格。直径的通用代号为 DN，含义是"名义直径"，本义通指管子内径，但目前习惯上已指外径。管壁上所标注的直径是外径，与内径相差 2 倍壁厚，例如：DN32 mm，当壁厚 2 mm 时内径为 28 mm，壁厚 3 mm 时内径为 26 mm。

（三）耐压

即承受管道内水压的能力，一般喷灌 0.6 MPa、微喷灌和滴灌 0.4 MPa 就够了，耐压过高是浪费的，因为耐压等级与壁厚成正比，也与造价成正比。例如 DN63 mm 的管子，耐压 0.6 MPa，壁厚 3 mm、重量 0.57 kg/m；耐压 1.25 MPa 时，壁厚 5.8 mm、重量 1.06 kg/m，后者分别是前者的 1.93 倍和 2 倍，价格也是 2 倍。

经济型设计管道直径一般不超过 DN110 mm，常用的规格参数见表 6-1、表 6-2。

表 6-1　HDPE80 管材规格与参考价格

外径 （mm）	0.4 MPa		0.6 MPa		0.8 MPa		参考值	
	壁厚 （mm）	重量 （kg/m）	壁厚 （mm）	重量 （kg/m）	壁厚 （mm）	重量 （kg/m）	压力 （MPa）	参考价 （元/m）
20							1.0	2.6
25					2.0	0.15	0.8	3.0
32					2.0	0.20	0.8	4.0
40			2.0	0.25	2.3	0.28	0.6	5.0
50	2.0	0.32	2.0	0.32	2.8	0.42	0.6	6.4
63	2.0	0.4	3.0	0.57	3.6	0.6	0.6	11.4
75	2.3	0.54	3.6	0.82	4.3	1.0	0.6	16.4
90	2.8	0.78	4.3	1.2	5.1	1.5	0.6	24.0
110	3.4	1.2	5.3	1.8	6.3	2.2	0.6	36.0

注：1. 价格参考信息为 20 元 /kg 左右。

2. 本表选自《节水灌溉工程实用手册》，下表同。

表 6-2　HDPE100 管材规格与参考价格

外径 （mm）	0.6 MPa		0.8 MPa		1.0 MPa		参考值	
	壁厚 （mm）	重量 （kg/m）	壁厚 （mm）	重量 （kg/m）	壁厚 （mm）	重量 （kg/m）	压力 （MPa）	参考价 （元/m）
75					4.3	1.0	1.0	21.8
90			4.3	1.2	5.1	1.5	0.8	24.0
110	4.2	1.5	5.3	1.8	6.3	2.2	0.8	36.0
160	6.2	3.1	7.6	3.8	9.5	4.6	0.8	76.0
200	7.7	4.8	9.6	5.9	11.4	7.2	0.8	118.8

按经济型设计主管每百米允许水力损失≤2 m，支管每百米允许水力损失≤4 m计算，得常用管道允许流量，见表6-3。

表6-3 PE管常用口径允许流量

直径		主管		支管	
DN （mm）	俗称 （英寸）	流速 （m/s）	流量 （m³/s）	流速 （m/s）	流量 （m³/s）
25	3/4″			0.7	0.8
32	1″	0.53	1.1	0.84	1.7
40	11/2″	0.66	2.2	0.94	3.1
50	13/4″	0.76	3.0	1.04	5.4
63	2″	0.9	7.6	1.35	11.5
75	23/4″	1.05	13.3	1.53	19.4
90	3″	1.18	22.0	1.75	32.0
110	4″	1.37	37.8	2.02	54.0

注：主管指中间没有出口的，支管指中间有均布的5～7个出口，并已考虑平均多口系数0.452。

二、钢管

喷滴灌工程大量应用的是PE管，但是局部裸露的地方应用钢管，喷头的竖管也用钢管，刚性好，喷头旋转时不会明显扭弯。无缝钢管分为热轧和冷拔两种，热轧管外径一般大于32 mm，壁厚2.7 mm以上，冷拔钢管外径可以小到6 mm，壁厚可薄至0.25 mm，冷拔比热轧尺寸精度高，这也是冷拔管比热轧管价格高的原因之一，喷滴灌应用冷拔管，常用规格见表6-4。

表6-4 冷拔无缝钢管规格和重量 （单位：kg/m）

外径 （mm）	英寸	3.0	3.5	4.0	4.5	5.0
20	1/2″	1.26	1.42	1.58	1.72	1.85
25	3/4″	1.63	1.86	2.07	2.28	2.47
32	1″	2.15	2.46	2.26	3.05	3.30
42	11/2″	2.89	3.22	3.75	4.16	4.56
50	13/4″	3.48	4.01	4.54	5.05	5.56
65	2″	4.59	5.31	6.02	6.71	7.40
75	21/2″	5.32	6.17	7.00	7.82	8.60
80	2″	5.09	6.60	7.49	8.37	9.24
90	3″	6.43	7.47	8.47	9.40	10.47
110	4″	7.92	9.19	10.46	11.70	12.93

注：1. 本表摘自YB231-70；

2. 按市场价6.3元/kg计，就可得每米钢管大致价格。

第二节 水 泵

水泵是喷滴灌的心脏，喷滴灌系统在使用中出现的许多问题往往是水泵扬程、流量达不到设计值引起的，选择水泵要选择厂家，要调查已使用过的人，实际性能能否达到标牌上的额定值。

目前，电机或柴油机都是与水泵配套供应的，故动力机不作单独介绍。

图 6-1 喷灌专用水泵

一、喷灌专用泵

喷灌泵是 20 世纪 70 年代我国联合设计的自吸式专用水泵，此后又多次优化设计，效率更高，至今看来仍是十分科学的，应优先选用。第四代喷灌泵性能参数见表 6-5。

表 6-5 喷灌泵性能及价格

型号	流量（m³/h）	扬程 H（m）	配套功率 N（kW/HP）	效率 η（%）	自吸时间（s）	机组参考价（元）
50BPZ-35	15	35	2.9/4	59	100	2 900
50BPZ-45	20	45	4.4/6	60	100	3 800
65BPZ-55	36	55	8.8/12	64	100	6 500
65SZB-55	40	55	8.8/12	68	手压自吸	6 500
80SZB-55	53	55	11/15	72	手压自吸	7 500
80SZB-75	40	75	13.2/18	62	手压自吸	8 300

注：1. 本表参数和价格由浙江萧山水泵总厂提供，咨询电话：0571-82191547，13506716911；

2. 机组包括绵塑软管和喷头，如这部分不要，表中价格还可以打 7 折。

二、一体式离心泵

一体式离心泵有 IS 型和 ISW 型两种，介绍如下。

IS 型是最常用的离心泵（见图 6-2），一般县城均可买到，优点是结构简单、体积小、价格低，缺点是当扬程高于 50 m 时，效率降到 50% 以下。

ISW 型（见图 6-3）是 IS 型的"提高版"，性能参数几近相同，但水泵叶轮与电动机在同一根轴上，机电一体化，体积更小，振动减少，安装方便且可靠性更好，性能参数见表 6-6、表 6-7。

图 6-2　IS 型泵

图 6-3　ISW 型（一体化）泵

表 6-6　ISW-65 型泵性能参数

型号	流量（m³/h）	扬程（m）	功率（kW）	效率（%）	参考价（元）	重量（kg/m）
ISW65-160	25.0	32	4.0	63	1 800	77
ISW65-160A	23.4	28	4.0	62	1 500	77
ISW65-200	25.0	50	7.5	58	2 570	110
ISW65-200A	23.5	44	7.5	57	2 450	109
ISW65-250	25.0	80	15.0	50	4 850	185
ISW65-250A	23.5	70	11.0	52	4 500	173
ISW65-315	25.0	125	30.0	40	8 000	325
ISW65-315A	23.7	113	22.0	40	6 240	258

注：1. 参考价为市场价，大致为 25 元/kg；

　　2. 当扬程在 ±3 m 内变化时，流量相应在 ±7 m³/h 范围变化。

表 6-7　ISW-50 型泵性能参数

型号	流量		功率（kW）	效率（%）	重量（kg/m）
	（m³/h）	（L/s）			
ISW50-160	12.5	3.47	3.0	52	60
ISW50-160A	11.7	3.25	2.2	51	52
ISW50-200	12.5	3.47	5.5	46	104
ISW50-200A	11.7	3.25	4.0	45	82
ISW50-250	12.5	3.47	11	38	163
ISW50-250A	11.6	3.22	7.5	70	116
ISW50-315	25	6.94	30.0	41	313
ISW50-250A	23.7	6.58	22.0	40	247

注：1. 价格大致可按 27 元/kg 估算；

　　2. 当扬程变化 ±2 m 时，流量相应在 ±4 m³/h 范围内变化。

三、多级泵

多级泵（见图6-4）是在同一根水泵轴上有多个叶轮，优点是扬程逐级增加而效率不会降低。缺点是结构复杂、体积大、价格高，但当山区扬程≥60 m时应选用这种泵型，口径80 mm、50 mm两种规格的性能见表6-8、表6-9。

图 6-4 多级泵

表 6-8 80D–12 型多级泵性能

级数	流量 Q		总扬程 H（m）	功率 N（kW）		效率 η（%）
	（m³/h）	（L/s）		轴功率	电机功率	
3	32.4	9	34.05	4.02	5.5	75
4	32.4	9	45.4	5.36	7.5	75
5	32.4	9	56.75	6.7	7.5	75
6	32.4	9	68.1	8.04	11	75
7	32.4	9	79.45	9.38	11	75
8	32.4	9	90.8	10.72	15	75
9	32.4	9	102.15	12.06	15	75
10	32.4	9	113.5	13.4	15	75
11	32.4	9	124.85	14.74	18.5	75
12	32.4	9	136.2	16.08	18.5	75

注：1. 本表选自浙江水泵总厂产品说明书；型号意义：80—进水口直径（mm），D—多级泵，12—每级叶轮扬程12 m，下表同；

2. 当扬程在±15%范围内变化时，流量相应在±7.2 m³/h幅度内变化。

表 6-9 50D–12 型多级泵性能

级数	流量 Q		总扬程 H（m）	功率 N（kW）		效率 η（%）
	（m³/h）	（L/s）		轴功率	电机功率	
3	18	5	28.5	2.25	3	62
4	18	5	38	3	4	62
5	18	5	47.5	3.75	5.5	62
6	18	5	57	4.5	5.5	62

续表6-9

级数	流量 Q		总扬程 H（m）	功率 N（kW）		效率 η（%）
	m³/h	L/s		轴功率	电机功率	
7	18	5	66.5	5.25	7.5	62
8	18	5	76	6	7.5	62
9	18	5	85.5	6.75	7.5	62
10	18	5	95	7.5	11	62
11	18	5	104.5	8.25	11	62
12	18	5	114	9	11	62

注： 当扬程在 ±20% 范围内变化时，流量相应在 ±5.4 m³/h 幅度内变化。

第三节 喷头

喷头提倡用塑料的，性能与金属喷头无明显区别，而价格仅为后者的 1/6 ～ 1/4。

一、3/4″塑料摇臂式喷头

最常用的 3/4″（俗称 6 分）喷头（见图 6-5），在 30 m 水压时射程 15 m，喷洒面积 1 亩，市场价仅 12 元/只，性能见表 6-10。

图 6-5 3/4″塑料摇臂式喷头

表6-10 3/4″塑料喷头性能

接头型式及尺寸	喷嘴直径（mm）	工作压力（kPa）	流量 Q（m³/h）	射程 R（m）	备注
ZG3/4 外螺纹	4×2.5	200	1.12	12.0	黑色
		300	1.41	14.0	
		400	1.62	14.5	
	5×2.5	200	1.62	13.0	橘色
		300	1.95	15.0	
		400	2.25	16.5	
	6×2.5	200	2.01	13.5	红色
		300	2.65	16.5	
		400	3.10	17.5	
	7×2.5	200	2.88	14.0	绿色
		300	3.40	17.0	
		400	3.90	17.5	

注： 表中数据由余姚市广绿喷灌设备公司提供，联系电话：0574-62970768，13805804982。

二、1″塑料摇臂式喷头

1″塑料摇臂式喷头（见图6-6），射程17.5 ~ 24 m，流量2.9 ~ 7.3 m³/h，可满足平原大田作物的需求，其中代表性规格为当喷嘴直径7.5×3.5 mm、水压35 m时，射程20 m，雨点覆盖面积近2亩，市场价18元/只，性能见表6-11。

图6-6　1″塑料摇臂式喷头

表6-11　1″塑料喷头性能

型式	喷嘴直径（mm）	工作压力（kPa）	喷头流量（m³/h）	接管口径	射程 R（m）
PYS20	6.5×3.0	300	3.16	ZG1	18.5
		350	3.41		19.0
		400	3.65		19.5
	7.0×4.0	300	4.01	ZG1	19.0
		350	4.33		19.5
		400	4.63		20.5
	7.5×3.5	300	4.22	ZG1	19.5
		350	4.56		20.0
		400	4.88		21.0
	8.0×3.5	300	4.7	ZG1	20.0
		350	5.08		21.0
		400	5.43		22.0
	8.4×4.0	300	4.93	ZG1	20.0
		350	5.33		21.0
		400	5.70		22.0

注：本表选自水利部农村水利司与中国灌溉排水发展中心合编的《节水灌溉工程实用手册》。

第四节　微喷头

微喷头种类很多，现介绍笔者用得较多的三种。

一、旋转式微喷头

旋转式微喷头分为悬挂式和地插式，同种规格的喷头，悬挂式只局限于大棚内或有棚架的小区，性能参数见表6-12。地插式使用也有缺点，就是对田间操作有影响，只能因地制宜选用，性能参数见表6-13。

表 6-12　倒挂式旋转喷头

货号 No.	1101-A 黑色喷嘴		1102-A 蓝色喷嘴		1103-A 绿色喷嘴		1104-A 红色喷嘴		1105-A 黄色喷嘴	
实物图										
喷嘴口径（mm）	0.8		1.0		1.2		1.4		1.6	
水压（kPa）	流量（L/h）	半径（m）	流量（L/h）	半径（m）	流量（L/h）	半径（m）	流量（L/h）	半径（m）	流量（L/h）	半径（m）
150	22.8	3.0	36.7	3.2	53.9	3.7	72.2	3.9	96.7	4.0
200	26.7	3.0	43.9	3.5	64.4	4.0	86.1	4.3	115	4.3
250	30.6	3.0	50	3.7	73.9	4.2	98.3	4.5	130.8	4.5
300	33.9	3.0	55.6	4.0	81.7	4.4	109.7	4.7	145.8	4.8

注：1. 倒挂式喷头离地 1.8 m，室外无风条件下测试。为达到较理想的喷洒均匀度，建议在 200 kPa 以上水压使用；

　　2. 表中数据由余姚市乐苗灌溉用具厂提供，咨询电话：0574-62589598，13336867168，下表同。

表 6-13　地插式旋转喷头

货号 No.	1101-B 黑色喷嘴		1102-B 蓝色喷嘴		1103-B 绿色喷嘴		1104-B 红色喷嘴		1105-B 黄色喷嘴	
实物图										
喷嘴口径（mm）	0.8		1.0		1.2		1.4		1.6	
水压（kPa）	流量（L/h）	半径（m）	流量（L/h）	半径（m）	流量（L/h）	半径（m）	流量（L/h）	半径（m）	流量（L/h）	半径（m）
150	22.8	2.4	36.7	2.8	53.9	2.8	72.2	3.0	96.7	3.2
200	26.7	2.5	43.9	3.0	64.4	3.0	86.1	3.2	115	3.4
250	30.6	2.6	50	3.1	73.9	3.2	98.3	3.4	130.8	3.7
300	33.9	2.8	55.6	3.2	81.7	3.4	109.7	3.5	145.8	3.8

注：地插式喷头离地 0.4 m，室外无风条件下测试。为达到较理想的喷洒均匀度，建议在 200 kPa 以上水压使用。

　　还有一种阻尼式旋转喷头（见图 6-7），旋转很平衡，射程 6.5 ~ 7.5 m，喷嘴可调 –8°~ +24°，适用于小面积的花园或菜园，性能见表 6-14，参考价格 12.8 元/个。

3102

3103

3104

图 6-7　阻尼式微喷头

表 6-14　阻尼式旋转微喷头性能

货号 No.	水压（kPa）	250	300	350
3102 蓝色喷嘴	流量（L/h）	130	143.3	156.7
	半径（m）		6.5 ~ 7	
3103 绿色喷嘴	流量（L/h）	175	193.3	210
	半径（m）		7 ~ 7.5	
3104 红色喷嘴	流量（L/h）	233.3	260	283.3
	半径（m）		6.5 ~ 7	

二、折射式微喷头

折射式微喷头的优点是没转动件，相比较使用寿命较长，缺点是射程较短，就 3 m 左右，最长的也不超过 1.5 m，性能参数见表 6-15。

表 6-15　折射式微喷头性能

货号 No.	1201 黑色喷嘴		1202 蓝色喷嘴		1203 绿色喷嘴		1204 红色喷嘴		1205 黄色喷嘴	
实物图										
喷嘴口径（mm）	0.8		1.0		1.2		1.4		1.6	
水压（kPa）	流量（L/h）	半径（m）倒挂 / 地插	流量（L/h）	半径（m）倒挂 / 地插	流量（L/h）	半径（m）倒挂 / 地插	流量（L/h）	半径（m）倒挂 / 地插	流量（L/h）	半径（m）倒挂 / 地插
150	22.8		36.7		53.9		72.2		96.7	
200	26.7	1 ~ 1.1 / 0.9 ~ 1	43.9	1 ~ 1.2 / 1 ~ 1.1	64.4	1 ~ 1.3 / 1 ~ 1.2	86.1	1.2 ~ 1.3 / 1.1 ~ 1.2	115	1.2 ~ 1.4 / 1.1 ~ 1.3
250	30.6		50		73.9		98.3		130.8	
300	33.9		55.6		81.7		109.7		145.8	

注：倒挂式喷头离地 1.8 m，地插式喷头离地 0.4 m，室外无风条件下测试。为达到较理想的喷洒均匀度，建议水压在 200 kPa 以上。

另有一种螺口式折射喷头，用螺纹连接到毛管上，性能见表 6-16，参考价 0.3 元 / 个。

表 6-16 螺口式折射喷头性能

货号 No. 1414 M5 螺纹连接 φ1.4 喷射孔 	水压（kPa）	150	200	250	300
	流量（L/h）	76	90	101	110
	半径（m）	1 ~ 1.2			

三、离心式微喷头

离心式微喷头的特点是雾化性能最好，射程 1 m 左右，有四出口和单出口之分，四出口性能参数见表 6-17，含有防滴器的市场价为 6 元 / 套左右。

表 6-17 四出口雾化喷头

货号 No. 1301 黑色喷嘴 	水压（kPa）	250	300	350	400
	流量（L/h）	31.9	35	37.8	40.3
	半径（m）	0.9 ~ 1.0			
货号 No. 1302 黑色喷嘴	水压（kPa）	250	300	350	400
	流量（L/h）	24.4	26.7	28.6	30.3
	半径（m）	0.9 ~ 1.0			

注：半径是在和喷嘴同一平面上测试的值。

还有一种简易化喷头，通过一个连接件可插在毛管上，使用很方便，当然也有小缺点，其喷洒面不是全圆，而是 2 个扇形，但根系局部湿润，也可满足生长需要，性能参数见表 6-18，包括连接件参考价格 0.3 元 / 套。

表 6-18 简易雾化喷头性能

货号 No. 1402 蓝色喷嘴	水压（kPa）	150	200	250	300
	流量（L/h）	40	47	53	55
	半径（m）	1 ~ 1.1			

第五节 微喷水带

微喷水带生产的厂家很多，产品质量良莠不齐。决定产品质量的因素除生产工艺外，主要就是订货价格，当价格低于盈利平衡点时，只能在原料中加入"回料"，即降低产品质量，因为厂家不可能亏本生产。例如，N45 带每米重 17 g，按新料产品价 18 元 /kg 计，价格应是 0.31 元 /m，而当出厂价为 0.25 元 /m，甚至 0.20 元 /m 时，已牺牲了产品的质量。常用的水带性能见表 6-19。

表 6-19 微喷水带性能参数

规格		内径（mm）	壁厚（mm）	滴孔间距（mm）	孔径（mm）	爆裂压力（kg·f/cm²）	水头 0.5 m 时流量（L/（h·m））	重量（g/m）
滴灌带	N35 二孔	22.3	0.17	200	0.8	1.0	40	12
	N45 二孔	28.7	0.19	200	0.8	1.0	40	17
微喷带	N50 二孔	31.8	0.22	200	0.8	1.5	60	22
	N60 二孔	38.2	0.25	200	0.8	1.5	100	30
主管带 N80		50.2	0.40	—	—	1.5	—	64

注：1. 本表由金华雨润喷灌设备公司提供，咨询电话 0579-82465541；

2. 全新料加工带子的价格可按每米质量 ×18 元/kg 估算；

3. 表中所列滴灌带实际上是膜下水带微喷灌。

第六节 滴灌管（带）

一、内镶式——最常用

把滴头与毛管制成一个整体，即把滴头镶在毛管内壁上（见图 6-8），壁厚 ≥ 0.4 mm 的称为滴灌管，壁厚 < 0.4 mm 的称作滴灌带。性能见表 6-20、表 6-21。

图 6-8 内镶式滴灌带（左）、管（右）

表 6-20 内镶式滴灌管规格性能

管径（mm）	壁厚（mm）	滴头间距（m）	压力（m 水柱）	流量（L/（h·m））
16	0.6	1.0	5~15	2.4~3.6
16	0.6		25	
16	0.4	0.3~0.5	20	2.3~3.8
16	0.2		10	
12	0.4		20	

注：本表数据由浙江金华雨润喷灌设备公司提供，咨询电话：0579-82465541，下表同。

表6-21　内镶式滴灌带规格性能

管径 （mm）	壁厚 （mm）	滴头间距 （m）	压力 （m 水柱）	流量 （L/（h·m））	铺设长度 （m）
16	0.2	0.3~0.5	10	2.7	≤ 70
16	0.2/0.4	0.3	15~1.5	2.1~3.3	≤ 70
15.9	0.2	0.3~0.6	25~1.0	3.7	≤ 150
15.9	0.4	0.3~0.6	25~1.0	3.7	≤ 150

二、迷宫式——最便宜

这种滴灌带出水流道是迷宫结构（见图6-9），带壁最薄（0.18 mm），价格最低廉（0.25元/m），设计为一次性产品，但只要使用时小心，使用后收回，也可重复使用，性能参数见表6-22。

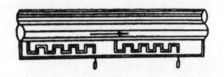

图6-9　单翼迷宫式滴灌带

表6-22　迷宫式滴灌带主要参数

规格	内径 （mm）	壁厚 （mm）	孔距 （mm）	公称流量 （L/h）	平均流量 （L/h）	铺设长度 （m）
200–2.5	16	0.18	200	2.5	2.0	87
300–1.8	16	0.18	300	1.8	1.4	124
300–2.1				2.1	1.6	116
300–2.4				2.4	1.9	107
300–2.6				2.6	2.1	102
300–2.8				2.8	2.3	96
300–3.2				3.2	2.7	85
400–1.8	16	0.18	400	1.8	1.4	154
400–2.5				2.5	2.0	130

注：1. 本表选自《微灌工程技术》（2012年版）；

　　2. 此表为进口压力为 10 m 水柱、坡度为 0° 时的工作参数。

三、圆圈式——最新颖

这是一款新颖的专利产品,解决了过去一棵树布置多个滴头的麻烦。这种滴头是一个"滴圈",圈由 ϕ 4 mm 的多孔塑管围成,圈直径 20 cm,圈上有 1 个进水阀(单向,防止负压倒吸),20 个滴水小孔,工作压力为 100 kPa(10 m 水柱)时,流量为 13 L/h,流量可根据压力调节(8 ~ 50 L/h,参见图6-12)。这种"滴圈"可埋入表土以下,实现地下滴灌,碰到大树根可以多个"圈"串联组成大圈。

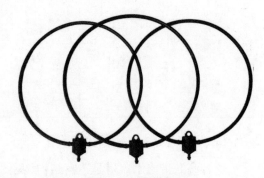

图 6-10　圈式喷头

第七节　过滤器

一、过滤网箱

过滤网箱就是在水泵进水口外面设置一个大容积的网箱,把水中90%以上的漂浮物、杂质挡在水泵外面,这样可以大大减轻常规过滤器的负荷,减少反冲、清污的工作量,延长过滤器的寿命。

市场上尚无现成产品,需要用户就地制作,现提供作者设计的参数(见表6-23、表6-24)。

表 6-23　过滤网面积

序号	水泵口径（mm）	水泵流量（m³/h）	滤网面积（m²）	网箱尺寸（m）			
				圆形		方形	
				直径	高	边长	高
1	25	5	0.6	0.5	0.5	0.4	0.5
2	32	9	1.0	0.6	0.6	0.5	0.6
3	40	14	1.6	0.8	0.8	0.6	0.8
4	50	21	2.4	0.9	0.9	0.7	0.9
5	65	36	4.0	1.2	1.2	1.0	1.2
6	80	54	6.0	1.5	1.5	1.1	1.5

注：1. 滤网面积是网箱四周的面积，制作时还应加上顶面和底面的面积，网为六面全封闭；

2. 网箱形状可以是圆柱形或方形。

表 6-24　过滤网密度

种类	灌水器口径 （mm）	要求孔径 （μm）	选择目数 （目）	相应孔径 （μm）
微灌	0.5	83	200	74
	0.6	100	150	105
	0.7	117	120	125
	0.8	133	120	125
	1.0	167	100	152
	2.0	333	40	420
喷灌	4.0	667	20	711
	5.0	883	20	711
	6.0	1 000	15	889

注：1. 网箱框架可以用 ϕ 10~16 mm 钢筋焊接，也可用 D15~25 mm 钢管连接；

　　2. 网箱应固定悬在水中，网底离地 0.5 ~ 1.0 m，防止污泥吸入泵内。

二、叠片式过滤器

叠片式过滤器体积小，过滤精度高，在喷滴灌系统中广泛应用。还有一种网式过滤器，两种过滤器外形相同，只有滤芯不同，两者相比叠片式可靠性更好，后者逐渐少用，性能见表 6-25。

表 6-25　叠片式和网式过滤器性能

螺口尺寸 （in）	过滤精度 （目）	最大流量 （m³/h）	参考价（元/个）		外形	滤芯	
			叠片式	网式		叠片式	网式
3/4	80~150	3	40	30			
1	120~150	5	40	30			
1 1/4	120	8	125	86			
1 1/2	120	12	125	86			
2	120	15	835	750			
3	120	30	1 100				
4	120	60	1 800				

注：表中数据由余姚市乐苗灌溉用具厂提供，咨询电话：0574-62589598。

三、离心式过滤器

离心式过滤器又称旋流水沙分离器，是利用离心力使水沙分离，泥沙在重力作用下沉淀排出，而清洁水上升进入灌溉系统，优点是分离水沙效果很好，而分离与水比重相近的有机颗粒效果不理想，实践中的常态是与叠片式过滤器组合使用，各取所长、效果完美，价格见表6-26。

表 6-26　离心–叠片式组合过滤器参考价

规格（mm）	50	75	100	125
价格（元）	2 680	3 800	5 800	7 500

注：表中价格由金华雨润喷灌设备公司提供，咨询电话0579–82465441。

第八节　施肥（药）器

一、负压式施肥器

负压式施肥器不是单独一个器件，而是几个小器件的组合：ϕ15 螺纹接口 2 个、同口径的球阀 2 个、过滤网罩 1 个、透明塑料管 2 根（每根长 2 m）。安装方法参见图2-2，在水泵进水管打一个 ϕ15 小孔，焊上螺纹接口，接上小球阀、塑料管、过滤罩，把管一端放入溶液桶即可；同时在水泵出水管也打个孔，同样连接接口、球阀、塑料管，放入另一只备用桶加水，制备肥溶液，两桶轮流配液，以实现不间断施肥（药）（参见图2-2）。这个方法的优点是：第一，溶液浓度不变；第二，对主管路无压力损失；第三，成本低廉（50 元以内），可以大范围推广。

二、文丘里施肥器

当不用水泵、没有进水管负压可利用时可以用文丘里施肥器。这种施肥器是利用高速水流产生的低压（真空）把溶液吸进主管道（见图6-11），比较巧妙，当然也有局限性，无论是串联安装还是并联安装都会对主管道造成 7 ~ 14 m 的水头损失，所以只适宜用在小单元、小管路中。其规格及参考价见表6-27。

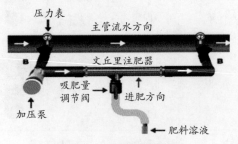

图 6-11　文丘里施肥器

表 6-27　文丘里施肥器参考价

（外形）	规格	（mm）	20	25	32	50	63
		（in）	1/2	3/4	1	1 1/2	2
	参考价（元/个）		25	30	40	60	100

注：表中数据由金华雨润喷管设备公司提供，咨询电话：0579—82465441。

三、注肥泵

注肥泵是由专用小泵将肥液从敞开的肥料罐中注入灌溉系统。注肥泵可与水泵联动，按设定的比例加入肥液，不给灌溉系统带来水头损失。

第九节　球阀、水表、水压表

一、球阀

球阀也提倡用塑料的，常用小口径阀的价格见表 6-28。

表 6-28　PE 球阀参考价

规格（mm）	20	25	32	40	50	65	80	100
价格（元）	2.8	3.8	5.4	8.7	23	48	66	129

注：表中价格由无锡柯巴尔阀门公司提供，咨询电话：4008884241。

二、农用水表

节水灌溉一定要用水表，不是为了收费，而是为了计数，记录灌了多少水，做到心中有数。普通自来水表也可以用，但灌溉水中有水草容易发生缠绕，所以提倡用农灌水表，使缠绕的概率大大降低。农用灌溉水表规格性能参见表 6-29。

表 6-29　农用灌溉水表主要技术参数

型号	公称口径 （mm）	常用流量 （m³/h）	参考价格 （元）
LXLN-50	50	15	560
LXLN-65	65	25	650
LXLN-80	80	40	660
LXLN-100	100	60	760
LXLN-150	150	150	1 200
LXLN-200	200	250	1 800

注：表中参数由宁波水表股份有限公司提供，咨询电话：13505749764。

三、电磁流量计

需要搞自动化的地方应该用电磁流量计，其优点是仪表内没有转动的叶轮，无水草缠绕之虞，表头可以同时显示并储存流量的瞬时值和累计值，当然价格还比较高，见表6-30。

表 6-30　小口径电磁流量参考价格

口径（mm）	50	65	80	100	125	150
价格（元）	9 450	9 750	10 000	10 400	11 000	11 400

注： 表中价格由宁波银环流量仪表公司提供，咨询电话：13805804701。

四、水压表

水压表是喷滴灌系统的"眼睛"，一是监视水泵扬程是否达到，二是监视过滤器两边的压力差正常与否，故不可因数量少、花钱少而忽视。水压表在选择时要注意量程在 0 ~ 0.8 MPa 范围内，如不注意装上了 1.6 MPa 的表，显示就不准。

水压表市场价格仅 30 元 / 只左右。

第十节　余姚市富金园艺灌溉设备有限公司产品介绍

余姚市富金园艺灌溉设备有限公司，位于浙江省余姚市城区，专业生产各种喷滴灌设备，其突出的优点是"杜绝模仿、创新立身"，创新的目标是性能更完善、价格更低廉。特别是自主开发成功的用手机操作的喷滴灌智能控制系统，每亩造价在 500 ~ 1 000 元，真正是"农民用得起的自动化"。其主要创新产品简明列于图 6-12，相关信息可打开余姚市富金园艺灌溉设备有限公司网页了解。

一、智能灌溉远程控制系统

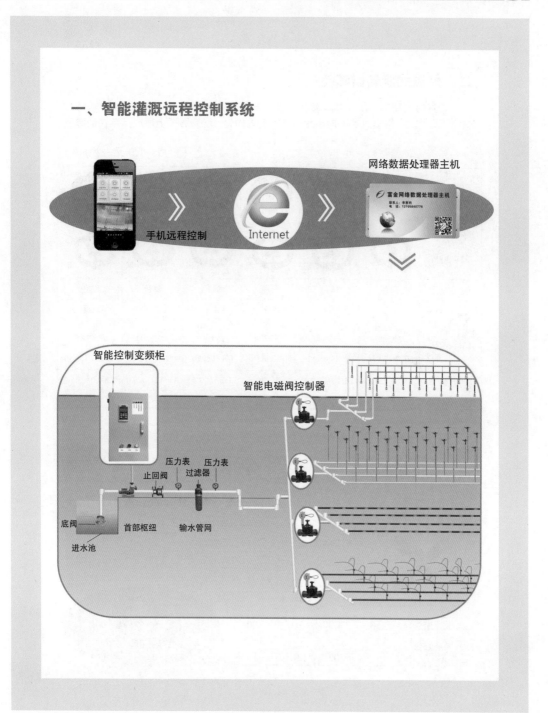

图 6-12　富金主要创新作品

二、灯笼式旋转微喷头

常见的微喷头，是单方向喷水，喷头转轴长期承受单向力，磨损快，寿命短。这个"灯笼式"微喷头是双向出水，转轴受力均匀，就克服了上述产品存在的弊病。

（价格：1.5 元 / 个）

悬挂式 FJW2005						
地插式 FJW2006						
喷嘴颜色	白色	黄色	粉色	绿色	蓝色	红色
口径（mm）	0.8	1	1.2	1.4	1.6	1.8
水压（kPa）	150/200 /250/300	150/200 /250/300	150/200 /250/300	150/200 /250/300	150/200 /250/300	150/200 /250/300
流量（L/h）	22/26/29/31	35/40/45/49	50/58/61/70	69/79/89/97	90/104/116/127	105/121/135/148
悬挂射程(m)	2/2.5/2.8/3	2.5/2.8/3.2/3.5	2.8/3/3.3/3.5	3.0/3.5/4.0/4.5	3.0/3.5/3.8/4.0	3.5/4.0/4.5/5.0
地插射程(m)	1.8/1.9/2.0/2.1	2.0/2.1/2.2/2.5	2.5/2.8/3.0/3.4	2.6/2.9/3.2/3.5	2.6/2.9/3.2/3.5	2.7/3.0/3.2/3.5

注：1. 悬挂射程是以喷嘴离地 2 m 所测，地插射程是以喷嘴离地 0.5 m 所测。

2. 地插射程是以喷嘴离地 1 m 所测。

三、五出口微喷头

常见的离心式微喷头是四出口的，喷洒相对不均，采用五出口，弥补了上述缺陷。（价格：5 元 / 个）

FJW6017

Patent No.ZL20143066018.4

橘色喷嘴　五出口

水压（kPa）	250	300	350	400
流量（L/h）	30.5	33.4	35.7	38.3
悬挂射程（m）	0.9 ~ 1.0			

续图 6-12

四、圆柱体锯齿形迷宫式双流道灌水器

从滴头演变到"滴圈"，一个直径 20 cm 的圈，上有 60 个滴孔，多个滴圈还可以串联安装，滴孔就翻倍增加。解决了果树、大树滴水不均的问题。（价格：5 元／个）

FJD3009

1. 流量均匀度变异系数 C_v 值为 4.24%（标准值为不大于 7%）；
2. 流量偏差为：±3.22%（标准值为 ±10%）；
3. 试验压力为 100 kPa 下，测定 25 个试样的平均流量为 12.86 L/h；
4. 设计流量为：8 ~ 50 L/h（可调）。

五、地插式 G 型旋转式微喷头

双流道，洒水均匀、磨损少。（价格：1 元／个）

FJW1001						
FJW1002						
FJW1007						
喷嘴颜色	白色	黄色	粉色	绿色	蓝色	红色
口径（mm）	0.8	1	1.2	1.4	1.6	1.8
水压（kPa）	150/200 /250/300	150/200 /250/300	150/200 /250/300	150/200 /250/300	150/200 /250/300	150/200 /250/300
流量（L/h）	22/26/29/31	35/40/45/49	50/58/61/70	69/79/89/97	90/104/116/127	105/121/135/148
倒挂射程（m）	2/2.5/2.8/3	2.8/3/3.3/3.5	3.0/3.5/3.8/4.0	3.0/3.5/4.0/4.5	3.5/3.8/4.2/4.5	3.8/4.0/4.3/4.8

注：地插射程是以喷嘴离地 1 m 所测。

续图 6-12

六、360° 无遮挡微喷头

常见的微喷头都有支架，喷水时由于支架挡水会产生水滴，影响灌水效果，严重的还造成局部作物烂根死亡。无遮挡微喷头就解决了"滴水"这个"顽疾"。

1.

Patent No.ZL20143066019.9

（价格：3 元/个）

货号	FJW3001A 灰色		FJW3001B 白色		FJW3001B 蓝色		FJW3001D 粉色	
口径（mm）	0.5		0.8		1		1.2	
水压（kPa）	流量（L/h）	倒挂射程（m）	流量（L/h）	倒挂射程（m）	流量（L/h）	倒挂射程（m）	流量（L/h）	倒挂射程（m）
120	150	2.0	270	2.5	311	2.5	429	2.5
200	172	2.0	311	3.0	352	3.0	495	3
250	192	2.2	348	3.2	391	3.5	553	3.5
300	211	2.5	380	3.5	432	3.7	601	4

注：地插射程是以喷嘴离地 1 m 所测。

2.

Patent No.ZL20143066016.5

（价格：3 元/个）

货号	FJW3004A 橙色		FJW3004B 红色		FJW3004C 蓝色	
口径（mm）	2.4		2.7		2.9	
水压（kPa）	流量（L/h）	地插射程（m）	流量（L/h）	地插射程（m）	流量（L/h）	地插射程（m）
150	108	3.0	135	3.2	162	3.4
200	132	3.3	156	3.5	180	3.7
250	150	3.6	177	3.8	201	4.0
300	168	3.9	198	4.0	222	4.2

注：倒挂射程是以喷嘴离地 2 m 所测，地插射程是以喷嘴离地 0.5 m 所测。

续图 6-12

3. 360° 无遮挡旋转微喷头

（价格：1.5 元 / 个）

倒挂式 FJW3003-1						
地插式 FJW3003-2						
喷嘴颜色	白色	黄色	粉色	绿色	蓝色	红色
口径（mm）	0.8	1	1.2	1.4	1.6	1.8
水压（kPa）	150/200 /250/300	150/200 /250/300	150/200 /250/300	150/200 /250/300	150/200 /250/300	150/200 /250/300
流量（L/h）	26/29/30/36	38/44/49/59	40/48/54/63	60/72/80/90	70/84/90/105	90/114/129/147
倒挂射程（m）	2.5/2.7/2.9/3.2	2.5/2.7/2.9/3.2	2.6/2.8/3.0/3.3	2.6/2.8/3.0/3.3	2.8/3.0/3.2/3.5	2.8/3.0/3.2/3.5
地插射程（m）	1.5	1.5	1.6	1.6	1.8	1.8

注：倒挂射程是以喷嘴离地 2 m 所测，地插射程是以喷嘴离地 0.5 m 所测。

七、家庭灌溉套装

1. 新一代家庭灌溉套装

可控制水源，防止水关不住，4 节 1.5 V 干电池可浇灌 4 ~ 5 t 水，方便，可任意移动位置。

用于家庭蔬菜、办公室花卉、庭院花草、阳台绿化，由于系统操作简单、价格低廉、实用性高，所以更容易得到花卉爱好者的钟爱。

续图 6-12

（价格：580 元／套）

2. 自来水灌溉套装，适合家庭小花园及阳台使用，通过水龙头连接控制器，实现自动浇灌！

（价格：380 元／套）

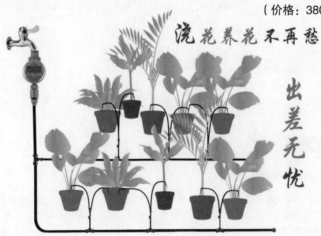

以上资讯由浙江余姚市富金园艺灌溉设备有限公司提供，咨询电话：4000574009。

续图 6-12

附录　经济型喷滴灌推广大事记

2000 年

★ 3 月，余姚市开始研究经济型喷滴灌技术。

2001 年

★ 7 月 20 日，国际灌溉排水委员会荣誉副主席、原武汉水利学院院长许志方教授考察余姚经济型喷滴灌。

★ 8 月 28 日，水利厅张金如厅长率出席全省农田水利促进效益农业现场会的 70 多名代表，参观小路下村喷滴灌工程。

★ 12 月 16 日，水利部农水司姜开鹏副司长陪同中国台湾水利会 36 位专家考察小路下村喷灌。

2002 年

★ 3 月 9 日，广东省水利厅组织珠江三角洲地区 36 名水利同行参观泗门镇小路下村电脑控制喷滴灌工程。

★ 3 月 22 日，上虞市水利局蔡尚达副局长等 6 人参观泗门镇小路下村自动化喷滴灌工程。

★ 6 月 11 日，江苏省水利厅朱克成处长等 10 人参观小路下村自动化喷滴灌工程。

★ 6 月 20 日，宁波市计委、财政局、水利局袁国文处长等 8 人参观小路下村自动化喷滴灌。

★ 7 月 28 日，国家灌溉排水发展中心总工韩振中等 3 人参观小路下村自动化喷滴灌。

2003 年

★ 1 月 22 日，实用新型专利"喷滴用万向接口阀"获国家知识产权局授权公告。

★ 3 月 2—3 日，国家灌溉排水发展中心副主任李远华考察余姚鹿亭乡竹笋自压喷灌和朗霞街道大棚雨水滴灌。

★ 3 月 5 日，水利部原司长冯广志考察余姚章雅山村高水头（300 m）自压喷灌，副处长王晓玲考察小路下村喷滴灌。

★ 8 月，余姚第一次在獭兔场安装微喷灌降温设备，面积 4 160 m²，显示出降低死亡率、提高繁殖率的效果。

★ 12 月 28 日，国家灌溉排水发展中心副主任李远华评价："经济型喷滴灌提出了因地制宜发展先进实用灌溉技术的理论和方法，探索出一条节水高效技术迅速走向田间的新路。"

★ 12 月底，余姚已建成经济型喷滴灌 6 400 亩。

2004 年

★ 1 月 2 日，水利部原司长冯广志评价："这项工作抓住了当前'三农'工作的核心，注重技术上的不断创新，突出投入与产出关系，适应了市场经济的要求。把节水农业、效益农业、现代农业有机结合在一起，这方面的成功探索和实践在国内不多见。"

★ 1 月 4 日，中国工程院院士茆智评价："本成果总体上达到国内先进水平，其中有些创新点达到国内领先水平。"

★ 5 月 7 日，余姚第一个鸡场（舜丰鸡场）微喷灌降温工程建成，面积 6 400 m²。

★ 6 月 1 日，宁波市水利学会共 50 人在余姚召开经济型喷滴灌技术研讨会，参观了鹿亭乡竹笋喷灌、舜丰鸡场微喷灌、久久红农场西瓜滴灌。

★ 9 月，作者论文《经济型喷滴灌技术》在《节水灌溉》杂志第 4 期发表。

★ 10 月 14 日，《中国水利报》发表记者王磊采写的长篇报道《余姚农民为何热衷喷滴灌》并配发专版。

2005 年

★ 6 月 1 日，宁波市水利学会 60 人，由朱晓莉处长带队参观鹿亭乡竹山喷灌、阳明街道舜丰鸡场微喷灌、朗霞街道华安梨园喷灌、小曹娥镇久久红农场西瓜滴灌。

★ 10 月 15 日，作者论文《经济型喷滴灌》入编第 19 届国际灌排大会论文集，并被安排在会上宣读。

★ 12 月 19 日，宁波市水利局王高正处长带领北仑小巷镇 9 人参观朗霞街道华安梨园喷灌、临山镇国华葡萄滴灌。

2006 年

★ 3 月 12 日，河海大学冯建刚老师带 60 名大学生参观陆埠镇孔岙村竹笋自压喷灌。

★ 3 月 14 日，浙江省水利厅陈岳军副厅长等 10 人来余姚考察经济型喷滴灌。

★ 8 月 2 日，浙江广电集团巫台长及记者任敢民等 18 人参观朗霞街道月飞兔场微喷、华安梨园喷灌等。

★ 12 月，经济型喷滴灌获"省水利科技创新一等奖"。

2007 年

★ 4 月 6 日，宁波镇海区九龙湖镇党委书记高炳华带领 12 人参观余姚陆埠镇孔岙村竹笋自压喷灌。

★ 6 月 4 日，安吉县副县长叶海珍、水利局局长郑伟中和林业局局长杨国荣等 6 人考察陆埠镇孔岙村竹笋自压喷灌。

★ 7 月 28 日，水利厅农水处蒋屏处长等 6 人到余姚考察獭兔场、鸡场、蜜梨、葡萄园等喷滴灌设施。

★ 10 月，余姚建成第一个猪场（康宏畜牧场）微喷灌喷药、降温工程，面积 1.5 万 m^2。

★ 12 月底，余姚经济型喷滴灌面积达到 3.8 万亩，喷灌对象为竹笋、杨梅、苗木、葡萄、蔬菜、梨等，猪、兔、鸡、鸭场微喷灌达到 5 万 m^2。

2008 年

★ 5 月 6 日，副省长茅临生对作者经济型喷滴灌总结作出批示："看了此文，令人心情激动，创业富民、创新强省既要有敢想敢干的创新精神，运用先进技术的意识，又要有从农民实际出发推进工作的扎实作用。余姚市经济型喷滴灌应用的经验应予总结推广，请农业厅、水利厅共同派员调查，如确有推广价值，我专程去考察一次，确定如何在面上推广学习他们的做法。有关新闻媒体也要把这项技术介绍给广大农民朋友。"

★ 5 月 16 日，省农业厅、水利厅领导、专家到余姚考察，并向省政府作出报告，一致认为经济型喷滴灌成本低，效益显著，受农民欢迎，适宜在全省推广。

★ 7 月 4 日，水利部农水司王晓东司长率专家组来余姚调研经济型喷滴灌的应用效果。

★ 8 月 7 日，副省长茅临生率办公厅副主任，水利、农业、林业、科技厅长到余姚调研，考察了朗霞街道梨园喷灌、兔场微喷灌和临山镇江南农庄葡萄滴灌，并在座谈会上指出：

"余姚走出了一条把国外先进的喷滴灌技术与浙江实际相结合的成功道路，这与当年把马克思主义与中国实际结合的道路相类似。

"经济型喷滴灌是转变浙江省农业增长方式的重要切入点，是农业增效、农民增收的好方法。"

★ 8月22日，余姚市人民政府常务会议批准新一轮经济型喷滴灌推广计划，安排专项资金2 000万元，宁波、余姚两级市级财政补助比例提高到75%，到2011年喷滴灌面积达到10万亩，畜禽场微喷灌达到15万 m^2。

★ 8月27日，慈溪市水利局组织各镇干部和水利员36人到余姚举办"经济型喷滴灌技术培训班"。

★ 9月3日，象山县副县长孙小雄带领56名乡镇和部门负责人到余姚参观经济型喷滴灌，参观了泗门镇康绿蔬菜喷灌、朗霞街道华安梨园喷灌、月飞兔场微喷灌。

★ 10月7日，余姚市副市长郑桂春在临山镇主持召开全市喷滴灌工作会议，分解落实喷滴灌发展计划。

★ 10月29—31日，茅临生副省长作出三项决定：第一，把余姚经济型喷滴灌技术定为实践科学发展观的联系项目；第二，批准水利厅计划，今后3～4年内在全省推广喷微灌100万亩；第三，追加资金1 000万元（省长资金），首先在全省10个地市的20个县建设5万亩经济型喷滴灌示范项目。

★ 11月28—29日，省水利厅在余姚召开全省经济型喷滴灌现场会。

★ 12月4日，茅临生副省长再次专程到余姚调研，考察了临山镇赵迪祥猪场微灌降温喷药设施和泗门镇康绿蔬菜喷灌工程。在主持座谈会听取了12名基层干部和农户代表发言后指出："当前大力发展经济型喷滴灌的主客观条件已经具备，到了新的发展阶段，要紧紧围绕农业增效、农民增收、农村发展的目标，通过学习推广余姚的成功经验，不断创新推广工作机制，使'余姚之花'开满浙江，开遍全国，走出一条具有浙江特色的农业现代化发展之路。"

★ 12月18日，水利厅向各市县发出《浙江省喷微灌技术示范和推广工作指导意见》，系统提出经济型喷滴灌的技术措施。

★ 12月25日，水利部部长陈雷对经济型喷滴灌作出批示。

★ 12月29—30日，水利厅在杭州戴斯大酒店举办第一次喷微灌技术培训班，省、市、县三级水利设计工程师参加培训。

★ 12月底，余姚已建成经济型喷滴灌4.8万亩，畜禽养殖场微喷灌6.7万 m^2。

2009 年

★ 1 月 5 日，由茆智、王浩院士参加的专家组作出鉴定结论："经济型喷滴灌技术已处于国际领先水平。"

★ 1 月 8 日，国家灌溉排水发展中心副主任倪文进率专家组来余姚调研，认为余姚是中国南方节水灌溉的典型代表。

★ 3 月 30 日至 5 月 7 日，水利厅委托浙江水电干校连续举办 6 期培训班，对 1 000 名乡镇水利工程师进行经济型喷滴灌技术培训，为在全省推广 100 万亩喷微灌提供人才保障。

★ 4 月 28—29 日，全省设施农业现场会在余姚召开，89 位分管农业农村工作的副市长、县长，省市水利、农业、林业等厅局负责人等共 200 名代表实地考察了葡萄、蔬菜、蜜梨园的经济型喷滴灌设施。副省长茅临生在会上指出："今天看了现场，听了介绍，余姚提供了很好的经验，看了、听了都很感动。……各县还应该到余姚来学习，余姚则要为全省推广搞好服务。"

★ 7 月 20 日，本省临安市党政代表团一行 36 人专程来余姚考察经济型喷滴灌，团长为市人大常委会主任吴苗强。

★ 7 月 29 日，宁波市畜禽喷淋降温消毒现场会在余姚召开，各县市区畜牧局长及养殖场大户代表共 60 余人参加会议，会议由作者介绍了微喷灌技术在畜禽场的使用情况及应用效果。余姚市康宏畜牧（猪场）有限公司经理吴劲松、月飞兔场经理谢月飞、众兴畜禽（鸭）养殖场经理杜加才等就微喷灌技术的应用效果作了典型介绍。

★ 8 月，水利部、财政部把余姚列为"全国小型农田水利建设重点县"，每年安排专项资金 800 万元，连续 3 ~ 5 年，余姚将把这项资金全部用于喷滴灌。

★ 9 月 4 日，国家科学技术部、财政部下文，批准"经济型喷滴灌技术示范与推广应用为国家农业科技成果转化资金项目"，下达专项资金 50 万元，宁波科技局、余姚科技局分别配套 25 万元，共 100 万元。

★ 9 月 11 日，宁波市水利局局长张拓源、副局长张晓峰、农水处主任朱晓莉到余姚考察黄家埠镇康宏牧场、阳明街道城西牧场微喷灌设施。

★ 11 月，中国水利水电出版社出版作者编写的《经济型喷滴灌》，副省长茅临生和中国工程院院士茆智作序。

★ 12 月，余姚市完成喷滴灌 2.0 万亩，为前 9 年均值的 3 倍，比宁波市其他各县市之和还多，全市累计喷滴灌达到 6.8 万亩，遥居我国南方各县之首。同时新发展畜禽养殖场微喷灌 16.3 万 m^2，是前 6 年之和的 2.4 倍，累计面积 23.1 万 m^2，其中猪场 13.7 万 m^2，鸭场 3.4 万 m^2，鸡场 3.3 万 m^2，兔场 1.02 万 m^2，鹅场 1.2 万 m^2，羊场 4 900 m^2，拓展了微喷灌应用的新领域。

2010 年

★ 3 月 23 日至 5 月 22 日，省水利水电干校举办乡镇水利员喷滴灌技术培训班 6 期，共 1 062 人。宁波市农科院举办 2 期，对象为舟山定海县农技人员和本市农业大户。

★ 3 月 26 日，上海水务局、财政局 13 人参观泗门镇黄潭合作社蔬菜喷灌和城西绿色牧场微喷灌。

★ 4 月 11 日，舟山市定海区农林局 80 人由陈副局长带队参观临山镇江南农庄葡萄滴灌、泗门镇康绿公司蔬菜喷灌。

★ 5 月 6 日，浙江同济科技职业学院陈瑾老师带 42 名学生参观临山江南农庄葡萄滴灌、泗门镇黄潭合作社蔬菜喷灌。

★ 5 月 7 日，长兴市水利局许智远副局长等 14 人参观临山镇江南农庄葡萄滴灌、泗门镇康绿公司蔬菜喷灌。

★ 5 月 13 日，浙江同济科技职业学院徐丽瑛老师带 43 名学生参观临山江南农庄葡萄滴灌、泗门镇黄潭合作社蔬菜喷灌。

★ 6 月 28 日至 2011 年 1 月 29 日，浙江《农村信息报》连载《经济型喷滴灌问答》，共 11 期。

★ 8 月 31 日，茅临生副省长在作者要求出版《经济型喷滴灌技术 100 问》一书信函上作出批示："浙江农业面临劳力成本高、水资源时空分布不均匀、农产品转型升级品质提升的问题。推广喷滴灌是有效解决上述问题的重要切入点。目前，国际引进是一条路子，能拓宽我们视野，但如何降低成本，让农民群众很快掌握，余姚在多年实践中走出一条成功路子，并已在全省开始推广。奕永庆同志在丰富的实践经验基础上编写的《经济型喷滴灌技术 100 问》，是站在农民角度想问题，能引起和辅导农民使用经济型喷滴的好教材，必将起到加快推广喷滴灌的作用。请省出版集团及科技出版社给予关注。请水利厅、农业厅对该书出版和推广工作给予支持，让更多农民和基层农技人员知道和用好这本书。"

★ 11 月 5 日，作者新作《经济型喷滴灌技术 100 问》由浙江科技出版社出版，副省长茅临生为该书作序。

★ 12 月 23 日，水利部农水司王晓玲处长率 20 名专家组到余姚调研经济型喷滴灌技术。

2011 年

★ 1 月 5 日，发明专利"鱼塘喷灌增氧装置"获得授权。

★ 4 月 20 日，发明专利"微灌用微滤与消毒方法"获得授权。

★ 4 月 8 日，天台县水利局张平卫带领 24 人参观泗门镇康绿公司蔬菜喷灌。

★ 5 月 19 日，水利部原司长高尔坤等 30 人参观泗门镇康绿公司蔬菜喷灌、朗霞街道月飞兔场微喷灌。

★ 5 月 27 日至 6 月 27 日，省水利水电干校举办 5 期喷滴灌技术培训班，共培训乡镇水利员 805 人。

★ 9 月 26 日，莲都区水利局局长方志水等 13 人参观临山镇江南农庄葡萄滴灌。

★ 9 月 27 日，余姚市政协副主席周银燕等 18 位政协委员视察临山镇葡萄滴灌。

★ 9 月 8 日，由市安监局局长黄伟国带队的 17 名宁波市人大代表视察临山镇葡萄滴灌。

★ 10 月 19 日，发明专利"畜禽养殖场给排水系统"获得授权。

★ 12 月 15 日，余姚市经济型喷滴灌面积突破 10 万亩，达到 10.6 万亩，畜禽场微喷灌达到 27.8 万 m^2。

2012 年

★ 1 月 7 日，国家农业科技成果转化资金项目"经济型喷滴灌技术示范与推广应用"通过宁波市科技局组织的专家验收。

★ 2 月 1 日，中国工程院茆智院士对经济型喷滴灌项目成果作出书面评审意见："本项目在开发、示范与推广应用喷滴灌技术在总体上达到国际先进水平，其中，微喷灌在畜禽场的应用方面属于国际领先地位。"

★ 2 月 23 日，中国工程院王浩院士对经济型喷滴灌技术成果作出书面评审结论："综上所述，经济型喷滴灌技术已处于国际先进水平。"

★ 2 月 26 日，中国工程院康绍忠院士对经济型喷滴灌项目作出书面评审结论："该成果在理论和方法以及应用模式上均富有创新，示范推广面积大、效益显著，总体属于国际领先水平。"

★ 3 月 2 日，中国科学院刘昌明院士对经济型喷滴灌技术作出书面评审结论："该成果在降低喷滴灌成本、经济高效、应用简约化以及雨水资源化等多个技术开发与示范工程方面属于国际领先行列。"

★ 3 月 16 日，岱山县岱西镇农办王松年等 3 位同志参观临山镇味香园葡萄滴灌。

★ 4 月 12 日至 10 月 30 日，省水利水电干校、宁波农科院举办喷滴灌技术培训班 4 期，受训水利员、农技员 426 人。

★ 5 月 30 日，发明专利"农田喷药施肥系统"获得授权。

★ 8 月 31 日，湖州市埭溪镇农办郑智全等 7 位同行参观三七市镇德氏家茶场茶叶喷灌、丈亭镇大自然农场杨梅喷灌。

2013 年

★ 1 月 16 日，王建满副省长就《余姚日报》对经济型喷灌报道作出批示："感谢奕高工！功不可没！"

★ 2 月 21 日，余姚市人民政府文件（余政发〔2013〕22 号）通报，"经济型喷滴灌技术示范与推广应用"项目获余姚市科技进步一等奖。

★ 8 月 21 日，黄旭明副省长就《浙江信息》刊登的《余姚市自主研发的喷滴灌技术抗旱节水显成效》作出批示："如果是质量和价格差不多，似应优应推介应用。请水利厅、农业厅有关同志阅酌。"

★ 8 月 26 日，经水利部国家灌溉排水委员会推荐，经济型喷滴灌获 2013 年度全球唯一的"国际节水技术奖"，10 月 1 日，奕永庆在土耳其出席颁奖典礼。

★ 9 月 7 日至 11 月 6 日，省水利水电干校、宁波农科院、宁海县水利设计院共举办经济型喷滴灌培训班 7 期，共培训 534 人，其中包括甘肃省水利员 58 名，本省农技员 57 人。

★ 12 月 2 日，以水利部上海太湖流域管理局副局长叶寿仁为组长的全国节水型社会验收组 25 人参观泗门镇康绿公司蔬菜喷灌。

★ 12 月 7 日，宁波市援新疆办公室副指挥罗绍东等 5 人考察临山江南农庄葡萄滴灌、朗霞街道瑞丰农庄梨树自动化喷灌和草莓滴灌。

★ 12 月 26 日，浙江全省经济型喷滴灌面积突破百万亩，达到 110 万亩。仅宁波市畜禽场微喷达到 76.5 万 m^2，共节约建设成本 9.1 亿元，累计增加农民收入 35.7 亿元，节水 3.94 亿 m^3。

2014 年

★ 1 月 2 日，新疆库车县农业局王文祥副局长等 5 人考察泗门镇康绿公司育秧大棚微喷灌、朗霞街道瑞丰农庄果树自动化喷灌。

★ 3 月 9 日，江苏南通市水利局陈宏局长等 11 人参观梁弄镇东篱农场和三七市镇悠悠农场果树自动化喷灌。

★ 3 月 20 日，宁波市人民政府（甬政发〔2014〕24 号）文件通报，"经济型喷滴灌技术研究和推广"项目获宁波市科技进步一等奖，且名列 11 个奖项第二位，为宁波市水利系统历史以来第一个一等奖，也是余姚市农业系统首个一等奖。

★ 4月9日，宁波农科院对全省59名林技人员进行喷滴灌技术培训。

★ 5月7日，黄旭明副省长来余姚考察梁弄镇百果园喷滴灌设施和泗门镇康绿公司千亩喷灌工程。

★ 5月17日，黄旭明副省长对余姚经济型喷滴灌作出批示："节水是最终解决水资源紧缺的根本办法，意义无比重大。奕永庆同志这些办法易学、实用，见效显著。请水利厅和农业厅研究推广的目标和办法。"

★ 5月30日，省水利厅召开落实黄旭明副省长批示精神座谈会，农水局蒋屏局长提出，去年全省新建喷滴灌32万亩，力度还不够，浙江省推广的空间还很大，要争取推广面积达到每年50万～80万亩，争取放到政府工作报告中去，还要争取列入省重点科技成果推广项目。

★ 6月18日、6月25日，省水利厅委托水电干校办班两期，对新水利员进行喷滴灌技术培训，共344人。

★ 8月26日，水利厅陈川向省长李强呈送《关于浙江发展节水灌溉的思考与建议》。

★ 9月3日，省长李强在水利厅长陈川的建议上批示："浙江省水资源并不十分丰沛，特别是时空分布很不均匀，各地各部门要牢固树立节水意识，珍惜资源，节约用水。对农林业来说，发展节水灌溉是大势所趋，更是浙江所需。各涉农部门要高度重视，协调配合，整合资源，全力推动。应充分利用喷微灌、暗灌等节水技术，做到精准、节约用水，打造具有浙江特色的节水农业、节水林业。

请旭明同志近期召集有关部门作一次专题研究，可适时在全省作部署。（此作可印送农业、林业、国土、科技、发改、财政等部门参阅）。"

2015 年

★ 1月9日，省人民政府办公厅发出《关于加快推进高效节水灌溉工程建设的意见》，计划到2020年在全省发展山坡耕地、农业园区、园林地喷滴灌各100万亩，共300万亩。

★同日，省长李强对"余姚市喷滴灌效益调查"作出批示："请旭明同志阅研，农业节水工作意义重大，要大力推进。"

★ 5月，"经济型喷滴灌技术研究和推广"项目获2015年度浙江省水利科技创新奖一等奖，这是相隔10年这个项目第二次获得省厅科技创新一等奖，标志着此项成果得到水利同行的充分认可。

后记·鸣谢

饮水思源，经济型喷滴灌技术从研究开发、推广应用，到系列丛书出版，得到了单位同事、农民朋友、新闻媒体、各级专家和领导的帮助，凝聚了大家的关爱，尽力回忆，谨列于此，以致衷心感谢，若有遗漏，敬请谅解。

余姚市水利局： 姚俊杰　朱　刚　毛洪翔　张志中　孙文氢　沈培荣　袁惠萍　杨国军　黄于波　吴劲辉　祝家梁　周锡南　徐泉云　周玉燕　汪湖江　黄金芳　邵建钢　夏国团　谢永林　徐　雷　魏建锋　赵　翔　周　洪　陈吉江　吴德忠　李洪波　胡栋辉　黄姚松　祝小兵　王燕飞　张　波　毛制怒　陈国听　鲁建范　周立胜　周浩鸣　鲁国栋　宋　森　宋桂珍　鲁倪君　孙春莲

余姚市镇乡农办： 周水高　谢伟世　方吉华　王光六　张志炎　周志新　严邦夫　高柏森　范秀华　诸惠芳　洪　星　杨立武　姚耀明　刘清元　陈永昌　周政治　施永建　吴增火　符建森　杨江能　余根岳　戚谓根　袁启国　俞灿根　胡忠茂　张意乐　孙方洪　周国雄　俞富堂　徐善平　徐庆炳　蒋雪良　胡玉明　周晨植　鲁企造　唐育定　王　攀　朱伟士

余姚市农民朋友： 秦伟杰　魏其炎　章红元　阮光明　宋鑫土　潘县助　汪惠良　沈汝峰　陈正江　干焕宜　高能焕　高国华　高夏兰　戚苗根　吴银贵　宋苗新　潘吉华　赵迪祥　吴劲松　陈宝才　沈彩仙　冯锡军　许土苗　沈岳明　张尧煊　杜国明　杨建民　甘泉宏　陈盛国　金元康　陈和申　张顺泉　徐顺昌　黄家芳　毛济敖　吴桂萍　史纪章　鲁词曲　陈荣华　曹华安　谢月飞　杨宏南　周水乔　张建立　张生根　肖全华　陈钧海　陈钧魁　魏银海　张　宇　张雪芬　孙庆祥　孙文岳　宋扬杰　谢友根　李雅萍　屠　挺　徐国庆　张完林　王荣芬　蒋伟立　叶伟强　叶佳男　顾祖惠　冯军民　徐刚强　翁巧琴　鲁爱玉　童岳义　杜加才　汪国武　孙国权　张思安　王岳梁　唐汝昌　宓邦宗　王栢水　龚松年　鲁传忠　王华梁（上虞）

灌溉企业： 袁国强　江德倍　李惠钧　李华群　钟佰军　陈春波　黄伟兵　孙　求　刘剑波　范杰伟　董国忠　董佳毅

媒体记者： （余姚日报）魏忠坤　沈华坤　鲁银华　陈福良　陈振如　金素莲　胡建东　倪劲松　刘文治　陈斌荣　宋芳芳

（余姚电视台）何建军　孙海苗　丁　立　王圣仁　朱一鸣　陆连军　王新昌　张晓军　郑杰峰

（余姚电台）周凌宏　叶　聪　建　燃　郑雅卿　钱央君　李宏伟

（宁波日报）罗涟浩　龚哲明　汤碧琴　杨静雅　孙吉晶　黄剑耀　谢敏军

（浙江科技报）陈伟群　锡小平　李伟民　俞新文

（农村信息报）俞廷尚 孙子卉 曹丽娟 袁　卫 何　虹

　（浙江电台）张　婴 海　楠 夏　岚 顾欣文

　（浙江日报）杨军雄 蒋一娜

　（中国水利报）王　磊 谢根农 张佳鑫 杨　飞

余姚市各级领导：王永康 陈伟俊 孙钜昌 陈建泰 诸晓蓓 郑桂春 王祥林 杨文祥 徐康林 陈岳阳 龚共军 龚　宁 叶初江 陈志泗 金德之 金武昌 施国利 徐强辉 陈江龙 屠柏荣 杨国军 胡百钦 鲁劲松 马荣丰 陈中华 王文辉 姚登丰 吴春莉 于丽萍 邱学君 陈智勇 施炎富 沈立铭 汪国云 周立虎 夏建勇

宁波市各级领导：徐明夫 陈炳水 张拓原 沈季民 张晓锋 罗焕银 朱晓丽 劳均灿 叶荣斌 杨　军 张松达 陈永东 林方成 吕振江 胡　杨 方前跃 高湖滨 杨成刚

浙江省政府领导：李　强 茅临生 葛慧君 王建满 黄旭明

浙江省水利厅领导专家：陈　龙 陈　川 蒋　屏 钱银芳 董福平 叶永琪 潘存鸿 江　影 姜海军 王春来 吕　峰 钱敏儿 干　刚 曹红蕾 严　雷 陈　雪 郑世宗 王世武 卢　成 贾宏伟 郎忘忧 俞科慧

灌溉网络：（中国灌溉网）许复初 吴涤非 门　旗

　　　　　（灌溉网）刘　洋 王春花 夏　涛 吕名礼

水利部领导专家：陈　雷 王爱国 李仰斌 闫冠宇 高占义 倪文进 冯广志 李远华 段爱旺 姜开鹏 王晓玲 党　平 刘云波 郭慧滨 吴玉芹 王留运 吉　烨 刘群昌 穆建新 李久生 罗　远

浙江同济科技职业学院：梁国钱 金连根 沈自力 童正仙 陈　瑾 郭雪莽

浙江水利水电学院：楼玉宇 符宁平 沈建华 方守湖 陈晓东 闫　彦 丁明明 程　氢 梁　曦

武汉大学：许志方 雷声隆 王修贵 崔远来 董　斌 孔祥元 罗金耀

河海大学：张展羽 邵孝候 俞双恩 陈　菁

中国农业大学：严海军 李光永 陈　清

浙江大学：郭宗楼 石伟勇

中国工程院院士：茆　智 王　浩 康绍忠

中国科学院院士：刘昌明

出版社编辑：（中国水利水电出版社）李　莉

　　　　　　（浙江科学技术出版社）章建林 詹　喜

　　　　　（黄河水利出版社）贾会珍

参考文献

[1] 周世锋，王留运．喷灌工程技术 [M]．郑州：黄河水利出版社，2011．

[2] 姚彬，王留运．微灌工程技术 [M]．郑州：黄河水利出版社，2012．

[3] 姜开鹏，王晓玲．节水灌溉工程实用手册 [M]．北京：中国水利水电出版社，2005．

[4] 赵竞成，任晓力．喷灌工程技术 [M]．北京：中国水利水电出版社，1999．

[5] 张承林，郭彦彪．灌溉施肥技术 [M]．北京：化学工业出版社，2006．

[6] 奕永庆．经济型喷微灌 [M]．北京：中国水利水电出版社，2009．

[7] 奕永庆，沈海标，张波．经济型喷滴灌技术 100 例 [M]．杭州：浙江科学技术出版社，2011．

[8] 郑耀泉，刘婴谷，严海军，等．喷灌与微灌技术应用 [M]．北京：中国水利水电出版社，2015．